知られざる
食肉目動物の多様な世界
～東欧と日本～

食肉目とは何か？その魅力って

金子弥生

食肉目動物の進化上の特徴は，一言でいうと，エネルギー効率の良い餌を利用する方向へ進化した（Macdonald 1983）ということである（図1）．しかし，肉を餌として手に入れるためには，卓越した身体能力と獲物を仕留めるための特別な体の器官を必要とする．Taylor（1989）は，「食肉目動物の肉食の生活様式の進化を理解する上で，行動学的側面と形態学的側面の双方からの分析が必要である」と述べている．行動学的側面としてよくとりあげられるのは，オオカミやライオンなどの群居性の種（図2）が行う，群れの中の個体同士の役割分担した大型草食動物の狩りである．これらの動物の形態において，地上を高速で走行するための足の機能は見逃せないポイントである．ブルガリアにも生息するオオカミ（図3），キンイロジャッカル，キツネなどイヌ科動物は，獲物が疲れるまで追いかけ続けることが可能な走行肢端として，足の指の根元の融合が強い構造を持つため，直進走行をするときに体軸がぶれにくい．一方で，オオヤマネコなどネコ科動物では，走行だけでなく獲物を前足でとらえて固定するため，イヌ科ほどには指の根元は固定されておらず，さらに肢端部に鉤爪（かぎづめ）のついた構造である（図4）．また，イタチ科のテン類は木に登って果実などの採食をすることもあるため，指の根元は霊長類のように分離してそれぞれの指が独立に動くので，足全体で木をつかんで上ることができる．さらに，地上の生活と水中の生活を両立させて魚食を達成したカワウソの場合，水中を泳ぐ時は後肢と尾を同時に上下させて水をかきあげ，柔らかい後ろ脚の股関節の構造により尾の上まで両足を同時に引き上げることができるため，水面付近まで水を押し出すことで，水中における推進力を強く保つことが可能である．

肉食の最も大きなメリットはその吸収効率である．完全な肉食動物では80％以上とされる（McNab 1989）．オオカミやオオヤマネコ，ジャッカル，ベンガルヤマネコでは「殺すための歯」である犬歯が大きく発達しており，犬歯で獲物の頸部を捕らえ，脊髄の破壊や気管を圧迫することにより致命傷を負わせる．しかし，食肉目動物としての歯の特徴はこの犬歯でなく，「肉を食べるための歯」をもっていることである．群れの仲間や他の肉食が殺した獲物を食べる時，前臼歯は先のとがった薄いナイフの刃のような形をしており，上顎と下顎が噛み合わさった時に，ハサミのように鋭く肉を切り裂くことが可能できる．歯の上部から頭にかけて発達した咬筋の力も加わると，骨を砕いて骨髄も食物として利用可能となる．このような前臼歯は，「裂肉歯」とも呼ばれ，キツネ，テン，クマ，小型イタチ科動物など雑食性の種も，すべての種がこの歯を有する（図5-6）．

食肉目動物に限らず，採食活動に費やす時間が短ければ，他の活動，たとえば子育てや，交尾などの繁殖活動に向ける時間とエネルギーを増やすことが可能となり，個体および種としての存続可能性は高くなる．ブルガリアは，序章で述べられているように，ヨーロッパとアジアの生態系の接点であるため，食肉目動物の種数が多く，食肉目動物同士で生態的地位をめぐる競合が起こっている可能性が高い．各章を読むことで，食肉目動物の幅広い魅力と生息のポイントを味わえることであろう．

引用文献

Macdonald DW: The sociology of carnivore social behavior. Nature 301: 379-384, 1983.

McNab BK: Basal rate of metabolism, body size, and food habits in the order Carnivora. In Gittleman JL（ed）, Carnivore Behavior, Ecology, and Evolution. Cornell University Press, USA, 1989, pp.335-381.

Taylor ME: Locomotor adaptations by Carnivores. In Gittleman JL（ed）, Carnivore Behavior, Ecology, and Evolution. Cornell University Press, USA, 1989, pp.382-409.

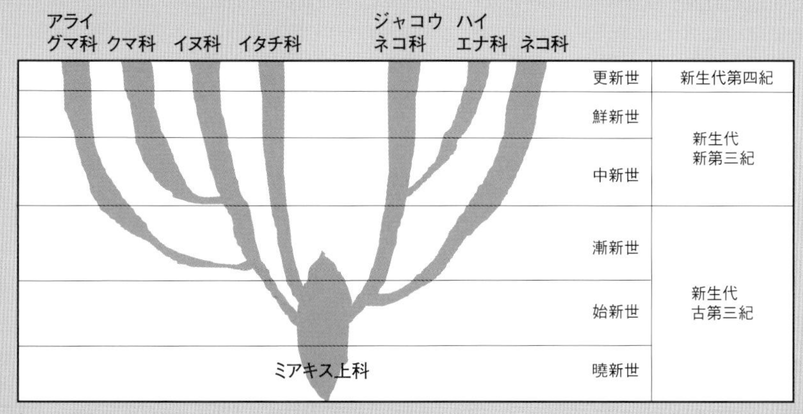

図1．食肉目動物の系統樹．祖先のミアキス上科は，現在のハクビシンやテンのような樹上生活中心の小型動物で，ジャコウネコ科、イタチ科，イヌ科がまず分岐した．ジャコウネコ科からネコ科やハイエナ科が，イヌ科からアライグマ科やクマ科が分岐した．

図2．大岩の上で休息するライオンのプライド．タンザニアのセレンゲティ国立保護区にて著者撮影．

図3．イヌ科のタヌキ（左）とオオカミ（右）．イヌ科の祖先はタヌキのような小型の体形であったが個体どうしの結束は強く，走行に適した四肢が発達し，群れで戦略を用いて大型の獲物を狩るオオカミのような大型動物に進化を遂げた．タヌキは東京都立狭山自然公園，オオカミはブルガリアのスタラザゴラ動物園において筆者撮影．

図4. 食肉目動物の中で最速で走行するチーター．タンザニアセレンゲティ国立保護区において著者撮影.

図5. ブチハイエナ（上）とヒグマ（下）．イヌ科やネコ科と同じ草原や森林にすみながらも，ハイエナ科は自分で狩りをおこなうだけでなく，ほかの動物が捉えた残渣の利用，クマ科はおもに昆虫類、堅果類や果実などの植物の利用など，食性の幅を広げる方向へ進化した．ハイエナはケニアのナイロビ国立公園，ヒグマはブルガリアのスタラザゴラ動物園で著者撮影.

図6. イタチ科のニホンイタチ（上）とニホンアナグマ（下）．イタチ科動物は生息環境を、地上だけでなく水中や地下にも広げた．小型のイタチ科動物は肉食性が強く，土の中のネズミ穴に入って狩りをするため，小型で胴長短足の体形に進化した．中型のイタチ科動物はアナグマのように，大規模の巣穴をつくり大部分を巣穴で過ごし，食べ物と繁殖の相手を探すときだけ外を歩く．イタチは東京都日の出町付近，アナグマは高知県天狗高原で著者撮影.

ジャッカル オオカミに似ているけれど

角田裕志

イヌ科動物は系統分類的に4つのグループ（分岐群）に分けられている（図1）．「ジャッカル」の名前を持つ動物は計3種がいるが，すべてオオカミ分岐群（イヌ亜族，*Canina*）に含まれる．現存するジャッカル3種のうち，東欧を含むユーラシア大陸の南側に広く分布するのがキンイロジャッカルだ（*Canis aureus*，以下ジャッカル；図2）．毛皮の色や模様に多少の地域差があるが，総じて黄色がかった明るい褐色と灰色の毛が混じる（図3）．この毛皮の特徴が「キンイロ」の名前の由来でもある．

オオカミとジャッカルはオオカミ分岐群の中でも比較的近い系統関係にあるため，交雑して雑種を形成することもある．系統的な近さに加えて両種は見た目もよく似ている（図3）．しかし，オオカミはジャッカルよりも一回り以上大きく，オオカミの体重が25～45kgであるのに対して，ジャッカルは最大でも15kgほどである．また，ジャッカルはオオカミに比べると足が小さく，口吻も細い．オオカミは獲物を追跡して雪上を10km以上も走ることがあるため，体が雪に沈みこまないように足が大きく進化している．また捕えた獲物は肉だけではなく，硬い骨も砕いて食べるために幅広で頑丈な口吻を持つ．主に冷温帯域で進化したと考えられるオオカミと，インドや東南アジアなど比較的温暖な地域を起源としネズミ類などを主に食べるジャッカルとでは，生息環境や利用する食物資源が違うために異なる形態に進化したと考えられる．

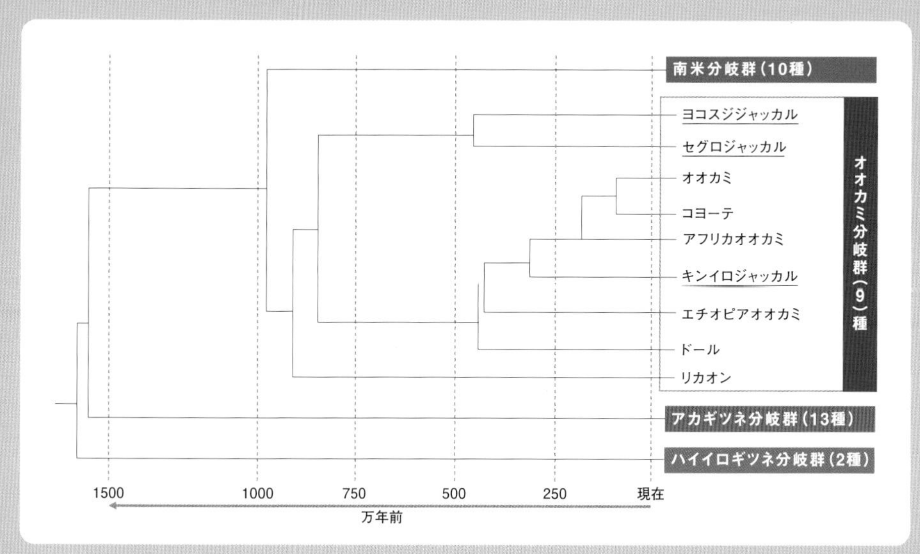

図1. イヌ科動物の系統樹（オオカミ分岐群のみ詳述）. Koepfli et al.（2015）Curr Biol 25：1-8およびGopalakrishnan et al.（2018）Curr Biol 28：3441-3449を元に作成.

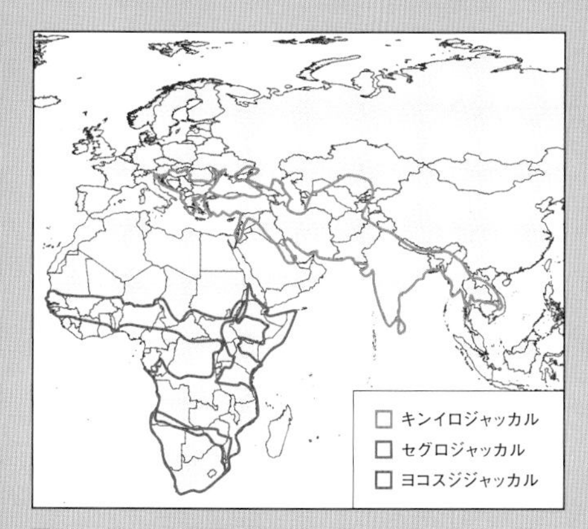

図2. ジャッカル類3種の現在の分布域.

図3. オオカミ（上：多摩動物公園にて，筆者撮影）とキンイロジャッカル（下：バルカン山脈におけるカメラトラップ調査にて撮影）.

ネコ科の仲間たち

増田隆一

食肉目は，ネコ型亜目とイヌ型亜目に大きく分けられるが，ネコ科は最も知られたネコ型亜目のグループである．ネコ科は，オーストラリア大陸と南極大陸以外の大陸や島嶼に分布している．これまでに 37種ほどに分類されているが（図1），現在も分類に関する議論が進んでいる．

食性は肉食に特化され，捕食者として最も進化した哺乳類グループの1つであり，生態系における食物連鎖の頂点に立っている．伴侶動物のイエネコは，古代エジプトにおいてリビアヤマネコから家畜化されたと考えられている．ヨーロッパにおいては，リビアヤマネコに近縁なヨーロッパヤマネコ（カラーグラビア 19ページ参照）とイエネコとの間で雑種化が進行しており，ヤマネコの種の保存が課題となっている（3章参照）．これらの種は，図1のイエネコ系列に含まれる．マヌルネコ（図2）も同じグループに入る．

日本のネコ科野生集団として，西表島と対馬にイリオモテヤマネコとツシマヤマネコ（図3）が生息している．ともに絶滅危惧種として保護され，分類学的には，アジア東部から南部に分布するベンガルヤマネコ（図4）に含まれる．アジアに分布するこれらの仲間は，ベンガルヤマネコ系列に含まれる．

その他のネコ科グループとして，カラカル系列（図5：サーバル），リンクス系列，ピューマ系列，ボルネオオオヤマネコ系列，オセロット系列がある．何と言っても，ライオン（図6），トラ（図7），ユキヒョウ（図8）などの大型ネコはよく知られ人気があるが，分類学的にはパンセラ系列に含まれる．

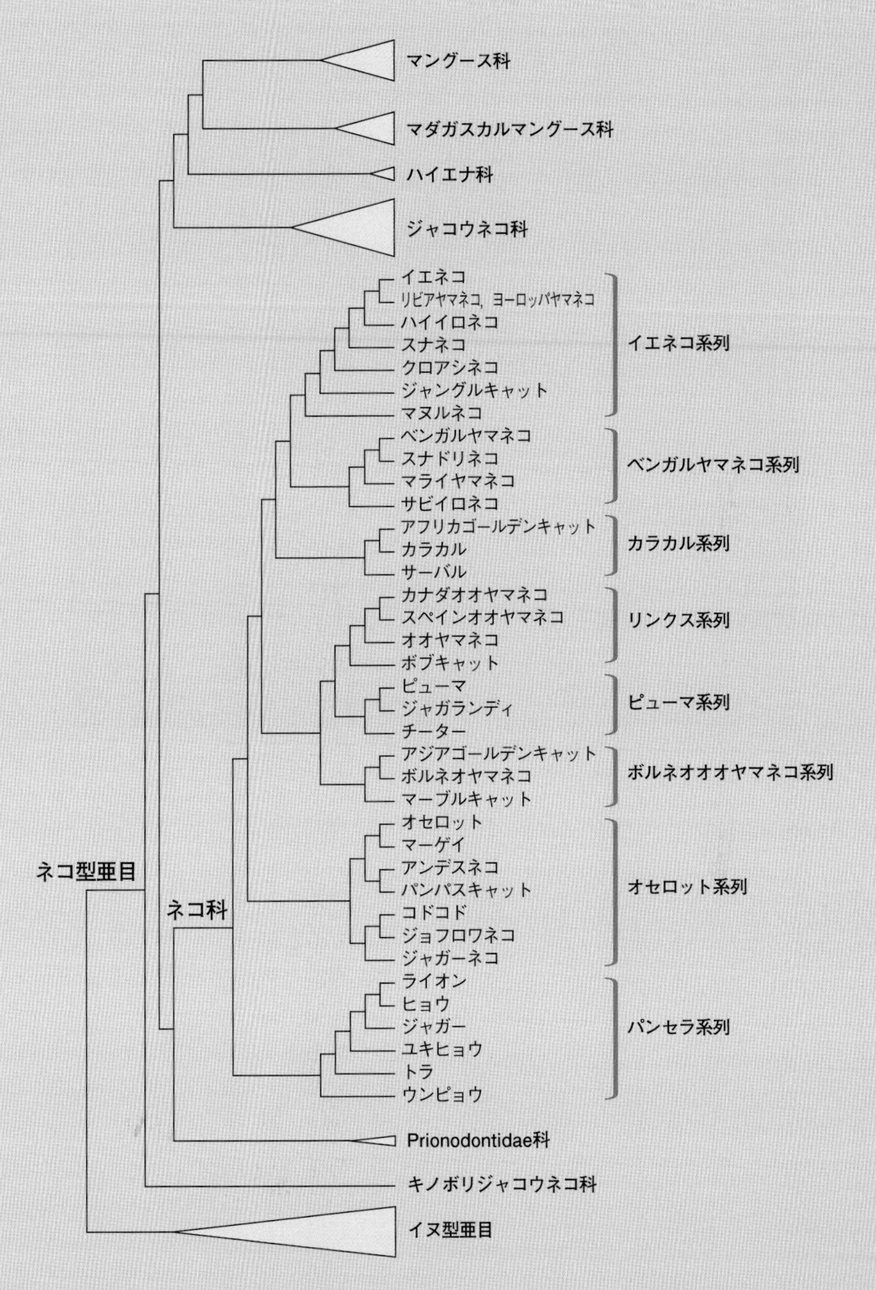

図1. ネコ亜目におけるネコ科の系統樹. ネコ科は，8つのグループ（系列）に分けられる. 系統関係の枝分かれは，Zhou Y. et al. (2017) PLos One 12 (3)：e0174902のミトコンドリアDNAによる系統樹に基づく. 枝の長さが進化の距離を表すわけではない.

図2. 中央アジアに分布するマヌルネコ（*Otocolobus manul*）. 名古屋市東山動植物園　提供.

図3.　ツシマヤマネコ. 対馬野生生物保護センター提供.

図4. ベンガルヤマネコ（*Prionailurus bengalensis*）の亜種アムールヤマネコ. 極東のプリモルスキー地区にて自動カメラで撮影された貴重な野生個体の写真. ロシア科学アカデミー動物学研究所 Alexei Abramov博士　提供.

図5. アフリカに分布するサーバル（*Leptailurus serval*）．名古屋市東山動植物園　提供.

図6. アフリカに分布するライオン（*Panthera leo*）．インドの一部にも生息する．名古屋市東山動植物園　提供.

図7. トラ（*Panthera tigris*）の一亜種であるスマトラトラ．名古屋市東山動植物園　提供.

図8. 中央アジアに分布するユキヒョウ（*Panthera uncia*）．名古屋市東山動植物園　提供.

失われた仲間 食肉目

増田隆一

生物の種が失われることを「絶滅」という．進化の過程で，種の絶滅は，種の繁栄とともに起きている．哺乳類では，特に，更新世末期である今から数万年前には，マンモスを含む大型の哺乳類が何種も絶滅したことが知られている．食肉目として，ユーラシア西部に生息していたクマ科のホラアナグマ（*Ursus spelaeus*）（図1）が含まれる．ホラアナグマは，現在のヒグマと近縁だが，性的二型（雌雄間での特徴の違い）はあるものの，現存のヒグマよりはるかに大きかった．また，ユーラシア大陸と北米大陸北部に分布していたネコ科のホラアナライオン（*Panthera spelaea*）も絶滅し，シベリアの永久凍土から遺体が発見されることがある（図2）．

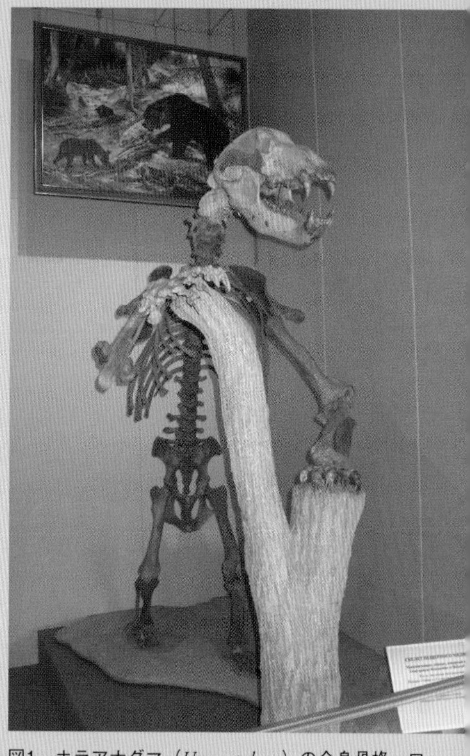

図1．ホラアナグマ（*Ursus spelaeus*）の全身骨格．ロシア・ペルム地方から出土した約4万年前のもの．後方は母子の復元図（Z. Burian氏による）．エカテリンブルクにあるスベルドロフスク地方博物館にて筆者撮影．

日本では，縄文時代に列島全体でオオヤマネコ（*Lynx*属）が，本州ではヒグマ（*Ursus arctos*）が絶滅している．大型哺乳類の絶滅の原因として，急激な環境変化，病原体の流行，ヒトに狩猟などが考えられているが，まだ十分には明らかになっていない．

一方，近年の人間活動は，明らかに生物の絶滅を引き起こしている．明治時代の日本では，本州・四国・九州に

図2．ホラアナライオン（*Panthera spelaea*）の頭骨．ロシア・スベルドロフスク地方から出土した約3万～4万年前のもの．エカテリンブルクにあるスベルドロフスク地方博物館にて筆者撮影．

図3．エゾオオカミの剥製．立っている個体（HUNHM09889）：オス，1879年8月，現在の札幌市白石区にて捕獲．横になっている個体（HUNHM09890）：メス，1881年6月，現在の札幌市豊平区にて捕獲．北海道大学北方生物圏フィールド科学センター植物園博物館　提供．

生息していたイヌ科のニホンオオカミや北海道のエゾオオカミ（図3）が絶滅した．これら日本のオオカミの特徴が，大陸に現存するハイイロオオカミ（*Canis lupus*）とは進化的に異なるという報告もある．また，昭和時代になって絶滅したニホンカワウソも，大陸のユーラシアカワウソ（*Lutra lutra*）とは別種に扱うべきであるという考え方もある．食肉目は，様々な生態系の頂点に立っているため，その絶滅は生態系全体に大きな影響を及ぼすことになる．

ブルガリアの生物多様性

久野真純

ブルガリアは，生物地理区では日本と同じく旧北区（東アジアからヨーロッパを含むヒマラヤ山脈以北のユーラシア大陸と，サハラ砂漠以北の北アフリカから成るエリア）に属する．旧北区の大部分は温帯に位置し，明瞭な四季の変化が見られる．大きなくくりで見れば，ブルガリアと日本は似た気候なので，意外にも共通の生き物が多く見られる．その一方で，ブルガリアはヨーロッパと西アジアの境界に位置するので，ヨーロッパに広く分布する種に加えて，トルコや中東に特有な種も見られる点が興味深い．ここではフィールド調査（4章，13章）の間に出会った多様な生き物を紹介する．

蝶の多様性

ヨーロッパタイマイ（*Iphiclides podalirius*）．6月，スレドナ・ゴラ丘陵の村落にて．ヨーロッパを代表するアゲハチョウ．ブルガリアでは住宅地の庭で普通に見られる．一見キアゲハに似ているが，日本のアオスジアゲハと近縁である．

クロホシウスバシロチョウ（*Parnassius mnemosyne*）．6月のバルカン山脈にて．こちらもアゲハチョウの仲間で，日本のウスバシロチョウに模様が似ているが，前翅に黒斑があるのが特徴的．ヨーロッパで有名なアポロチョウとも非常に近縁な種．山頂のお花畑をふわふわと，ゆったり舞っていた．

シロタイスアゲハ（*Allancastria cerisyi*：オス）．5月のバルカン山脈にて．オスのほうがメスよりも早い時期に出現する．

シロタイスアゲハ（メス）．6月，スタラ・ザゴラ地域の村落にて．本種の仲間はトルコやコーカサス地方や中東に多い．日本で見られるホソオチョウ（大陸からの外来種）やギフチョウに近縁な種．エキゾチックな柄が印象的だった．

チョウセンメスアカシジミ（*Thecla betulae*：メス）．11月，スレドナ・ゴラ丘陵周辺の農地にて．日本のミドリシジミと近縁で，いわゆるゼフィルス（ミドリシジミ族の呼称：ギリシャ神話の『西風の神』に由来）の1種．日本では初夏に発生する種が多いが，ヨーロッパにおける本種は11月まで活動する．幼虫はヘッジロー（農地の生け垣）に生えるスピノサスモモを食す．

ヒメシジミの仲間．5月のバルカン山脈にて．山地高原で見られる日本のヒメシジミやミヤマシジミに近縁な種．

左から順に，ヒョウモンチョウの仲間，ヒメアカタテハ（*Vanessa cardui*），コヒオドシ（*Aglais urticae*）．6月のバルカン山脈にて．山頂にはこのようにお花畑が広がり，すがすがしい風とともにたくさんの蝶が舞っていた．いずれの種も日本の山地高原でよく見られる．

甲虫の多様性

ヨーロッパミヤマクワガタ（*Lucanus cervus*）．5月のスレドナ・ゴラ丘陵にて．日本のミヤマクワガタと同属種で，さらに大型になる（最大体長90mm以上）．ヨーロッパ最大の甲虫と言われる．ムナジロテンに食されることもあり，雌個体の破片が糞から出現したことがあった．

ヨーロッパオオクワガタ（*Dorcus parallelipipedus*）．6月のバルカン山脈にて．日本のオオクワガタと同属だが，最大でも体長30mmほど．小型ながらも，オオクワガタらしいフォルムの特徴（大顎の形状や胸部の重厚さなど）を備えている．

カタビロオサムシの仲間．6月，バルカン山脈にて．ヨーロッパブナ林の林床をすばやく走り回っていた．バルカン山脈には，この緑色の種類のほかに，体縁が紫色に光るオサムシ属の1種（*Carabus violaceus*）も生息しており，よくムナジロテンの糞から出現した（4章）．

コブヤハズカミキリの1種（*Morimus funereus*）．5月，スレドナ・ゴラ丘陵にて．日本のコブヤハズカミキリよりも大型で，体長40mmほどになる．2020年には，ブルガリアの郵便切手にもなった．

その他の生き物の多様性

ナミヘビ科の1種．5月，バルカン山脈にて．ヨーロッパの森林に広く分布する．目が青白く，林内の地表面に潜んでいた．

ミドリカナヘビ（*Lacerta viridis*）．5月，スレドナ・ゴラ丘陵にて．池の中に潜んでいたのを引き上げたところ．カラフルな緑色の体に青色の顔が印象的．全長40cmにもなり，その大きさに驚いた．

ファイアサラマンダー（*Salamandra salamandra*）．5月，バルカン山脈にて．雨上がり，森の中を通るブルガリア国鉄線路上を歩いていた．写真は，その枕木上にいる様子．

シュバシコウ（*Ciconia ciconia*）．7月，黒海沿岸地域にて．電柱の上に営巣して子育てをしている．コウノトリの仲間であり，ヨーロッパでは「幸せを呼ぶ鳥」として知られる．アフリカ大陸で越冬する．

エスカルゴの仲間．5月，スレドナ・ゴラ丘陵の清流にて．ブルガリアでもエスカルゴとして食用にされる．

ツユグモの仲間．5月，スレドナ・ゴラ丘陵にて．森のなかで鮮やかな緑色が印象的だった．日本を含む旧北区に広く分布する．

自動撮影

カメラが捉えたブルガリアの哺乳類の多様性

角田裕志

Stanislava Peeva, Evgeniy Raichev

野生動物のフィールド調査において，近年の技術的な発展が目覚ましいのが自動撮影カメラを使った調査である．野生動物調査における自動撮影カメラの歴史は実は古くて，フィルムカメラを改造した機器は1950年代頃から使われてきた．しかし，フィルム1本の撮影数は40枚程度で，頻繁なフィルム交換の手間と写真現像のコストが大きく，広く普及はしなかった．ところが，2000年代以降にデジタルカメラと大容量で廉価な画像記録媒体（メモリ）が普及し，これらの技術を取り入れた自動撮影カメラが販売されるようになった．一度設置すれば長期間に大量のデータが収集できることや静止画だけではなく動画も撮影できることなど，コストパフォーマンスの高い方法として現在では野生動物調査の現場で広く使われている．東京農工大学とブルガリアのトラキア大学の連携チームは2015年から自動撮影カメラを使ってブルガリアの野生動物調査を開始した．これまでに，ヒトや家畜を除いた野生の哺乳類について延べ7000枚を超える写真データを取得し，食肉目動物の行動解析や種間関係の解明などの研究を行っている．

ここではチームの主な調査地であるスレドナゴラ山とバルカン山脈を中心にカメラトラップが捉えた野生動物の姿をご紹介する．

ヨーロッパアナグマ（*Meles meles*）.

ヨーロッパヤマネコ（*Felis sylvestris*）.

イノシシ（*Sus scrofa*）.

アカギツネ（*Vulpes vulpes*）.

キンイロジャッカル（*Canis aureus*）のペア.

ヨーロッパノウサギ（*Lepus europaeus*）.

ノロジカ（*Capreolus capreolus*）のオス.

ノロジカ（*Capreolus capreolus*）のメス.

ヒグマ（*Ursus arctos*）の成獣.

ヒグマ（*Ursus arctos*）の仔.

マツテン（*Martes martes*）.

ムナジロテン（*Martes foina*）.

同じ場所で撮影したメスのノロジカ（左）とオスのアカシカ（*Cervus elaphus*：右）．
アカシカの巨大さがわかる．

バルカン山脈高地で撮影できた2頭のオオカミ（*Canis lupus*，左）と
ウシ科のシャモア（*Rupicapra rupicapra*，右）．

キタリス（*Sciurus vulgaris*，左）と
ブルガリアでは南部の東ロドピ山脈のみに生息するオスのダマジカ（*Dama dama*，右）．

食肉目の生息環境

角田裕志，久野真純
金子弥生，増田隆一

食肉目動物の生息環境というと，アフリカの広大なサバンナや南米の熱帯雨林のようなヒトの手があまり入っていない原生的な自然をイメージする方がいるかもしれない．しかし，有史以来の長きにわたってヒトによる土地の改変と自然環境への干渉が続いてきたヨーロッパの国々では，急峻な山奥の高標高域などを除けばいわゆる「手つかずの自然」は少ない．東欧の国々では平地から丘陵地は居住地と農耕地や牧地と樹林地が混在したモザイク的な景観が広がる．このような環境には主に中・小型の食肉目動物が生息しており，ヒトが活動する昼間は樹林内で休息して夜間になると農地や集落に出没する．一方，丘陵地から山地の低標高帯にかけてナラ・カシワ類，シデ類，カエデ類などの二次林や針葉樹の人工林が大きな割合を占め，標高が高くなるにつれてヨーロッパブナやモミ・トウヒ類などから成る自然植生に近い森林となる．丘陵地や山地の森林にはノウサギ類やノロジカ，アカシカ，イノシシなど中大型の草食動物が多く、食肉目動物はこれらの動物やその死体を食物資源として利用可能であるため，平地よりも多様な種が生息する．また，原生的な自然が残った山奥の生息地は世界自然遺産や国立公園などに指定され自然環境が長年維持されてきたため，特にオオカミ，ヒグマ，オオヤマネコなどの肉食性の強い食肉目動物にとっては重要な生息地である．湖沼の周辺や黒海沿岸の湿地帯もユーラシアカワウソなどの生息環境になっている．その一方で，これら食肉目動物の生息地には観光やアウトドアレジャー，狩猟ツアーなどを目的として毎年多くの人が訪れる．ヨーロッパではヒトと野生動物とがあらゆる環境や空間を共有して暮らしている．

スレドナ・ゴラ丘陵の二次林．この地域の二次林では，ヨーロッパナラガシワやハンガリアナラなど複数種のナラ類が混生する．ドングリが実り，バルカンブタの飼料にもなる．2012年11月，久野真純撮影．

トラキア平原を望む農村と灌木帯．図1と同じく，周辺にはキンイロジャッカルやアカギツネ，ヨーロッパアナグマ，ムナジロテンなどが生息する．トラキア大学の寮棟から見える景色．2013年5月，久野真純撮影．

※各地名の位置については，13章の図1に示す地図を参照．

バルカン山脈のヨーロッパブナ林．オオカミやヒグマ，ヤマネコなどが生息する．2013年5月，久野真純撮影．

険しい岩肌の露出したバルカン山脈山頂の遠景．ヴラツァにて．2013年7月，久野真純撮影．

バルカン山脈を流れる清流．クルミの仲間などから成る渓畔林が見られる．2013年5月，久野真純撮影．

スレドナ・ゴラ丘陵周辺のユーラシアカワウソ生息地．泥沼にたくさんの糞や足跡が見られた．2012年11月，久野真純撮影．

リラ山脈と残雪．ブルガリア南部に位置する山脈の1つ．手前の低地には農地が広がる．ソフィアからスタラザゴラへ向かうハイウェイより，2010年6月，増田隆一撮影．

黒海西岸へ注ぐロポタモ川を下る．左手に湿地帯，砂州，その先には黒海が見える．この周辺には，ユーラシアカワウソに加え，ジャッカル，アカギツネ，ヨーロッパヤマネコが生息する．ロポタモ自然保護区にて，2013年7月，増田隆一撮影

ブルガリアの伝統的な街並みと村落

久野真純
金子弥生
増田隆一

アレクサンドル・ネフスキー大聖堂．世界最大級の東方正教会聖堂．ソフィア市．2012年11月，久野真純撮影．

ブルガリアの街並みは東欧特有の文化に基づく建造物（東方正教会：ブルガリア正教会）と日本で見られる木造建築物（切妻屋根や寄棟屋根）の両方が見られ，そうした文化的景観の多様性にも富む．また，各主要都市の間の農地内や丘陵地内には，ヨーロッパに特有な集村の形態を取る小さな村落が複数みられる．村落内には，ブルガリアの昔ながらの瓦屋根や石塀から成る住宅地のほか，地域コミュニティの中央広場や水汲み場が見られる．ニワトリや家畜を飼っている家も多い．農地と隣接する村落郊外はのどかな風景が広がり，日本の数十年前にタイムスリップしたかのうようである．

ブルガリアでしばしば見られる切妻屋根の木造建築物．ブルガリア中央部・ボゴミロヴォ村にて．2013年5月，久野真純撮影．

ブルガリア正教の教会．ボゴミロヴォ村にて．2013年5月，久野真純撮影．

寄棟屋根の木造建築物．ソゾポル市（黒海沿岸）にて．2013年7月，久野真純撮影．

土壁レンガでできた住宅．ボゴミロヴォ村にて．2013年5月，久野真純撮影．

住宅地の玄関塀と石畳の様子．各家の前にベンチがあり，お年寄りがよく日向ぼっこをしている．マルカヴェレヤ村にて．2013年6月，久野真純撮影．

スタラ・サゴラ市の街並み．ブルガリアで6番目に大きな都市（中心部人口約16万人）．村落と異なり，集合住宅が多い．2013年6月，久野真純撮影．

ローマ都市”アウグスタ・トラヤナ（Augusta Trayana）”．ブルガリア，スタラザゴラ市街で発掘され野外展示されている．この街はローマ皇帝トラヤヌスによってつくられ，その後，皇帝マルクス・アウレリウスの時代に発展したといわれている．2014年9月，増田隆一撮影．

バルカン山脈東部にある中世都市”ヴェリコ・タルノヴォ（Veliko Tarnovo）”．ツァレヴェツの丘には要塞と教会が建つ．第二次ブルガリア帝国時代（12世紀～14世紀）の首都であった．2016年3月，増田隆一撮影．

ヴェリコ・タルノヴォは森に囲まれ，蛇行するヤントラ川沿いや周囲の崖には，古くからの街並みが見られる．2016年3月，増田隆一撮影．

ドブリチ旧市街の「建築・民族誌複合体」．伝統的な手工芸品店が立ち並ぶ．ドブリチ市にて．2013年7月，久野真純撮影．

カザンラクはバルカン山脈を北に控えた「バラの谷」と呼ばれるダマスクローズの名産地であり，世界中へバラの香油やバラ製品を出荷している．2015年6月．金子弥生撮影．

毎年6月上旬に開催されるバラ祭りは，その年の「バラの女王」3名を先頭に，民族衣装やバラの装束を身に着けた地域の子どもたちなど3000人からなるパレードが開かれる．2015年6月．金子弥生撮影．

はじめに

本書の目的は，一般に知られていない食肉目動物の多様な世界を紹介することである．その舞台となるのは，東欧と日本である．東欧といっても，馴染みのない読者も多いのではないだろうか．ぜひ，本書で紹介する動物を含めた自然を通して，魅力的な東欧の世界を知っていただければ幸いである．

食肉目とは，哺乳類の中の１つの大きなグループである．ネコ，イヌ，クマ，イタチなどの仲間を含んでいる（カラーグラビア３ページ参照）．イヌやネコが含まれているといっても，本書の主役は，愛玩動物ではなく，野生に生息している動物たちである．多様な食肉目動物に関わる，多様な研究に取り組んでいる研究者が，本書の執筆者たちである．その多くは，ブルガリアやポーランドなどの東欧の国々において，国際共同研究に参加してきた．

さて，本稿を書いている現在（2022年６月），編者らがブルガリアとの共同研究を開始した2010年６月から数えると，12年が経とうとしている．ことの始まりは，編者の一人（増田）が金子弥生先生から，ブルガリアと哺乳類についての共同研究を始めないか，とお誘いを受けたことである．その時には，編者らにとっても，ブルガリアは訪問したことのない未知の国であり，不安と期待が錯綜していた．

そして，2010年初夏に，編者らと執筆者のひとり角田裕志さんがともに，ブルガリアのスタラザゴラにあるトラキア大学を初めて訪問した．その前年に，金子先生と角田さん（当時）が所属する東京農工大学とトラキア大学との間で大学間協定（姉妹校協定）が結ばれたところであった．その後，2014年に，増田が所属する北海道大学理学研究院も，大学部局間協定を結ぶこととなる．

最初の数年間は，共同研究の具体的なテーマが思い浮かばず，両国間でどのように研究を進めるべきか，試行錯誤を繰り返し，思案の日々が続いた．このブルガリア訪問に至るまでには，金子先生はイギリス，角田さんはポーランド，増田は米国において，食肉目動物に関する留学研究の経験があり，それに基づき，ブルガリアでの国際共同研究を徐々に構築していった．それには，やはり，優れたカウンターパートであるトラキア大学農学部Evgeniy Raichev教授のご尽力がなければ，この共同研究は成立しなかった．さらに，トラキア大学では，訪問の度に，学長，副学長，農学部長の方々を表敬訪問し，滞在中には十分なご配慮を受けてきた．試行錯誤しながらも共同研究を前に進めていくことが重要であること

トラキア大学キャンパス.
2010年 6 月撮影.

トラキア大学農学部長室にて表敬訪問.
中央に座るEvgeniy Raichev教授, 向かって右に座る角田裕志, 中央後ろがRadoslav Slavov学部長, 向かって右が金子, 増田.
2010年 6 月撮影.

が自然と理解できるようになり，徐々に様々な研究者や学生交流の機会が増えていった．その１つとして，ブルガリア国立自然史博物館Nikolai Spassov館長との共同研究をあげることができる．この博物館と北海道大学理学研究院は2015年に部局間協定を結んだ．

一方，学生教育交流としては，本書の執筆者のひとりである久野真純さんが姉妹校協定に基づく学術訪問として東京農工大学修士院生時にトラキア大学にはじめて３か月滞在し，その後，伊藤海里さん，野田くるみさんがJASSO海外留学支援制度のショートビジットプログラムとして，半年から９か月間の留学をおこない，角田さんとともにムナジロテンやキンイロジャッカル，キツネの食性研究

ソフィアにあるブルガリア国立自然史博物館.
2013年 7 月撮影.

ブルガリア国立自然史博物館にて.
向かって左から, Nikolai Spassov館長, Evgeniy Raichev教授, 増田, 平田大祐さん. 2013年 7 月撮影.

やカメラトラップ調査に取り組んだ．また，北海道大学大学院博士課程で，ブルガリアのヒグマを含めた分子系統研究に取り組んだ平田大祐さん，修士課程でブルガリアのアナグマの系統地理学に取り組んだ木下えりさん，キツネの系統地理学に取り組んだ織田未希さん，東バルカンブタの集団遺伝学に取り組んだ石川恵太さんが，トラキア大学で開催された合同学生セミナーに参加して交流を深めることができた．

このように，多くの方々の支えのもとに発展してきたブルガリアとの共同研究・学生交流の成果を紹介することが，本書のもう１つの目的でもある．

なお，本書の構成として，最初にカラーグラビアにより，研究対象となる食肉目動物の多様性が紹介されている．序章では「東欧の生物と自然の多様性」として，舞台となる東欧の地理，自然，そして動物移動の変遷を紹介する．その後，13の章を３部に分け，第Ⅰ部「フィールドからの多様な世界」（５つの章）では，野外調査から食肉目動物の生態的特徴を語っている．第Ⅱ部「研究室からの多様な世界」（４つの章）では，研究室における食肉目動物の多様な分析法や研究成果を紹介する．このように，様々な方面から研究を紹介するよう心がけた．そして，第Ⅲ部「文化からの多様な世界」（４つの章）では，文化を中心とした人間活動と動物の関係について語られている．さらに，各々の部では，各

トラキア大学講堂でのセミナー．
2014年９月開催．

トラキア大学での研究セミナー．
2017年11月開催．
中央手前から木下えりさん・北海道大学修士院生，その奥が西田義憲・研究員

東バルカンブタ協会の創設者 Kulyo Kulev さん（向かって左）とその娘さんで現在の協会代表 Radostina Doneva さん

章と関連の深いエピソードなどを「コラム」として紹介したので，合わせて楽しんでいただきたい．

ここに，あらためて，両国の共同研究をご支援いただいたトラキア大学，ブルガリア国立自然史博物館，東京農工大学，北海道大学の事務局を含め，関係各位に深く御礼申し上げる．

また，科学研究費補助金（Nos. 22405003, 26257404），日本学術振興会二国間共同研究（2017年度〜2018年度）「ブルガリアの生物地理とトラキア文化の起源に関する分子系統・動物考古学的研究」，ブルガリア科学アカデミー（2016年度より）“The Thracians: Genesis and development of the ethnos” 研究助成によって研究がサポートされてきた．これまでの共同研究の成果である学術論文および書籍については，各章末の引用文献リストに*を付した．

最後になりましたが，本書を出版するにあたり，中西出版編集部の河西博嗣氏には，企画の段階から趣旨を親身にご理解いただき，一方ならぬお世話になった．この場をお借りして深く感謝申し上げる．

2022年６月

編者　増田隆一，金子弥生

目　次

第Ⅱ部　研究室からの多様な世界

第Ⅲ部　文化からの多様な世界

知られざる食肉目動物の多様な世界
～東欧と日本～

第Ⅰ部

フィールドからの多様な世界

序章

東欧の生物と自然の多様性

増田隆一

生物の多様性から自然を考える

1 東欧とは何か

本書の副題「東欧と日本」にもあるように，本書に紹介する動物の分布域は，東欧と日本が中心である．今，世界地図を開いて，広大なユーラシアを見てみよう．日本は，ユーラシア大陸の東端に沿って浮かぶ列島である．一方，西の端には，イギリスを含むブリテン諸島が浮かんでいる．多くの日本人が，欧州（ヨーロッパ）と聞いて思い浮かべる国は，そのイギリス，そして，大陸側のフランス，ドイツ，スペイン，イタリアなどではないだろうか．現在は，新型コロナウイルス感染拡大のため，渡航が自粛されているが，これまでにヨーロッパ旅行でこれらの国々を訪れた方も多いだろう．これらの国々は，一般に，西欧（西ヨーロッパ）とよばれている．

しかし，西欧の東方に目を向けると，広大なロシアとの間に，多くの国々があり，この地域を東欧（東ヨーロッパ）とよんでいる．東欧の定義は，人によって意見の相違はあろうが，地図上からは，東欧諸国と日本がロシアを挟んでいると捉えることもできるだろう．

第二次世界大戦後，ソビエト連邦（ソ連）の近くに位置していた東欧諸国であるポーランド，旧東ドイツ，旧チェコスロバキア，ハンガリー，ルーマニア，ブルガリア等はソ連の衛星国となっていた．1989年にベルリンの壁が崩壊した後，東欧諸国での民主化運動が激しくなり，衛星国の枠組みは解消していくことになる．旧東西ドイツは統合されドイツになる一方，旧チェコスロバキアはチェコとスロバキアに分離した．その後，これらの国々は欧州連合EUに加盟し，西欧諸国とともに歩調を合わせ，経済活動，外交・安全保障等の様々な分野での協力を進めている．さらに，本書の舞台として頻出するバルカンは，大きな半島を形成しており，「南東欧」とよばれることもある（小山 2010）．

西欧諸国よりも経済活動が遅れた東欧諸国には，概して，より多くの自然環境が残され，そこには，西欧諸国では見られない豊かな生物多様性が展開している．一方で，経済活動が進むにつれ，都市化や農地開拓が進み，環境への影響も顕著になっている．第２章で紹介されるブルガリアでの大量のゴミ山の問題は，その１つである．日本でも半世紀前には，大量のゴミ処理問題，不法投棄，工場からの大量排煙，排水による環境破壊が大きな社会問題になり，環境保全の意識の高まりとその活動が進み，今日に至っている．

本書では，このような東欧の社会状況の変遷を念頭に置きつつ，多様な食肉目動物の世界を眺めていくことにしたい．

2 ヨーロッパにおける生物多様性の変化

現在の東欧における生物の分布状況を見ていくことにしよう．本書では，日本では馴染みの薄い地形が出てくる．読者の皆さんには，大まかな地形を把握していただくために，ヨーロッパの地形図（図１）を示す．この図に見られるように，ヨーロッパの北部には，比較的平坦な地域が広がるが，南部の地中海周辺には，種々の山脈が東西に走っている．

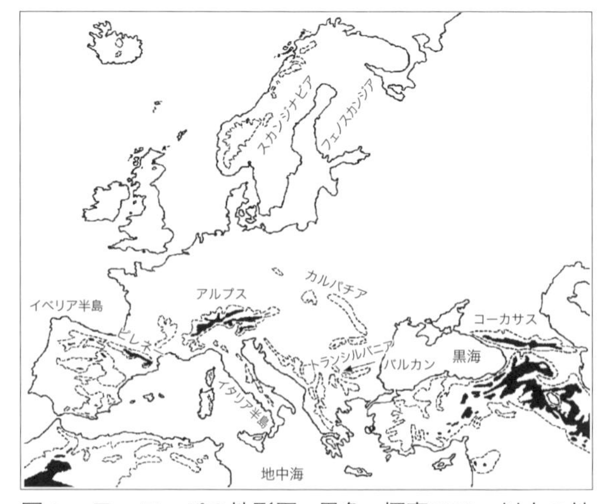

図１．ヨーロッパの地形図．黒色，標高2000m以上の地域；破線，標高1000mから2000m未満の地域．Hewitt（1999）より．

これらの地形が，生物多様性の形成に大きく影響している．

東欧は，ヨーロッパ東部をほぼ南北に並ぶ国々であり，その西側は西欧諸国，そして，東側はロシアに挟まれている．しかし，動物たちは，国境を越えて往来するので，東欧諸国に分布する動物種の構成（動物相）は，周辺国とほぼ共通していることが多い．哺乳類に限った場合，東欧のみに分布するといった固有種はいない．後述するが，地域的には絶滅した種も知られている．

さて，ヨーロッパの生物多様性の歴史を考えると，地質時代である更新世（今から約258万年前から約1万年前まで）の気候変動に大きく影響を受け，今日に至っている（Hewitt 1999, 2000; Randi 2007）．過去70万年の間には，寒冷期と温暖期の反復により，北欧やアルプスを覆う広大な氷河が形成された．最終氷期の約2万年から1万4千年前には，土壌の平均温度が，現在よりも10－20℃低下していたため，永久凍土層がフランス南部からドイツあたりまで広がり，ピレネー山脈やアルプス山脈は氷河で覆われていた．今から約1万4千年前には，氷河は後退し始め，約6千年前までに，ヨーロッパの植生（植物の種と分布の多様性）は現在の状態に近くなったと考えられている．

3 ヨーロッパの3大レフュージア

温帯域や地中海周辺に生息していた哺乳類の分布は，気候変動にともなう森林の分布とともに変化してきた．特に，最終氷期には，哺乳類の分布は，地中海周辺の3つの地域，すなわち，イベリア半島，イタリア半島，バルカン半島，に限られていたと考えられている．このような地域は「レフュージア（逃避地）」とよばれている（図2）．さらに，バルカン半島の南に位置するギリシャ，トルコもレフュージアの可能性が高い地域として注目されている．最終氷期が終わり完新世になると，温暖化が進み，森林の分布が北上し，哺

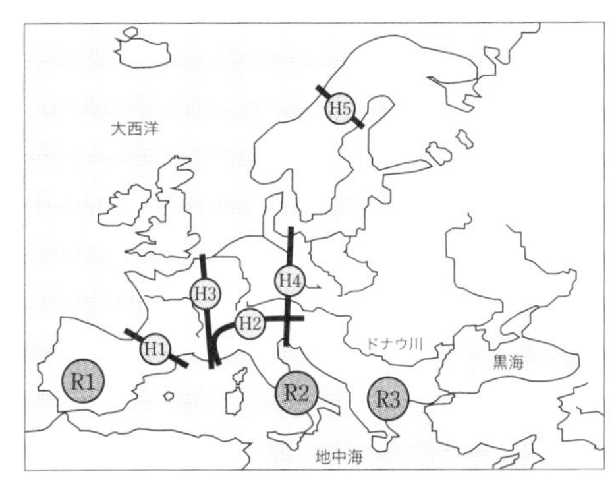

図2．南欧における最終氷期のレフュージア（R）およびコンタクトゾーン（H）．R1，イベリア半島；R2，イタリア半島；R3，バルカン半島．H1，ピレネー山脈；H2，アルプス山脈；H3，中欧西部；H4，中欧東部；H5，スカンジナビア中央部．Schmitt（2007）より．地形図（図1）を参照のこと．

乳類たちもレフュージアから北上を開始したのである（Randi 2007）.

また，地中海周辺域でなくとも，カルパチア山脈の南部（ルーマニア），クリミア半島の高地，ウラル山脈の南西部，アルタイ山脈の北部もレフュージアの候補である．また，最近のデータでは，コーカサス山脈もレフュージアと考えられる（Hirata et al. 2014参照）.

一方，ヨーロッパに発達している山脈は，動物移動の障壁になってきたと思われる（図1，2参照）．レフュージアとなった前述の3つの半島に着目すると，イベリア半島にあるピレネー山脈，イタリア半島の北部にあるアルプス山脈，そして，バルカン半島にバルカン山脈が走っている．最終氷期以降の動物たちの北上においても，これらの山脈が完全でなくともある程度，地理的障壁になったことが考えられる．また，ヨーロッパの東部，すなわち，ロシアや中央アジアから，東欧を経てヨーロッパ内部への動物の移動も考えられる．このように，東欧は，ヨーロッパとアジアの間の動物地理学的歴史を考えるうえでも，重要な位置にある.

次に，分布と移動の歴史が比較的詳細に研究報告されている例として，いくつかの哺乳類について見て行こう.

4 東欧の動物の移動史　ヒグマ

ヒグマ（*Ursus arctos*）（カラーグラビア20ページ；11章参照）は広く北半球の亜寒帯を中心に分布し，世界的にその移動の歴史について研究が進められている．最終氷期後のヨーロッパにおいて，ヒグマの移動ルートは，図3（右上）のように報告されている．一方，ヨーロッパのいくつかの国では，17世紀頃までにヒグマが絶滅した.

ミトコンドリアDNA（mtDNA）分析により，ユーラシアと北アメリカのヒグマ集団が比較検討され，これまでにクレード1からクレード7まで分類されている（クレードは系統やグループと考えてもよい）．ヨーロッパに残されたヒグマには3つのmtDNA系統が見出されている（Taberlet and Bouvet 1994）．まず，イベリア半島のピレネー山脈とスカンジナビア半島南部にクレード1a（1をさらに分けてaとされた），イタリア半島とバルカン半島にクレード1b，ルーマニアのカルパチア山脈およびスカンジナビア半島の北部からフェノスカンジア地方およびロシアにかけてクレード3a1（3aをさらに分けて3a1）が分布している．私たちは，ブルガリアのヒグマを分析し，クレード1bとクレード3a1を見出した（Hirata et al. 2013）．この結果は，ブルガリアのバルカン山脈が両者の共存するコンタクトゾーンであることを示している（図1，3）．一方，ルーマニアのヒグマを人為的に移動し，ブルガリアにおいて放獣した記録があり，元来クレード３ａ１のmtDNAをもつルーマニアの個体やその子孫に由来する可能性がある．さらに，ブルガリアの先史時代の遺跡から出土したヒグマ骨のmtDNA分析を行ったところ，すべてクレード１ｂであった（Mizumachi et al. 2020）．よって，自然分布によりコンタクトゾーンが形成されているとしても，最近のことであろう．

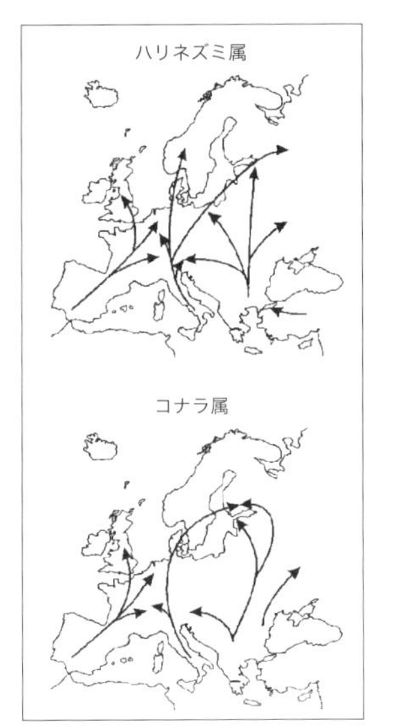

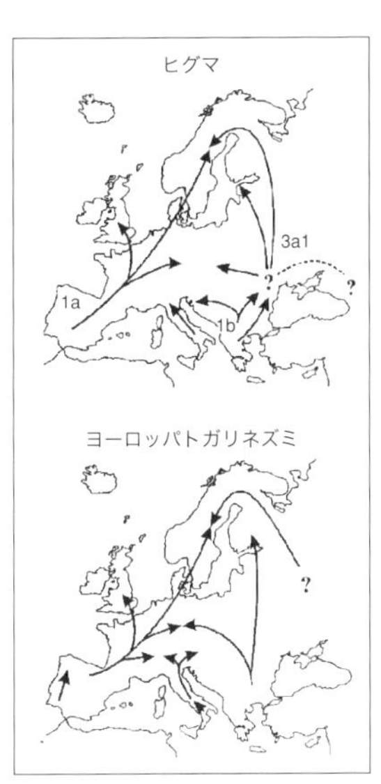

図３．ヨーロッパにおける最終氷期後の動植物の北上経路．ヒグマとヨーロッパトガリネズミの間，および，ハリネズミ属とコナラ属の間の経路とコンタクトゾーンが互いに類似している．Hewitt（1999）より．右上のヒグマの図では，ミトコンドリアDNAのクレード名（本文参照）を記した．

これらの結果は，最終氷期前には北部に分布していたクレード１ｂをもつヒグマが，その後の寒冷化により南下し，バルカン半島南部とイタリア半島南部をレフュージアにしたと考えられる．完新世になると北上を始めるが，バルカン山脈（または，ドナウ川）とアルプスの山々が地理的障壁となったのではないだろうか（図３）．

さらに，バルカン半島とマルマラ海を挟んで対岸にあるアナトリア（トルコ）から中東にかけては，クレード６およびクレード７をもつヒグマが分布する．また，私たちは，黒海の東側のコーカサス山脈に，クレード３ｂが遺存的に分布していることを見出している（Hirata et al. 2014）．

ヨーロッパおよびウラル地方南部にかけて分布し，約２万年前に絶滅したホラアナグマ（*Ursus spelaeus*）（カラーグラビア12ページ）は，当初，ヨーロッパのヒグマから進化したと考えられたこともあった．しかし，ホラアナグマの古代DNA分析結果から，現在では，ヒグマと近縁であるが別種であると考えられている．

日本列島に目を向けると，北海道にヒグマが分布している．私たちは，この約

30年間，北海道ヒグマのDNA研究に取り組んできた．その結果，北海道の南部にクレード４，東部にクレード３b，そして，北部－中央部にクレード３a２が分布していることを明らかになった（Matsuhashi et al. 1999; Hirata et al. 2013）．北海道の面積は約83,400km²（参照：アイルランド島の面積は約84,420km²）であるが，その狭い島内に３つのmtDNA系統が別々の地域に分布していることは，極めて特異的な現象である．北海道のヒグマ研究は，世界的なヒグマの移動史に関する研究に重要な役割を果たしている．

5 東欧の動物の移動史　ハリネズミ

現在，ヨーロッパには近縁なハリネズミ類が広く分布している．ハリネズミは，分類学的には真無盲腸目で，小さな土壌動物を食べる小型哺乳類である．なお，日本の中部・関東地方では，外来種として生息していることが知られている．

ヨーロッパのハリネズミ類は，最近では，３つの近縁種に分類されている：*Erinaceus europaeus*（ナミハリネズミ），*E. concolor*（ヒトイロハリネズミ），*E. roumanicus*（Northern white-breasted hedgehog 和名がない：図４）（Bolfíková and Hulva 2012）．後者２者のうち，*E. roumanicus* は *E. concolor* の亜種にされたこともあった．mtDNAの分子系統では，*E. roumanicus* と *E. concolor* とが互いに近縁である．３種の地理的分布に基づくと，最終氷期以降に，*E. europaeus* がイベリア半島とイタリア半島から西欧と北欧へ，*E. roumanicus* がバルカン半島から東欧とロシアへ，そして，*E. concolor* がアナトリア（トルコ）および地中海東岸域へと分布を拡大した（図３）（Hewitt 1999）．*Erinaceus roumanicus* の分布域の西端および北端の一部では，*E. europaeus* の分布域とのコンタクトゾーンが見られる．

図４．ブルガリアのハリネズミ（*Erinaceus roumanicus*）．リラックスした姿（左）と防御体制（右）．トラキア大学 Krasimir Kirilov さん撮影，Stanislava Peeva 准教授協力．

6 動物間で共通する移動ルートとコンタクトゾーン

ヨーロッパでは，種々の動植物について，DNAの系統と化石の記録に基づき，最終氷期以降の分布拡散が発表されてきた（Hewitt 1999）．その生物種間に，拡散ルートおよびコンタクトゾーンに関して共通性が見られる．たとえば，ヒグマとヨーロッパトガリネズミ（*Sorex araneus*）の間，および，ハリネズミ属（*Erinaceus*）と樹木のコナラ属（*Quercus*）との間の移動ルートがよく似ている（図３）．このことから，完新世における温暖化にともなう分布の北上が，複数の動植物で同時期に起こったと考えられている（Hewitt 1999）．

また，現代においても，動物は移動している．その例として，第２章で紹介するキンイロジャッカルは，バルカン半島から東欧を北上しつつある．しかし，これは，自然環境の変遷にともなう移動だけではなく，人間活動に影響された短期間の移動である．

7 レフュージアとしてのバルカン半島と自然環境

ここで，ヨーロッパの３大レフュージアの１つであり，本書の舞台であるバルカン半島とブルガリアの自然について概観しておきたい．

バルカンは，先述したように南東欧とよばれることもある（小山 2010）．この半島は，西と南に地中海，東に黒海に囲まれており（図１），世界的に見れば，地中海式気候に含まれる．高校の生物で勉強するバイオーム（生物群系）でいえば，日本列島ではみられない「硬葉樹林」がバルカン南部のブルガリアには広がる．つまり，温帯ではあるが，冬季に比較的降水量が多く，夏季に乾燥する．オリーブやゲッケイジュのように，硬くて小さい葉をつける常緑広葉樹が多く見られる．７月にブルガリアに訪問し

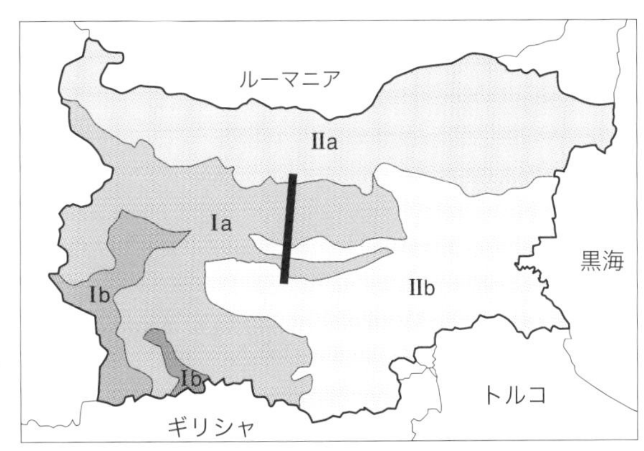

図５．ブルガリアにおける高山帯と低地帯の広がり．Ⅰa, Ⅰb, Ⅱa, Ⅱbの区分けと気候については本文参照のこと．Popov（2007）より．直線部分の断面が図６．

たことがあるが，確かに，日中の気温が連日40℃近くになる猛暑を経験した．

ブルガリアの地形は，西部・南西部・中央部の高山地帯，および，北部・北東部・南部の低地帯に分けられる（図5）(Popov 2007)．高山帯（図5のエリアⅠ）と低地帯（エリアⅡ）は，さらに，各々2つに分類される：西部と中央部の高山帯（Ⅰa)，南西部の亜高山帯（Ⅰb)，北部低地帯（Ⅱa)，南部低地帯（Ⅱb)，バルカン山脈とスレドナゴラ山脈（ともにエリアⅠaに含まれる)，その北部（Ⅱa)と南部（Ⅱb)の低地帯にまたがる縦断面（図6）は，ブルガリア中央部の地形をよく示している（Velikov and Stoyanova 2007)．概して，内陸のエリアⅡaは大陸性気候，海岸に近いⅡbは地中海性気候またはその移行気候，Ⅰaの南部は高山気候，Ⅰbは地中海性気候への移行気候に相当する（金原 2021)．図7は，ブルガリアのバルカン山脈と山麓に広がる農場・住宅地である．

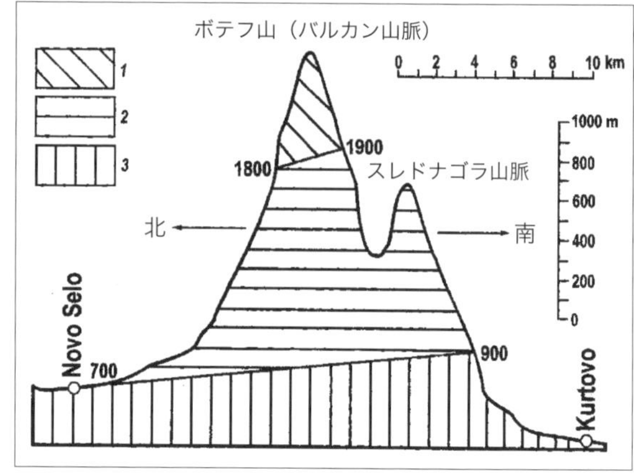

図6．ブルガリアにおけるバルカン山脈とスレドナゴラ山脈の縦断面と標高の関係．1，高山帯；2，中高山帯；3，低山帯．図5の直線部分を概観したもの．Velikov and Stoyanova（2007）より．

図7．東西に連なるバルカン山脈と手前に広がる農場と住宅地．山脈は南斜面．撮影者である筆者の背後には，スレドナゴラ山脈が走る．

8 ブルガリアにおける大型哺乳類の分布

最後に，バルカンの中でも，比較的詳細に調べられているブルガリアの哺乳類相を見てみよう．

図8は，ブルガリアに分布する大型哺乳類のリストである（Spassov and Markov 2004; Spassov and Spiridonov 2006)．その中で，ブルガリアとギリシャ

図８．ブルガリアに分布する大型哺乳類．ロドピ山脈東部（Spassov and Markov 2004）および ロドピ山脈（Spassov and Spiridonov 2006）の分布情報．

ブルガリアに分布する大型哺乳類		分布情報	
動物名（和名）	学名	ロドピ東部	ロドピ西部
イヌ科	**Canidae**		
オオカミ	*Canis lupus*	+	+
キンイロジャッカル	*Canis aureus*	+	−
アカギツネ	*Vulpes vulpes*	+	+
タヌキ（外来種）	*Nyctereutes procyonoides*	?	−
クマ科	**Ursidae**		
ヒグマ	*Ursus arctos*	+	+
イタチ科	**Mustelidae**		
イイズナ	*Mustela nivalis*	+	+
ヨーロッパケナガイタチ	*Mustela putorius*	+	+
ステップケナガイタチ	*Mustela eversmanni*	−	−
マダライタチ	*Vormela peregusna*	+	−
マツテン	*Martes martes*	+	+
ムナジロテン	*Martes foina*	+	+
ヨーロッパアナグマ	*Meles meles*	+	+
カワウソ	*Lutra lutra*	+	+
ネコ科	**Felidae**		
ヨーロッパヤマネコ	*Felis silvestris*	+	+
オオヤマネコ（絶滅？）	*Lynx lynx*	−	−
イノシシ科	**Suidae**		
イノシシ	*Sus scrofa*	+	+
シカ科	**Cervidae**		
アカシカ	*Cervus elaphus*	+	+
ダマジカ	*Dama dama*	+	+
ノロジカ	*Capreolus capreolus*	+	+
ウシ科	**Bovidae**		
シャモア	*Rupicapra rupicapra*	−	+
ムフロン	*Ovis musimon*	+	+

にまたがるロドピ山脈に分布している種に着目して分布情報が報告されている．ロドピ山脈（図５ エリアⅠaの南方に位置する）は，バルカン半島の最高峰ムサラ山（2925m）を始め，2600m以上の７つの峰を有し，平均1487mの標高がある（金原 2021）．

図８では，ロドピ山脈の東部と西部に分けて分布情報が示されているが，一方の地域で分布情報がなくても，今後の動物移動により，他方の地域に分布を広げる可能がある．ブルガリアでは，オオヤマネコ（*Lynx lynx*）およびヨーロッパミンク（*Mustera lutreola*）は，20世紀に絶滅したと考えられている．また，タヌ

キ（*Nyctereutes procyonoides*）は，ヨーロッパでは外来種であるが，ロシア西部から東欧の北部を経て分布を拡大しつつある．ロドピ山脈には，まだ確実な分布情報はない（Spassov and Markov 2004; Spassov and Spiridonov 2006）．

この分布表のみからは読み取れない興味深い現象もある．例えば，第4章で紹介されるテンをあげることができる．図8に示されているように，ブルガリアには2種のテン，マツテン（*Martes martes*）とムナジロテン（*Martes foina*）が分布する．この2種はヨーロッパに比較的広く分布するが，マツテンの方が寒冷気候を好み，より高緯度に分布する傾向がある．図5および図6のように，ブルガリアには，高山地帯と低地帯が広がる．バルカン山脈では，低い標高にムナジロテン，高い標高にマツテンが生息しているという．その詳細な分布パターンや境界線は十分には明らかにされていない．今後の研究課題ではあるが，バルカン山脈の様々な標高で採集される動物のフンについて，第7章で紹介するフンDNA分析を導入すれば，フンの落とし主の種を同定することができる．その結果を集計することにより，これらテンの2種がどのように生息域を分かち合っているかが分かるであろう．ちなみに，日本列島では，津軽海峡（ブラキストン線）を境に，本州・九州・四国にはニホンテン（*Martes melampus*），そして，北海道にはクロテン（*Martes zibellina*）が自然分布している．

また，イヌ科に着目すると，オオカミ（*Canis lupus*）は深山に，キンイロジャッカル（*Canis aureus*）やアカギツネ（*Vulpes vulpes*）は人里近くに分布している．かれらの分布パターンも標高に関係しており，その調査は今後に残された課題である．なお，カラーグラビア13ページで紹介したように，日本列島では，明治初期にオオカミが絶滅している．

引用文献

Bolfíková B, Hulva P: Microevolution of sympatry: landscape genetics of hedgehogs *Erinaceus europaeus* and *E. roumanicus* in Central Europe. Heredity 108: 248-255, 2012.

Hewitt GM: Post-glacial re-colonization of European biota. Biol J Linn Soc 68: 87-112, 1999.

Hewitt GM: The genetic legacy of the Quaternary ice ages. Nature 405: 907-913, 2000.

*Hirata D, Mano T, Abramov AV, Baryshnikov GF, Kosintsev PA, Vorobiev AA, Raichev EG, Tsunoda H, Kaneko Y, Murata K, Fukui D, Masuda R: Molecular phylogeography of the brown bear（*Ursus arctos*）in northeastern Asia based on analyses of complete mitochondrial DNA sequences. Mol Biol Evol 30: 1644-1652, 2013.

Hirata D, Abramov AV, Baryshnikov GF, Masuda R: Mitochondrial DNA haplogrouping of the brown bear, *Ursus arctos*（Carnivora: Ursidae）in Asia, based on a newly developed APLP analysis. Biol J Linn Soc 111: 627-635, 2014.

金原保夫：トラキアの考古学．同成社，2021，346pp.

小山洋司：南東欧　経済図説．東洋書店，2020，63pp.

Matsuhashi T, Masuda R, Mano T, Yoshida MC: Microevolution of the mitochondrial DNA control region in the Japanese brown bear（*Ursus arctos*）population. Mol Biol Evol 16: 676-684, 1999.

*Mizumachi K, Spassov N, Kostov D, Raichev EG, Peeva S, Hirata D, Nishita Y, Kaneko Y, Masuda R: Mitochondrial haplogrouping of the ancient brown bears（*Ursus arctos*）in Bulgaria, revealed by the APLP method. Mamm Res 65: 413-421, 2020.

Popov V: Terrestrial mammals of Bulgaria: Zoogeographical and ecological patterns of distribution. In Fet V and Popov A（eds）, Biogeography and Ecology of Bulgaria, Springer, Dordrecht, The Netherlands, 2007, pp.9-37.

Randi E: Phylogeography of South European mammals. In Weiss S and Ferrand N（eds）, Phylogeography of Southern European Refugia - Evolutionary Perspectives on the Origins and Conservation of European Biodiversity, Springer, Dordrecht, The Netherlands, 2007, pp.101-126.

Schmitt T: Molecular biogeography of Europe: Pleistocene cycles and postglacial trends. Front Zool 4: 11, 2007.

Spassov N, Markov G: Biodiversity of large mammals（Macromammalia）in the Eastern Rhodopes（Bulgaria）. In Beron P and Popov A（eds）, Biodiversity of Eastern Rhodopes（Bulgaria and Greece）, Pensoft Publishers, National Museum of Natural History, Bulgarian Academy of Sciences, Sofia, 2004, pp.929-939.

Spassov N, Spiridonov G: Status of large mammals（Macromammalia）in the Western Rhodopes（Bulgaria）. In Beron P（ed）, Biodiversity of Western Rhodopes（Bulgaria and Greece）I, Pensoft Publishers, National Museum of Natural History, Bulgarian Academy of Sciences, Sofia, 2006, pp.959-974.

Taberlet P, Bouvet J: Mitochondrial DNA polymorphism, phylogeography, and conservation genetics of the brown bear *Ursus arctos* in Europe. Proc R Soc Lond B 255: 195-200, 1994.

Velikov V, Stoyanova M: Landscapes and climate of Bulgaria. In Fet V and Popov A（eds）, Biogeography and Ecology of Bulgaria, Springer, Dordrecht, The Netherlands, 2007, pp.589-605.

1章

ポーランド，ブルガリアの食肉目動物

角田裕志

1. はじめに

ヨーロッパには在来の陸生食肉目動物が約20種生息するが，このうちイベリア半島やスカンジナビア半島のみに生息する種を除いた16種が東欧には生息する．その内訳はイタチ科10種，イヌ科3種，ネコ科2種，クマ科1種である．ヨーロッパの食肉目動物相はヒトによる大規模な土地の改変（森林伐採，農地開拓，都市化），外来種の侵入，狩猟などの人為的な影響を強く受けてきた．特に18世紀後半から20世紀の中頃まで，生息地の縮小やヒトによる大規模な捕獲によって大型の食肉目動物は西欧では絶滅またはそれに極めて近い状況となり，東欧でも分布域が大きく縮小した（Chapron et al. 2014）．しかし，近年ではヨーロッパ連合（EU）が取り組む生息地保全や野生動物保護管理の施策が功を奏し，多くの地域で分布域が回復している（Chapron et al. 2014）．この章では，筆者がこれまで研究対象としてきたポーランドのオオカミ（*Canis lupus*）とブルガリアのキンイロジャッカル（*C. aureus*）を中心として（図1およびカラーグラビアを参照），東欧に生息する食肉目動物の生物同士の相互作用（種間関係）やヒトとの関係に着目して紹介する．

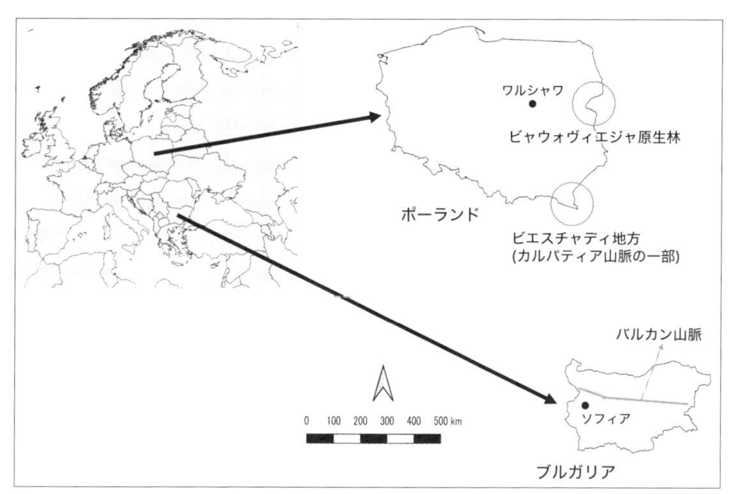

図1．ポーランドおよびブルガリアの位置図．各国の首都と本章で登場する主な地域や山脈を記した．地図作成にはフリーの地理情報システムソフトウェアのQGIS（https://qgis.org/ja/site/）とNatural Earth（https://www.naturalearthdata.com/）の公開データを用いた．

2. ポーランドのオオカミ：生態系への影響とヒトとの共存

1 オオカミの分布と個体群の状況

ポーランドの国名の由来は平原や野原を意味する「ポーレ」を語源とする．国名が表すように国土（約31万km²，日本の国土の約5分の4）の大部分は平野や丘陵地である．ポーランドはヨーロッパの中でも農業が盛んな国であり，国土の約6割が農地で北部の平野部から丘陵地にかけて広がっている．一方，南部のカルパティア山脈（図1）の山麓には集落，農耕地，牧地と森林がモザイク的に分布し，オオカミを含む様々な野生動物が集落やその周辺に現れる（角田 2007）．農家の多くは小規模の個人経営であり，麦や野菜の耕作とヒツジやウシやウマを飼育している．温暖な5月～10月頃に集落近くの牧野で家畜が放牧されるが（図2），この時期にオオカミによる家畜被害が起こりやすい（角田 2007）．

ポーランドでは第二次世界大戦後に家畜被害の対策として，捕獲個体に報奨金を出してオオカミ駆除を奨励した．20世紀中ごろまでは国内に700～1000頭ほどのオオカミが生息していたが，駆除の強化によって1950年代から1970年代初頭には100頭未満にまで減少した（Okarma 1993）．この時期は隣国ベラルーシとの国境に位置するビャオヴィエジャ原生林（1979年に世界自然遺産登録）や南東部のカルパティア山脈のみにオオカミは分布した（図1）．その後，オオカミの絶滅を危惧した科学者，自然愛好家，オオカミ猟師らの働きかけによって，1973年に駆除奨励が撤回され，1975年には国内法で狩猟獣に登録されてオオカミ猟の地域や捕獲数が管理されてきた（Okarma 1993）．さらに，1995年にはオオカミを国内法の保護獣に定め，1998年までに国内全土での狩猟が禁止された（Okarma 1993）．この結果，1970年代中頃からはオオカミの個体数は回復に転じて2000年代初頭には約600～700頭に，さらに現在では約1900頭にまで増加した（European Committee, Article 17 web tool, https://nature-art17.eionet.europa.eu/article17/）．オオカミの分布域も森林の多い山地から，森林と農地や居住地が混在する丘陵地や低地に残った孤立林へと広がっている（Gula et al. 2020）．

図2．南東部ビエスチャディ地方のオオカミの生息地内で放牧されているウマ．筆者が現地訪問時に撮影した．奥に写った山林で筆者はオオカミの繁殖巣を発見しており，オオカミの利用頻度が高い場所（コアエリア）である．

2 オオカミによる捕食の影響と栄養カスケード

オオカミなどの大型の食肉目動物の野外における個体数は意外なほど少ない．たとえば，ポーランドに生息するオオカミの1群れの平均的な行動圏サイズは100～300km²だが（Gula 2008），ナワバリを形成して他の群れや単独の個体を排除するので群れ同士の行動圏が大きく重なることはない．オオカミの平均的な群れサイズは5～7頭なので，生息密度に換算すると0.02～0.05頭/km²となる．ポーランドのオオカミが主に捕食するノロジカ（*Capreolus capreolus*），アカシカ（*Cervus elaphus*），イノシシ（*Sus scrofa*）など有蹄類の平均的な生息密度は3～

５頭/km²であるから（Jedrzejewski et al. 2002），オオカミの生息密度はその100分の１以下である．しかし，オオカミは捕食対象とするシカ類などの被食者，さらに中小型の食肉目動物や植物など様々な生物に広く影響を与えることが知られている．オオカミのように，生態系の中での個体数やバイオマス（現存量）が相対的に小さいながら，生態系に広く影響を及ぼす生物は「キーストーン種」と呼ばれる．

オオカミによる捕食は大型のシカであるアカシカの個体数や増加率に影響を与えており，年間死亡率の40%を占める（Jedrzejewski et al. 2002）．そのうえ，オオカミの存在そのものがアカシカにとって脅威である．オオカミの行動圏の中で特に利用頻度が高い場所（コアエリア）では，アカシカは捕食の危険に怯えながら過ごさざるを得ず，のんびり餌を食べてはいられない．活動時間の中で採食に割く時間を犠牲にして，オオカミの襲撃に備えて警戒する時間を増やさなければならなくなる（Kuijper et al. 2015）．前者のようにオオカミの捕食によってアカシカが死に至る影響は「捕食効果」，後者のようにオオカミの存在がストレスとなってアカシカの行動や環境利用が変化する影響は「捕食リスク効果」とそれぞれ呼ばれる（図３）．

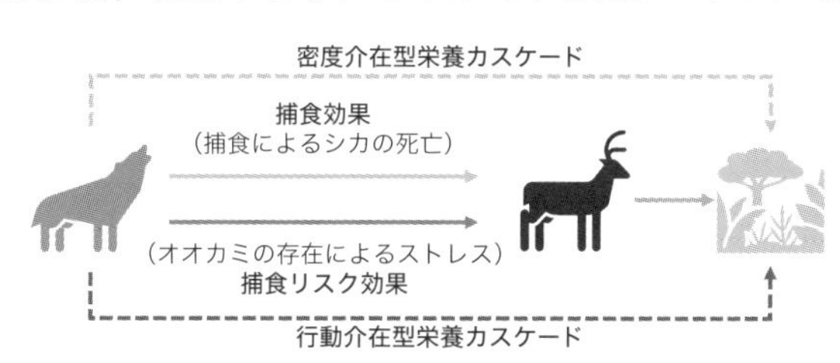

図３．オオカミ―シカ類―植物の三栄養段階における栄養カスケードの概念図．

オオカミの捕食リスク効果は，結果的にアカシカによる若木や草本への採食圧を減少させ，林内の植生や樹木の生長を回復させる（Kuijper et al. 2013）．肉食獣であるオオカミは植物を食べることはほとんどないが，捕食リスク効果を通じて林床の植物に影響を与えるのである．このように，ある生物の捕食による影響が直接的に捕食―被食関係にない他の生物（今回の場合には植物）に波及する現象を「栄養カスケード」と呼ぶ（図３）．カスケードとは階段状に連なった滝のことであり，捕食の影響が食物連鎖を介して栄養段階の滝を流れ下るように波及する様から，このように呼ばれている．

3 オオカミの食べ残しがもたらす栄養カスケード

オオカミは捕獲した獲物を全て食べるわけでなくて，有蹄類の場合には体重の

10～35%に相当する内臓や骨や肉片が食べ残される（Selva 2004）．この食べ残しは他の生物の食物となり，雪が多く寒さの厳しいポーランドの冬には特に貴重な食物資源である．死体を食べる生物はスカベンジャー（scavenger）と呼ばれる．アカギツネ（*Vulpes vulpes*，以下キツネ），マツテン（*Martes martes*），タヌキ（*Nyctereutes procyonoides*，ポーランドでは外来種）などの食肉目動物や雑食性のイノシシ，ワタリガラス（*Corvus corax*），猛禽類などがオオカミの食べ残しを利用する代表的なスカベンジャーである．中でも，ワタリガラスとキツネはオオカミの群れの後を付いて回り，「おこぼれ」にあずかるチャンスを常に狙っている（Selva 2004）．

病死や餓死でシカなどの有蹄類が死亡することもある．肉量だけを単純に考えると，オオカミの食べ残しよりも分け前が多くなりそうだが，スカベンジャーはオオカミの食べ残しをより好んで利用する（Selva 2004）．アカシカやヨーロッパバイソン（*Bison bonasus*）のような大型の動物の皮膚は厚く，中小型動物は皮膚を切り裂いて肉に到達できない．特に冬季は死体の皮膚表面が凍ってしまうので，文字通り歯が立たなくなるだろう．オオカミは強いあごの力と鋭い裂肉歯（小臼歯と第一大臼歯から成り，皮膚や肉の切断，骨の粉砕に適応した尖った歯）で厚い皮膚を切り裂いて，肉や骨をあらわにし，また食べる際には内臓や肉片を周囲に適度にまき散らす．スカベンジャーにとって死体を食べやすい状態や大きさにしてくれるというわけだ．

シカ類の死体は放っておいても，ハエの幼虫のウジやシデムシなどの無脊椎動物，さらには菌や細菌の働きによって腐敗が進み分解・消失していく．しかし，冬には無脊椎動物や微生物の働きは鈍く，それだけでは死体の分解に時間がかかる．スカベンジャーによる死体の利用は，死体の分解・消失までの時間を早め，ひいては生態系の物質循環を促進することとなる．

4 ヒトとの軋轢と共存

ポーランドには北米に見られるような広大な国立公園はなく，多くの地域でオオカミとヒトが同一の空間を共有している．都市部やヒトの往来が多い場所では，多くの野生動物はヒトとの遭遇を避けるために夜間にのみ活動する夜行性になることが多い（Gaynor et al. 2018）．しかし，筆者らが発信機付き首輪で調査した結果，ポーランドのオオカミは完全な夜行性ではなくて，日出と日没の前後に主に行動する薄明薄暮型の活動パターンを示した（Theuerkauf et al. 2007；図４）．

これはオオカミの主な被食動物であるアカシカに同調した活動パターンであり，ヒトの活動の影響は比較的軽微であることを示している．その一方で，林道やシカ排除柵などの構造物を移動ルートや狩場に選ぶなど，ヒトによって改変された景観や環境に順応してしたたかに生きている．

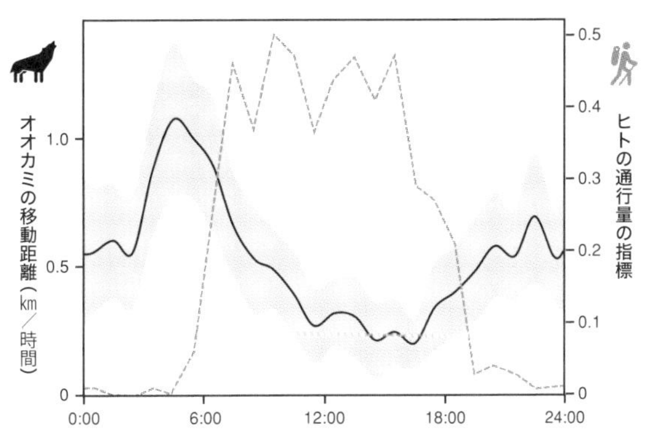

図4．オオカミの移動距離に基づく日周活動の変化（黒の実線が観測の平均値，灰色領域が95%の信頼区間）とヒトの通行量の指標（灰色の破線）の関係．Theuerkauf et al.（2007）を元に作成した．

しかし近年では，オオカミの分布回復に伴いヒトとの軋轢も増加している．ポーランドでは伝統的に農家による自営の家畜被害対策が行われており，国による被害の補償制度も充実している．このため家畜被害は深刻な状況にはない（Kuijper et al. 2019）．その一方で，都市化や道路網の発達によってオオカミの生息地の分断化や孤立化と，交通事故によるオオカミの死亡例が増えている．また，ポーランドの国内で第二次大戦以降にオオカミがヒトを襲った事例は長らく確認されなかったが，2018年に計4人に対するオオカミによる襲撃例が確認されている（Linnell et al. 2021）．幸いにも咬まれて軽傷を負っただけで死亡事故には至らなかった．狂犬病が発症したオオカミがヒトを襲うことはよく知られているが，ポーランド国内の事例ではいずれも狂犬病の発症がない健全な個体による事故だった．このうち3件は住民がオオカミに餌付けしていたため，ヒトへの警戒心や恐怖心が低下したことが原因と考えられる（Linnell et al. 2021）．オオカミの個体数回復が事故発生に結びつくかは明らかではないが，ヒトとの遭遇機会が増えたことがトラブルの発生へとつながっている．

オオカミとの軋轢増加によって，国や自治体が直ちに捕獲・駆除を再開する動きはない．しかし，オオカミに対する市民感情が悪化すれば，人々を再び駆除へと駆り立てる可能性はある．すべての野生動物に共通することではあるが，餌付けなどの軋轢を誘発しうる行為をヒトの側が慎むことによって，オオカミの側にもヒトに対する警戒心が維持される（Kuijper et al. 2019）．オオカミとヒトとが適度な距離感を保つ形での共存を探ることが不可欠である．

3. ブルガリア—食肉目動物研究のフロンティア

1 ブルガリアのキンイロジャッカル

ヨーロッパ南東部のバルカン半島に位置するブルガリアは，前出のポーランド南端から南に約600km離れている（図１）．両国に生息する中・大型の食肉目動物の種類はほぼ共通するが，ブルガリアの動物相にはポーランドと大きく異なる点が２つある．１つは，過去の乱獲によってオオヤマネコ（*Lynx lynx*）が絶滅しており，隣国から分散・移入した個体が稀に観察される程度で，ブルガリア国内に安定して生息しない．もう１つは，キンイロジャッカル（以下，ジャッカル）の個体数がヨーロッパ圏域で最も多く，バルカン山脈やリラ山脈の高標高域を除いて国内に広く分布する（２章を参照）．ブルガリアに生息するジャッカル成獣の平均体重は約11kgで，ヒグマ（*Ursus arctos*），オオカミに次いで３番目に大きな食肉目動物である．

前項のポーランドをはじめ，イタリアやイベリア半島などジャッカルがほとんど生息しない地域では食肉目動物に関する生態学的研究が数多く行われてきた．しかし，ジャッカルを擁するバルカン半島の食肉目動物に関する知見は乏しく，ジャッカルが地域の生態系や他の食肉目動物にどのような影響を与え，またヒトの活動の影響をいかに受けているのかは明らかではなかった．

2 食肉目動物の種間関係をどのように理解するのか

食肉目動物の種間関係は体サイズが左右し，餌場や水場などを巡って直接的な競合（干渉や闘争や捕殺）が起こった場合には体の大きな（体重の重い）種が有利である（Donadio and Buskirk 2006）．このため，小型種が生き残るには体の大きな競合種との遭遇をできる限り避ける必要がある．また，様々な食肉目動物種間の競合を調べた研究では，同じ科に属する種同士において捕殺を伴う競合が起こりやすく（Donadio and Buskirk 2006），特にイヌ科動物の種間同士では競合による死亡率が高いことが分かっている（Pruph and Sivy 2020）．いわゆる「同族嫌悪」である．生物による資源利用のパターンを「生態的ニッチ（以下，ニッチ）」

と呼ぶが，直接的な競合が生じる生物種間ではニッチを違えることによって同じ環境においても共存できる．これを「ニッチの分割」と呼ぶ．食肉目動物の種間関係では食物資源（食物ニッチ），利用する環境（空間ニッチ），活動時間（時間ニッチ）の三要素のニッチを分割することによって，競合する種であっても同じ生息地内に共存できると考えられている．

食肉目に関する以上の種間関係とニッチ分割の特徴を念頭に置いて，ジャッカルと他の食肉目動物の関係を考えてみる．ブルガリアの低地から丘陵地・低山地は市街地や農地として利用されており，営農活動や狩猟・密猟などのヒトによる撹乱影響が強い．このため，ジャッカルより大型の競合種であるヒグマやオオカミは生息せず，ジャッカルが最大の食肉目動物として君臨し，小型の種に影響を及ぼしている可能性がある．さらに，ジャッカルとの競合は同じイヌ科の動物であるキツネに対して大きな脅威となる可能性がある．このため，ジャッカルと小型の食肉目動物との間では，食性・空間・時間についてニッチ分割が起こると考えられる．同じ環境で共存する二種の生物について，ある資源に関するニッチの重複割合を調べることによって競争の強さがわかる．ニッチの重複割合は通常100分率（%）で表現され，0%がニッチの完全な分割，100%がニッチの完全な重複を意味する．すなわち，ニッチの重複割合が大きい値であるほど，ある資源を巡る種間の競争が強いということになる．そこで，筆者はジャッカルとその他の食肉目動物種間について食物・空間・時間の三要素のニッチに関する重複割合を調べ，種間競争の強さや競争回避のためのニッチ分割の役割を明らかにするための研究を行ってきた．

3 中型食肉目動物における種間関係とニッチ分割

食物を巡る種間関係を知るためには，対象となる動物種それぞれの食性に関する情報が不可欠である．ヨーロッパに生息するジャッカルの主な食物はネズミ類と，野生の有蹄類（シカ類とイノシシ）や家畜の死体であるが，アジアでは果実や昆虫なども食べるジェネラリスト（様々な食物を広く利用できる種）である（2章を参照）．ブルガリア国内でジャッカルと同所的に分布する食肉目ではキツネとムナジロテン（*Martes foina*）が同じような食性を示すので，ジャッカルと食物を巡る潜在的な競合種となり得る．これら3種に関して，バルカン山脈において狩猟で捕獲された個体の消化管の内容物や，野外で採集した糞の内容物を調べて，出現した食物項目の割合に基づき，3種間の食性ニッチの重複割合を調べ

表1．ジャッカルと小型食肉目3種との食物・空間・時間の各生態的ニッチに関する季節ごとのニッチ重複割合（ヨーロッパヤマネコの夏の食性は調査しなかったため重複割合は不明）．

	ニッチの種類	ジャッカル-キツネ	ジャッカル-ヤマネコ	ジャッカル-ムナジロテン
夏	食物ニッチ重複割合	99.4%	–	94.6%
	空間ニッチ重複割合	19.0%	36.2%	65.7%
	時間ニッチ重複割合	65.2%	61.0%	54.7%
冬	食物ニッチ重複割合	58.3%	32.8%	43.4%
	空間ニッチ重複割合	54.8%	73.8%	89.7%
	時間ニッチ重複割合	72.5%	62.0%	49.5%

た．その結果，夏・秋には3種ともネズミ類や果実を食べていて，食性ニッチの重複率は90%を超えた（Tsunoda et al. 2019；表1）．その一方で，冬にはジャッカルが野生の有蹄類の死体を主な食物としたが，キツネとムナジロテンはネズミ類を食べており，食性ニッチの重複割合はジャッカルとキツネでは約60%，ジャッカルとムナジロテンでは約40%であった（Tsunoda et al. 2017；表1）．すなわち，ジャッカルとキツネやムナジロテンとの間には，冬よりも夏・秋において食物資源を巡る競争が生じている可能性が示された．

食物資源に関する種間の競争が起こる場合には，利用環境や活動時間を違えることによって競合する種が共存できると考えられるため，空間ニッチまたは時間ニッチの分割が重要な意味を持つ可能性がある．この仮説を検証するためにトラキア大学と東京農工大学の研究チーム（図5）では自動撮影カメラ（カラーグラビアを参照）を使って食肉目動物の空間・時間ニッチを調査した（Tsunoda et al. 2020）．自動撮影カメラは設置場所を通過・利用する複数の動物種を一度に調査することができるので，同所的に分布する複数の野生動物の種間関係を効率的に調査できるツールとして近年活用事例が増えている．調査の対象は，前出の食性ニッチの研究対象のジャッカル，キツネ，ムナジロテンに，ヨーロッパアナグマ（*Meles meles*，以下アナグマ）とヨーロッパヤマネコ（*Felis sylvestris*，以下ヤマネコ）を加えた計5種とした．ヤマネコはネズミ食に偏ったスペシャリストの食性であるため（3章を参照），キツネやムナジロテンと同様にネズミ類という共通の食物資源を巡ってジャッカルと競争関係になりうる．その一方で，アナグマは主にミミズや果実を食べるので，食物資源について他種とは競争関係になりに

図５．自動撮影カメラの現地調査を行った東京農工大学大学院修士課程（当時）の伊藤海里氏（左）と野田くるみさん（右）．写真は金子弥生氏が撮影．

くいと予想した．

ジャッカルとキツネ，ジャッカルとヤマネコでは，空間ニッチと時間ニッチの両方についてニッチを分割しており，夏より冬においてニッチの重複割合が増加した（Tsunoda et al. 2020；表１）．この結果は当初の予想通り，ネズミ類を巡って競争関係にある夏にジャッカルと遭遇しないように，利用する環境や活動時間を変えていると考えられた．ジャッカルとムナジロテンでは季節に関わりなく時間ニッチの重複割合が約50%と低く，主に活動時間の違いが競合の回避に重要であると考えられた（Tsunoda et al. 2020；表１）．さらに，ネズミ類を巡って特に冬に食物資源の競争関係になるキツネ，ヤマネコ，ムナジロテンの３種の間では，ジャッカルとの種間関係の場合とは反対に，夏に比べて冬の空間・時間ニッチの重複割合が減少した（空間ニッチ：夏75～89%→冬50～91%，時間ニッチ：夏84～88%→冬68～79%）（Tsunoda et al. 2020）．以上の結果から，食物資源を競争する食肉目動物の種間関係では空間ニッチや時間ニッチの分割が重要な役割であることを示唆し，筆者らが予想した仮説を概ね支持する結果が得られた．

一方，食性ニッチが異なるアナグマとその他の４種との間では，空間ニッチの重複割合が夏（49～92%）よりも冬（27～39%）に大きく減少した（Tsunoda et al. 2020）．しかしこの結果が，これまでジャッカルとその他の種間で見てきたような種間の競合と関係するかどうかは慎重に考える必要がある．なぜならば，アナグマは冬になると１日の活動量が大きく低下し，巣穴付近でのみ行動する場合があるので，単にアナグマの撮影率が低かったことが重複割合に影響したのかもしれない．実際に，今回の調査でも12月から２月までの約２カ月間にわたってアナグマが一度も撮影されておらず，アナグマの空間ニッチを適切に評価できていない可能性があるのだ．ニッチの重複割合は種間関係を評価する際に簡便な方法ではあるが，評価対象種の生態・行動の特徴やその季節性などを十分に理解せずに使うと誤った結果を導く恐れもある．

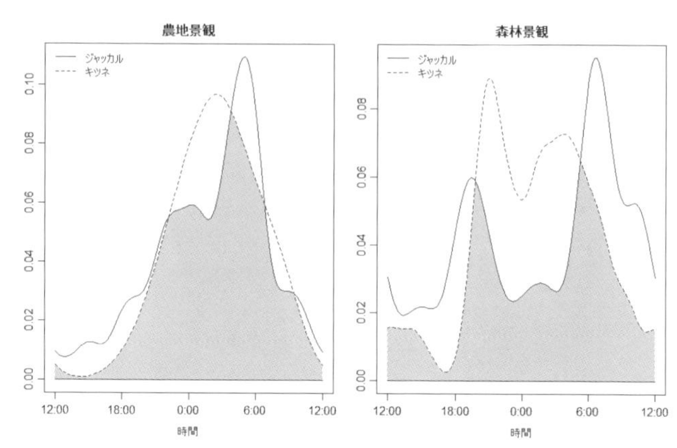

図 6．農地景観と森林景観におけるジャッカルとキツネの日周活動パターンとその重複割合（灰色の部分）の違い．曲線が凸型に高い部分が活動ピークの時間帯を示している．横軸の中央が深夜 0 ：00，両端が正午をそれぞれ表す．

4 食肉目動物の種間関係に対する人間活動の影響

食肉目動物の種間関係に対して，人間活動はどのように影響するだろうか．この疑問を解くために，人間活動が少ないバルカン山脈の森林景観と，バルカン山脈の南側に広がるトラキア平野とその周辺の丘陵地の森林がパッチ上に分布する農地景観において，ジャッカルとキツネ，ムナジロテンとのニッチ重複割合の調査結果を比較して検証する．森林景観のジャッカルが野生の有蹄類の死体を主に食べていたのに対して，農地景観ではブタなどの家畜の死体を食べていた (Tsunoda et al. 2017)．ジャッカルの食性ニッチは地域間で大きく異なったが，ジャッカルと小型の 2 種との食性ニッチの重複割合はほぼ変わらなかった (Tsunoda et al. 2017, 2019)．その一方で，3 種の食性ニッチが重複しやすい夏に自動撮影カメラで調査した空間・時間ニッチは地域間で大きく異なった．特にジャッカルとキツネとの時間ニッチの重複割合は森林景観の65%と比べて，農地景観では79%と高かった．この理由としては，農地景観ではヒトとの遭遇を避けるためにジャッカルが夜行性になったためと考えられる．実際に，森林景観のジャッカルは夜明けと日没付近の薄暗い時間に主に活動したが（Tsunoda et al. 2020），農地景観では夜間の活動時間が増加した（Tsunoda et al. 2018；図 6 ）．このために，夜行性の活動をするキツネとの時間ニッチの重複割合が増加したと考えられる．その一方で，空間ニッチに関しては，キツネとムナジロテンは共に森林景観よりも農地景観において重複割合が大きく減少した（それぞれ19%→5%，66%→39%）（Tsunoda et al. 2018, 2020）．農地景観ではジャッカルの夜間行動が増えて時間ニッチに関する競争が増加したため，キツネやムナジロテンがジャッカルの利用する環境を避けて行動した可能性がある．以上の結果は，ヒトによる撹乱の影響が個々の動物の生態や行動を変化させるだけではなくて，生物同士の種間関係にも波及する可能性を示している．

4. 東欧のヒトと食肉目動物の共存

東欧はヒトの生活圏（居住地や農地）と野生動物の生息地が混在した農林環境が多いため，ヒトの社会システムと自然生態系が相互作用する一つの社会・生態システムとして捉え，その中でヒトと食肉目動物の共存を考える必要がある．現在，東欧地域を含むヨーロッパの各地で20世紀までの人間活動によって失われた生物多様性や生態系の回復を目的として，再野生化（rewilding）の取り組みが行われている．再野生化の目標は過去の生物相の単なる復元ではなくて，持続可能で自律的な生態系の機能回復に重きが置かれており，オオカミなど地域絶滅した野生動物の分布回復やジャッカルの分布拡大は再野生化の重要なプロセスとみなされている．その一方で食肉目動物の分布回復はヒトとの軋轢の増加にもつながる可能性がある．各地で再野生化が進められて食肉目動物の分布の回復が今後も続くと考えられており，軋轢の解消とヒトと食肉目動物の共存の両立に向けた取り組みが求められている．

引用文献

Chapron G, Kaczensky P, Linnell JDC, von Arx M, Huber D, et al（その他72名）: Recovery of large carnivores in Europe's modern human-dominated landscapes. Science 346(6216): 1517-1519, 2014.

Donadio E, Buskirk SW: Diet, morphology, and interspecific killing in carnivora. Am Nat 167(4): 524-536, 2006.

Gaynor KM, Hojnowski CE, Carter NH, Brashares JS: The influence of human disturbance on wildlife nocturnality. Science 360(6394): 1232-1235, 2018.

Gula R: Wolf depredation on domestic animals in the Polish Carpathian Mountains. J

Wildl Manage 72(1):283-289, 2008.
Gula R, Bojarska K, Theuerkauf J, Krol W, Okarma H: Re-evaluation of the wolf population management units in central Europe. Wildl Biol 2020(2): wlb.00505, 2020.
Jedrzejewski W, Schmidt K, Theuerkauf J, Jedrzejewska B, Selva N, Zub K, Szymura L: Kill rates and predation by wolves on ungulate populations in Bialowieza Primeval Forest (Poland). Ecology 83(5): 1341-1356, 2002.
Kuijper DPJ, Bubnicki JW, Churski M, Mols B, van Hooft P: Context dependence of risk effects: wolves and tree logs create patches of fear in an old-growth forest. Behav Ecol 26(6): 1558-1568, 2015.
Kuijper DPJ, Churski M, Trouwborst A, Heurich M, Smit C, Kerley GIH, Cromsigt JPGM: Keep the wolf from the door: how to conserve wolves in Europe's human-dominated landscapes? Biol Conserv 235: 102-111, 2019.
Kuijper DPJ, de Kleine C, Churski M, van Hooft P, Bubnicki J, Jedrzejewska B: Landscape of fear in Europe: wolves affect patters of ungulates browsing in Biarowieza Primeval Forest, Poland. Ecography 36: 1263-1275, 2013.
Linnell JDC, Kovtun E, Rouart I: Wolf attacks on humans: an update for 2002-2020. NINA Report 1944, Norwegian Institute for Nature Research, Trondheim, 2021.
Okarma, H: Status and management of wolf in Poland. Biol Conserv 66: 153-158, 1993.
Prugh LR, Sivy KJ: Enemies with benefits: integrating positive and negative interactions among terrestrial carnivores. Ecol Let 23: 902-918, 2020.
Selva N: Life after death- scavenging on ungulate carcasses. In Jedrzejewska B, Wojcik JM (eds), Essays on mammals of Bialowieza Forest, Mammal Research Institute, Polish Academy of Science, Bialowieza, 2004, pp.59-68.
Theuerkauf J, Gula R, Pirga B, Tsunoda H, Eggermann J, Brzezowska B, Rouys S, Radler S: Human impact on wolf activity in the Bieszczady Mountains, SE Poland. Ann Zool Fennici 44: 225-231, 2007.
角田裕志：オオカミと住民との共存—ポーランドの事例．丸山直樹，須田知樹，小金澤正明・編著，オオカミを放つ，白水社，2007, pp.134-146.
*Tsunoda H, Ito K, Peeva S, Raichev E, Kaneko Y: Spatial and temporal separation between the golden jackal and three sympatric carnivores in a human-modified landscape in central Bulgaria. Zool Ecol 28(3): 172-179, 2018.
*Tsunoda H, Newman C, Peeva S, Raichev E, Buesching CD, Kaneko Y: Spatio-temporal partitioning facilitates mesocarnivore sympatry in the Stara Planina Mountains, Bulgaria. Zoology 141: 125801, 2020.
*Tsunoda H, Peeva S, Raichev E, Ito K, Kaneko Y: Autumn dietary overlaps among three sympatric mesocarnivores in the central part of Stara Planina Mountain, Bulgaria. Mamm St 44(4): 275-281, 2019.
*Tsunoda H, Raichev EG, Newman C, Masuda R, Georgiev D, Kaneko Y: Food niche segregation between sympatric golden jackals and red foxes in central Bulgaria. J Zool 303:64-71, 2017.

2章

ジャッカルの分布拡大と人間社会との関係

角田裕志

1. ヨーロッパのキンイロジャッカルの分布

1 ヨーロッパのジャッカルの起源

キンイロジャッカル（*Canis aureus*，以下ジャッカル）はヨーロッパ南東部からマレー半島を除く東南アジアまでのユーラシア南部を中心に広く分布する（カラーグラビアを参照）．形態的な特徴や遺伝的な違いから7種類または8種類の亜種に分けられると考えられているが，このうちヨーロッパと近隣のトルコや黒海沿岸地域に生息するのは亜種の *C. a. moreoticus* である．ヨーロッパにおけるジャッカルの化石の記録は，ギリシャで完新世の新石器時代（約7千年前）のものと考えられる数例の半化石（埋設後の時間が短く完全に化石化していない生物遺骸）が発見されたのみで（Sommer and Benecke 2005），これより古い時代の発見はない．また，隣接する黒海沿岸やコーカサス地方においてもジャッカルの化石は見つかっていない．このことから，最終氷期が終わる更新世後期から完新世前期の約1万年前ごろまで続いた寒冷な気候の時代にはジャッカルはヨーロッパに分布しなかったと考えられている（Spassov and Acosta-Pankov 2019）．ヨーロッパのジャッカルは，少なくとも気候が温暖になった完新世中期以降に黒海やトルコのボスポラス海峡を経由して渡来した可能性があるが，より最近になってから移入した可能性も指摘されている（Spassov and Acosta-Pankov 2019）．

2 中世から近代までの分布の変遷

ヨーロッパの古文書では14世紀オスマン朝時代のブルガリアの首都ソフィア近辺においてジャッカルの分布に関する記述があり，化石以外ではこれが最古の確かな記録となる（Spassov and Acosta-Pankov 2019）．それ以降も記録文書の中にジャッカルに関する記述があり，主にバルカン半島南部，アドリア海東部沿岸，地中海東部のギリシャやトルコ沿岸を中心に分布していた（Spassov and Acosta-Pankov 2019）．20世紀初頭には，ブルガリアなどの主要な生息地から分散した個体がルーマニアやハンガリーに定着し，小さな個体群を形成した（図1-a）．しかし，1930年代頃からバルカン半島の国々では農地の拡大によってジャッカルの生息環境である平地林や低灌木林の伐採が進み，また家畜被害の対策として毒餌を使ったジャッカルの駆除が行われた．その結果，1960年代初頭までにジャッカルの分布域は大きく縮小した（Spassov and Acosta-Pankov 2019；図1-b）．20世紀初頭に確認された分布域のうち，特にルーマニア，北マケドニア，セルビア，ハンガリーでは絶滅し，ブルガリアとトルコにまたがる黒海沿岸地域やギリシャの地中海沿岸，アドリア海沿岸の各所に小さな個体群がわずかに生存するのみとなってしまった（Spassov and Acosta-Pankov 2019；図1-b）．

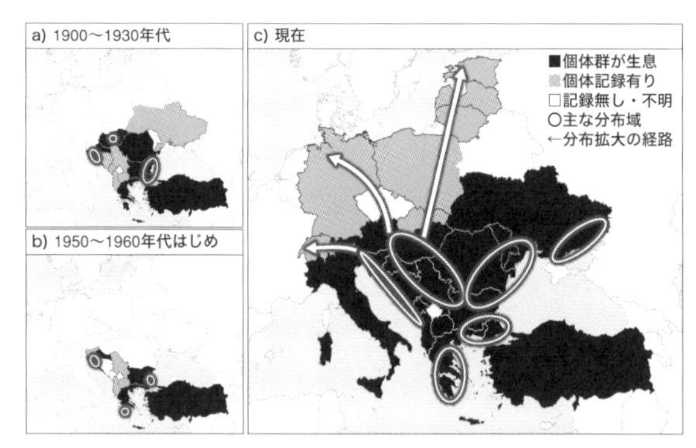

図1．ヨーロッパ圏域におけるキンイロジャッカルの分布状況の変化に関する模式地図．QGIS（https://qgis.org/ja/site/）とNatural Earth（https://www.naturalearthdata.com/）の公開データを用いて，Spassov and Acosta-Pankov（2019）を元に作成した．

❸20世紀以降の急速な分布の回復と拡大

1962年にブルガリアではジャッカルの毒餌を用いた駆除が廃止され，保護獣となった．その結果ブルガリア国内では個体数と分布域が急速に回復していく．1980年代までに，ブルガリアとトルコの黒海沿岸地域の個体群から北方と西方の平野・丘陵地に分布を回復し，2000年代にはバルカン山脈やリラ山脈の高地を除くブルガリア国内に広くジャッカルが分布するようになった（Spassov and Acosta-Pankov 2019）．また，ブルガリアで増えた個体が周辺国の供給源となり，1970年代にルーマニア，1980年代にセルビア，ハンガリー，スロバキア，北マケドニアに分布が回復・拡大した（Spassov and Acosta-Pankov 2019）．一方，ギリシャやアドリア海にわずかに残った個体群も急速に回復し，1980年代以降スロベニア，オーストリア，イタリア北部などへと分布が広がった（図1-c）．

現在もジャッカルの分布の拡大が続いている（Arnold et al. 2012）．ブルガリアからルーマニア，ハンガリー，スロバキアへと移入・定着した個体群が主な供給源となって，ドイツ（1996），ウクライナ（1998），ポーランド，エストニア，リトアニア，ベラルーシ（2000年代初頭），チェコ（2006），オランダ（2015），デンマーク（2016）で交通事故による死亡個体の発見，狩猟による捕獲，自動撮影カメラなどによってジャッカルが確認されている（Spassov and Acosta-Pankov 2019；図1-c）．これらの多くは自然分散したと考えられる単独の個体の目撃・発見事例であり，その後必ずしもすべての国で定着したわけではない．しかし，ポーランドでは2015年以降に国内で計15件の目撃例があったが，そのうち2017年８月の事例では当歳仔（その年に生まれた幼獣または未成熟の個体）が目撃されたことから国内で繁殖したと考えられている（Kowalczyk et al. 2020）．

2. ジャッカルの分布の拡大要因

ジャッカルの分布域はなぜ近年急速に拡大しているのか．このことは裏を返せば，ジャッカルの分布や生息数を抑制する要因はどのようなものであり，それが近年どう変化したのかという問いでもある．ここでは分布や生息数の増減について，文献で指摘されることが多い４つの要因をジャッカルの生態的な特徴と合わせて検討する．

1 駆除と捕獲

前述した1930年代から1960年代の間のバルカン半島におけるジャッカルの分布域の縮小は，毒餌を用いた駆除の影響が特に大きかったと考えられている（Spassov and Acosta-Pankov 2019）．毒餌を用いた駆除は肉片や作物に毒物を混ぜて野外に散布する方法であり，野生動物を駆除する目的で世界的に行われてきた．ジャッカルはジェネラリスト的な食性の動物であり，ネズミ類や鳥類などの小動物を捕食するだけではなくて，生ゴミなどを漁ることも少なくない（図２）．たとえば，筆者らがブルガリアで行った食性研究では，ジャッカルは野外に捨てられた家畜の屠体や狩猟獣の残滓（食用になる肉を取った後の内臓や骨などの残り）をよく食べていた（Raichev et al. 2013, 2020）．日本とは異なり，ブルガリアでは生ゴミを含む雑多なゴミが一緒くたに埋め立てられていて，一定量ゴミが溜まるまでは覆土もされずに野晒しの状態である（図２）．また，山村では家畜の屠体や残滓は集落周辺の山林に不法に投棄されるのが慣例であるという．野外に放置・放棄された生ゴミはジャッカルなどの野生動物にとって常に利用できる餌場となっているのだ．筆者がユーラシアの各地で行われたジャッカルの食性に関する先行研究を広くレビューした結果，このような食性の特徴は特に冷温帯のヨーロッパに生息する個体群で共通して見られ，自然の食物資源が乏しい冬季に好んで利用することを明らかにした（Tsunoda and Saito 2020）．このような食性のために，毒餌を使った駆除は特に効果があったと考えられる．しかし，1960年代に毒餌による駆除制度が廃止され，また現在では動物福祉や倫理的な観点から毒餌を使用することはできない．このため，バルカン半島の国々では20世紀後半

図２．ジャッカルが餌場として利用することがあるゴミの埋め立て地（左）とソーセージの包装ラップ（白矢印で示した）が入ったジャッカルの糞（右）．ブルガリアにて筆者が撮影．

にジャッカルの分布や生息数が回復したと考えられる．

一方，バルカン半島やその周辺国では，毒餌による駆除が行われなくなった現在はジャッカルが狩猟獣に指定されていて，長年捕獲が行われてきた．例えばブルガリアでは，1990年以降は毎年５千頭以上，2000年代に入ると捕獲数が急増して2003年に約１万頭，2010年には約２万６千頭が捕獲されている（Stoyanov 2012；図３）．その一方で，国が毎年行っているジャッカルの個体数の推計値は増加傾向が続いていて，1998年から2011年までの13年間でほぼ倍増した（Markov 2012；図３）．この個体数の推計値は狩猟者がシカ類やイノシシの狩猟の際のジャッカルの目撃数に基づくため，食肉目動物の個体数の推計方法として妥当ではなく精確性が高いとはいえないが（Stoyanov 2012），同じ調査方法で続けられてきたものなので個体数の増加傾向をある程度反映していると考えられる．継続的に捕獲されているにもかかわらず分布域や個体数が増加を続けている現状を考えると，現在の捕獲圧はジャッカルの分布を制限する要因とはなっていないと考えられる．

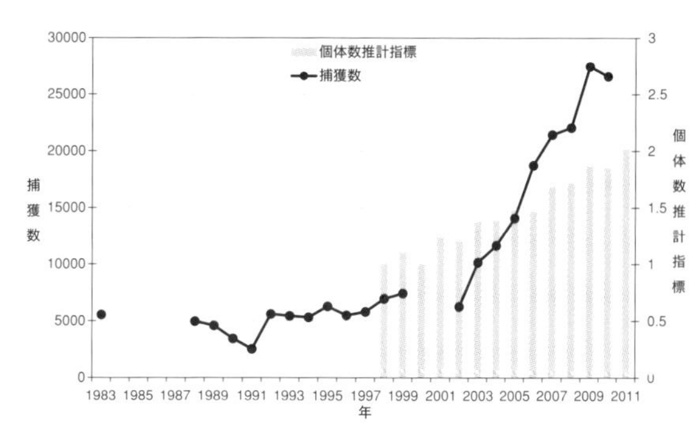

図３．ブルガリア国内におけるジャッカルの捕獲数（左軸）と1998年を１とした場合の個体数推計指標（右軸）．Stoyanov（2012）およびMarkov（2012）のグラフを元に作成した．

❷生息環境の変化

ジャッカルの分布は，特に平野から丘陵地の農地や牧野と森林が混ざったモザイク的な景観（以下，農林景観）を中心に拡大している．これはジャッカルが好む生息環境の条件と大きく関係する．ジャッカルは平地林や低灌木林がパッチ上に分布する平原など比較的傾斜が緩やかで開けた環境を好み，高山の急傾斜地や広大な森林地帯は好まない（Spassov and Acosta-Pankov 2019）．その一方で，樹林地が全くない集約的で画一的な農地景観には生息できない．このような生息環境の特徴は，特定の生息地に関する地域スケール調査（Tsunoda et al. 2020）とブルガリア全土や周辺国を対象とした広域スケール調査（Salek et al. 2014, Spassov and Acosta-Pankov 2019）の双方で共通している．

EU加盟27か国の国土に占める農地率は約4割に達するが，地中海沿岸や東欧の国々では農林景観が特に多い（Plieninger et al. 2015）．ジャッカルの主要な生息地のブルガリアとギリシャは国土面積に占める農林景観の割合がEU加盟国中で3番目（10.3%）と4番目（10.1%）に高く（Plieninger et al. 2015），20世紀後半以降に分布の回復や拡大が起こったのも農林景観が比較的多い国々である（ルーマニア，スロベニア，リトアニアなど）．これらの事実はジャッカルの分布拡大に対して農林景観の存在が大きく関係することを示唆している．

❸天敵のオオカミの存在

ジャッカルが高地や森林地域に分布域を拡大しない理由として，上で述べた生息環境としての適性に加えて，ジャッカルの天敵であるオオカミ（*C. lupus*）の存在も大きく関係すると考えられている（Spassov and Acosta-Pankov 2019）．ブルガリアとセルビアの狩猟統計（捕獲数および個体数の推計値）を用いた広域的な解析では，ジャッカルとオオカミの生息状況が負の相関関係にあることが報告されている（Krofel et al. 2017）．また地域スケールでの記載的な研究報告として，スロベニア，ギリシャ，セルビアではオオカミが地域的に絶滅した後にジャッカルが分布拡大や定着した事例と，逆にオオカミの分布回復後にジャッカルがオオカミの行動圏内からいなくなった事例が計7件報告されている（Krofel et al. 2017）．

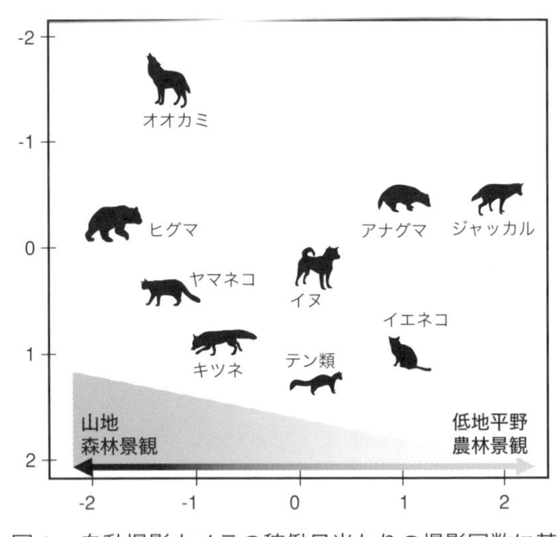

図4．自動撮影カメラの稼働日当たりの撮影回数に基づくブルガリア中央部に生息する食肉目動物の分布状況に関する配置図（筆者らの未発表のデータによる）．縦軸・横軸の値は非計量尺度法のベクトル値を表す．最下段の矢印は統計解析による食肉目動物の分布と自動撮影カメラ設置場所の標高や周辺の森林率との関係を模式的に表している．例えば，オオカミやヒグマは高標高の森林景観に主に分布し，ジャッカルやアナグマは低標高の農林景観に多く分布することを示している．

2015年から2019年にかけて筆者らがブルガリア中央の平地から山地の様々な場所

（計58地点）で行った自動撮影カメラによる食肉目動物の分布調査において，カメラの稼働日（調査の努力量）当たりの撮影回数に基づいて食肉目動物各種の分布状況を非計量尺度法にて解析した結果，ジャッカルとオオカミが対照的に分布することが示唆された（図４）．特に，オオカミは森林が多い山地の高標高域のみに分布したが，ジャッカルは森林が少ない低地に多く分布する傾向にあった（図４）．

ジャッカルがオオカミの生息地を避ける主な理由は，二種間の競合（干渉や攻撃や捕殺）が原因と考えられる．第１章で解説したように，同所的に生息するイヌ科の食肉目動物の種間では遭遇時の競合による死亡率が高い．オオカミはジャッカルに比べて体が大きく群れを作るため，二種が遭遇して競合した場合にはジャッカルが不利である．アジアや中東の事例ではあるが，実際にオオカミによるジャッカルの捕殺や，餌場から追い払った例が観察されている（Jhala and Isvaran 2016, Mohammadi et al. 2017）．オオカミと競合するリスクを回避するため，ジャッカルはオオカミを避けて行動し，結果的に分布域が重複しにくいと考えられる．

4 気候変動による暖冬化

ジャッカルは比較的四肢が短く足が小さいため，深雪の場所では体が埋まりやすく雪中移動に不利な形態を持つ（Spassov and Acosta-Pankov 2019）．このため深雪はジャッカルの移動を阻害すると考えられてきた．しかし，近年の気候変動によって暖冬化しヨーロッパの降雪量や積雪範囲は減少が続いてるため*，積雪が深くこれまで移動できなかった地域にもジャッカルが分散するようになったと考えられている．残念ながら，ジャッカルの移動や生息環境と降雪・積雪の影響とを科学的に検証した例はないが，ポーランドやバルト三国などの寒冷で降雪の多い地域でジャッカルの目撃例が増えているのは事実である．ジャッカルの行動追跡調査によって降雪や積雪による行動への影響を把握し，分布拡大と気候変動との関係に関する科学的な評価が求められる．

以上で概観したように，近年のジャッカルの分布拡大には生態的な特徴と関連した生息地や生態系の状態の変化の影響を大きく受けていると考えられる．そし

* European Environment Agency（EEA）: Indicator assessment, Snow cover. https://www.eea.europa.eu/data-and-maps/indicators/snow-cover-3/assessment（accessed 2021-12-10）

て，生息環境の変化には直接的・間接的にヒトの活動が深く関わっている．

3. ジャッカルの分布拡大とヒトとの関わり

ジャッカルの急速な分布拡大に伴い，特に歴史的にジャッカルが生息したことがなかった国々ではヒトとの軋轢発生への懸念が高まっている．ジャッカルは食肉目動物であることからオオカミなどと同一視され，家畜や狩猟鳥獣への食害と希少生物等への捕食に対する懸念がある（Trouwborst et al. 2015）．しかし，ジャッカルが長年生息するバルカンの国々では稀にニワトリなどの家禽が襲われる程度で深刻な家畜被害は発生しておらず，また希少野生生物に対する捕食も問題となっていない（Markov 2012）．その一方で，バルカン半島に生息するジャッカルの検査では，エキノコックス症，鉤虫感染症，せん毛虫症など人獣共通感染症（脊椎動物とヒトとの間で自然に移行する病気または感染症）を引き起こしうる様々な病原性寄生虫を保有することが分かっており（Gherman and Mihalca 2017），公衆衛生面での懸念も大きい．生ゴミに依存して生活する個体は集落付近の狭い範囲でのみ行動する場合があるため（Rotem et al. 2012），ヒトとの直接的な接触や糞を介した間接的な接触によって人獣共通感染症の感染リスクが高まる可能性もある．

これらの懸念があるために，ジャッカルの管理や出没した個体への対応を巡って混乱が生じている．たとえば，近年になってジャッカルが出没するようになったバルト海沿岸のエストニアではジャッカルを外来種とみなして，発見個体を原則的に駆除対象としてきた（Trouwborst et al. 2015）．しかし，ジャッカルの分布拡大は基本的には自然分散によるものと考えられており，「ヒトによる自然分布域外への持ち込み」によって定義される外来種には当てはまらない（Trouwborst et al. 2015）．法律におけるジャッカルの位置づけも国ごとに異なっており，2015年の時点でバルカンやその周辺の国々を中心とした14か国が狩猟獣に指定していた一方で，ポーランドやイタリアやスイスなど少なくとも6か国では保護獣に指定し，原則として狩猟や捕獲を禁止していた（Trouwborst et al. 2015）．

ヨーロッパではジャッカルの分布拡大が今後も続くと考えられており，エストニアの事例のように科学的に誤った認識や対応を防止・是正するためにも科学的知見に基づく正確な情報の普及が不可欠である．このため，ヨーロッパ諸国の大型食肉目の研究者グループが組織するLarge Carnivore Initiative for Europe（LCIE）は，オオカミ，ヒグマ（*Ursus arctos*），オオヤマネコ（*Lynx lynx*），イベリアオオヤマネコ（*Lynx pardinus*，イベリア半島だけに生息する固有種），クズリ（*Gulo gulo*，ヨーロッパではスカンジナビア半島のみに生息する最大のイタチ科動物）の５種の大型食肉目動物に加えて，ジャッカルをヨーロッパ圏域に生息する「第６番目の大型食肉目動物」に新たに位置付けて，国際連携による研究の推進や科学的知見に基づく情報の普及を図っている．また，ジャッカル研究者コミュニティ（Golden Jackal Informal Study Group in Europe，略称はGOJAGE）が独自に組織され，LCIEとも協力しながら独自に共同研究，情報交換，普及・啓発に取り組んでいる．GOJAGEでは特に音声（遠吠えの鳴き返し）を用いたモニタリングを行って（コラム02「食肉目のそれぞれの鳴き声」を参照）その結果をインターネットで公開し，また，2014年からジャッカルに関する国際シンポジウム（International Jackal Symposium）を４年ごとに開催して研究者や実務者の情報共有の場とし，精力的にジャッカルの生息状況の把握と情報発信に努めている．これらの取り組みが奏功し，ジャッカルに関する科学的な知見は徐々に増加している．出没個体や新たに定着した個体群の取り扱いについては，科学的に正確な最新の情報に基づいた新たな方針や対応が求められている（Trouwborst et al. 2015）．

4. ヨーロッパのジャッカルの今後

現在のEUの農業政策（Common Agricultural Policy）は環境に配慮・調和した農業を目指す方針が打ち出され，生物多様性や野生生物の生息地の保全の具体策として集約的な土地利用の見直しと農地景観におけるヘッジ（生垣）や樹林地を増やして農林景観の回復を奨励している（Plieninger et al. 2015）．「2-2生息環境の変化」で述べたように農林景観が増えることは，ジャッカルが好む生息環境の増加を意味する．その一方で，近年のヨーロッパではジャッカルの天敵であるオオカミの分布もまた急速に回復しており（Chapron et al. 2014），農地と森林が混在する丘陵地や低山にオオカミが生息する地域もある（１章を参照）．ジャッカルの分布に関して拡大と抑制の両方に関わる要因が同時的に変化する現状において，今後のジャッカルの分布の変化を正確に予測することは難しい．しかし，これまでの分布拡大の経過を辿ると，ジャッカルが出没する地域や国はさらに増加する可能性がある．社会的な関心が高いジャッカルによるヒトとの軋轢や生態系に関する影響については，学術研究やモニタリングを進めて科学的に正確な情報を蓄積する必要がある．ヒトとの軋轢については特に人獣共通感染症が懸念されるため，捕獲個体や死亡個体を対象とした病原性の寄生虫・ウィルス等の保有状況に関するモニタリング調査が必要である．また生態系影響に関しては，他の生物への捕食影響や他の食肉目動物との種間競争（1章を参照）だけではなくて，生ゴミや死肉を食べて物質循環を促進する「生態系の掃除屋」としての役割（Cirovic et al. 2016）や種子散布者の役割（Spennemann 2021）を果たすことが指摘されており，ジャッカルの生態的な役割を総合的に理解・評価する必要があるだろう．

参考文献

Arnold J, Humer A, Heltai M, Murariu D, Spassov, Hacklander K: Current status and distribution of golden jackals *Canis aureus* in Europe. Mammal Rev 42(1): 1-11, 2012.

Chapron G, Kaczensky P, Linnell JDC, von Arx M, Huber D, et al（その他72名）: Recovery of large carnivores in Europe's modern human-dominated landscapes. Science 346(6216): 1517-1519, 2014.

Cirovic D, Penezic A, Krofel M: Jackals as cleaners: ecosystem services provided by a mesocarnivore in human-dominated landscapes. Biol Conserv 199: 51-55, 2016.

Gherman CM, Mihalca, AD: A synoptic overview of golden jackal parasites reveals high diversity of species. Parasite Vector 10: 419, 2017.

Jhala YV, Isvaran K: Behavioural ecology of a grassland antelope, the blackbuck *Antilope cervicapra*: linking habitat, ecology and behaviour. In Ahrestani FS, Sankaran M (eds.), The ecology of large herbivores in South and Southeast Asia, Springer, Dordrecht, 2016, pp.151-176.

Kowalczyk R, Wudarczyk M, Wojcik JM, Okarma H: Northernmost record of reproduction of the expanding golden jackal population. Mamm Biol 100: 107-111, 2020.

Krofel M, Giannatos G, Cirovic D, Stoyanov S, Newsome TM: Golden jackal expansion in Europe: a case of mesopredator release triggered by continent-wide wolf persecution? Hystrix 28(1): 9-15, 2017.

Markov G: Golden jackal（*Canis aureus* L.）in Bulgaria: what is going on? Acta Zool Bulg, Suppl 4: 67-71, 2012.

Mohammadi A, Kaboli M, Lopez-Bao JV: Interspecific killing between wolves and golden jackals in Iran. Eur J Wildl Res 63: 61, 2017.

Plieninger T, Hartel T, Martin-Lopez B, Beaufoy G, Bergmeier E, Kirby K, Montero

MJ, Moreno G, Oteros-Rozas E, Van Uytbanck J: Wood-pastures of Europe: geographic coverage, social-ecological values, conservation management, and policy implications. Biol Conserv 190: 70-79, 2015.

*Raichev EG, Peeva SP, Kirilov KB, Kaneko Y, Tsunoda H: Autumn-winter dietary adaptability of the golden jackal *Canis aureus* L., 1758 (Mammalia: Carnivora) with respect to type and intensity of human activities in three areas of central Bulgaria. Acta Zool Bulg 72: 413-420, 2020.

*Raichev EG, Tsunoda H, Newman C, Masuda R, Georgiev D, Kaneko Y: The reliance of the golden jackal (*Canis aureus*) on anthropogenic foods in winter in central Bulgaria. Mamm St 38: 19-27, 2013.

Rotem G, Berger H, King R, Bar P, Saltz D: The effects of anthropogenic resource on the space-use patterns of golden jackal. J Wildl Manage 75(1): 132-136, 2011.

Salek M, Cervinka J, Banea OC, Krofel M, Cirovic D, Selanec I, Penezic A, Grill S, Riegert J: Population densities and habitat use of the golden jackal (*Canis aureus*) in farmlands across the Balkan Peninsula. Eur J Wildl Res 60: 193-200, 2014.

Sommer R, Benecke N: Late-Pleistocene and early Holocene history of the canid fauna of Europe (Canidae). Mamm Biol 70(4): 227-241, 2005.

Spassov N, Acosta-Pankov: Dispersal history of the golden jackal (*Canis aureus moreoticus* Geoffroy, 1835) in Europe and possible causes of its recent population explosion. Biodivers Data J 9: e34825, 2019.

Spennemann DHR: The role of canids in the dispersal of commercial and ornamental palm species. Mamm Res 66: 57-74, 2021.

Stoyanov S: Golden jackal (*Canis aureus*) in Bulgaria: current status, distribution, demography and diet. In Dordevic N (ed.), Proceedings of International Symposium on Hunting, University of Belgrade, Belgrade, 2012, pp.48-55.

Trouwborst A, Krofel M, Linnell JDC: Legal implications of range expansions in a terrestrial carnivore: the case of the golden jackal (*Canis aureus*) in Europe. Biodivers Conserv 24: 2593-2610, 2015.

*Tsunoda H, Newman C, Peeva S, Raichev E, Buesching CD, Kaneko Y: Spatio-temporal partitioning facilitates mesocarnivore sympatry in the Stara Planina Mountains, Bulgaria. Zoology 141: 125801, 2020.

*Tsunoda H, Saito MU: Variations in the trophic niches of the golden jackal *Canis aureus* across the Eurasian continent associated with biogeographic and anthropogenic factors. J Vertebr Biol 69(4): 20056, 2020.

3章

ヨーロッパヤマネコの毛色と食性

金子弥生・角田裕志・山口誠之

1. ヤマネコとはどのような動物か？

ブルガリアに生息するネコ科動物は2種，オオヤマネコ（*Lynx lynx*）とヤマネコ（*Felis sylvestris*）である（第2章を参照）．日本に生息するネコ科動物は，絶滅危惧のイリオモテヤマネコ（*Prionailurus bengalensis iriomotensis*）とツシマヤマネコ（*P. b. euptilurus*）（カラーグラビア10ページ）なので，日本にいると野生のネコ科動物の存在や姿，その生態をイメージしにくいかもしれない．ネコ科動物は食肉目動物の代表格として扱われる場合が多いが，そのイメージを表しているのは食性である．時には自分よりも大きな脊椎動物を単独で倒して食べる姿は，尊敬と憧れをもって見られてきた．そしてネコ科動物の採食の傾向は，食べ物が少ない時期であっても，イヌ科のキツネ（*Vulpes vulpes*）のように果実や昆虫，人工物を利用する雑食へスイッチすることなく，獲物の動物が手に入るように，ひたすら狩りの能力を進化させ続けるスーパースペシャリストというところも，人気の高い要因であろう．

ネコ科動物の生息域は，ユーラシア，アフリカ，南米の温帯から熱帯地域に多くの種がみられる．全世界に約41種が生息する一方で（ただし，種数は研究者によって多少異なることがある），北米には6種と少し少ない（Kitchener et al. 2010, 2017）．そして全体の50%にあたる約21種はアジアに生息する．世界における分布域がもっとも広い大型ネコ科動物はヒョウ（*Panthera pardus*）で，ユーラシア大陸のロシア極東部からアジアや中東地域，そしてアフリカ大陸北部に生息する．小型ネコ科動物の中でもっとも分布域が広いのが，この章で扱うヤマネコである（図１）．ヤマネコは（近縁種のハイイロネコ *F. bieti* を含み）１種とする意見（Driscoll et al. 2007）や３種（ヨーロッパヤマネコ，リビアヤマネコ，ハイイロネコ）とする意見（Kitchener et al. 2017）があるが，本章ではハイイロネコを除くヤマネコを１種として扱う．ヤマネコは，オーストラリア，北米と南米をのぞく２大陸に分布する．

図１．トラキア大学所蔵のヤマネコの剥製（農学部博物館所蔵，冬毛）．冬毛は夏毛に比べて高密度に生えているためヤマネコの体は大きく見え，一方で体の斑点は少なくなる．Evgeniy Raichev 博士撮影．

ネコ科動物の体のサイズは２kg 程度のクロアシネコ（*F. nigripes*）から150kg 以上のトラ（*P. tigris*）とライオン（*P. leo*）までさまざまであるが，小型ネコ科動物は体のサイズに比して非常に小型の獲物（ネズミや昆虫など）を主に捕まえるタイプで，大型ネコ科動物は自分の体と同程度，もしくは自分より大きな，大型の獲物（草食獣など）を捕まえるタイプであり，その分かれ目はオオヤマネコあたりの大きさ（体重はオスが18〜25kg，メスが12〜16kg）だと考えられている．ネコ科動物はほぼ例外なく単独性であるが，ライオンはオス・メス共に，通常血縁が近い個体同士の群れ（メスのプライドやオスのコアリション）を作り，そして群れの行動圏をなわばりとして防衛可能な環境下では，隣接する群れから排他的に使用する．一方で，単独性のネコ科動物では同性他個体に対してはかなり排他的に縄張りを防衛するものの，異性他個体の行動圏とは重複しあう「空間グループ（spatial group）」を形成する．さらに，同じ食肉目であるイヌ科やイタチ科と比較して，種内の行動圏サイズは個体差や地域差が大きいことが特徴である．たとえば中型ネコ科のボブキャット（*L. rufus*）では0.6〜326km²，大型のヒョウでは５〜574km²である．

ネコ科動物が狩りをする時の主な行動は，獲物への忍び寄りと待機を繰り返し，そして標的となる動物を決めたあとの無駄のない動きと，素早くとどめを刺すまでの，相手の体の抑え込みと犬歯による殺傷である．ただし，自分より大きな獲物を殺す場合は，現生ネコ科動物の犬歯では致命傷を与えることができず，通常は獲物を窒息させる．体サイズの大小にかかわらずネコ科動物は，基本的にはスリムで筋肉質な体型と柔軟性を有しているが，この特徴は生きた獲物を捕食するという進化にとって不可欠であることを示している．狩りの行動の中でもっとも時間と手間を有するのが，忍び寄りと待機である．全身の毛皮の茶色から漆黒までの鮮やかな体色，明るい茶色の下地にかかる濃茶色の縞や斑点などの模様も，ネコ科動物を象徴する特徴である．半砂漠，草原，温帯林，熱帯雨林まで，それぞれの生息地の植生に応じて，獲物に気づかれないように姿を隠すための機能として進化を遂げた．この章の後半に出てくる毛皮の模様による種判定の試みも，ネコ科動物が進化上獲得した毛色の特徴を利用した手法である．

ヤマネコの分布はアフリカ南端から，ヨーロッパ，アジア中部までと広く（図2），形態学的特徴からヨーロッパ，アフリカ，アジアの主に3つの系統に早い段階で分類された（Macdonald et al. 2010）．ヨーロッパのヤマネコに特徴的に見られるのは，黒い毛先と複数の輪状の模様のある毛深い太い尾（図1），胴体の縞模様である．アラビア半島とアフリカに分布するアフリカのヤマネコの尾は先端が細く，胴体の縞はあまり目立たない．アジアのヤマネコはアフリカに似るが，胴体に特徴的な斑点模様が見られる．大陸の分布域の周辺地域，例えば地中海の

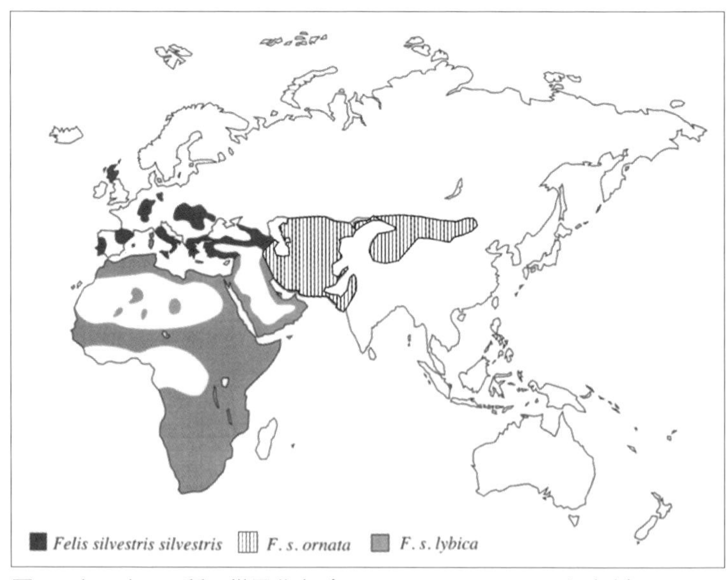

図2．ヤマネコ3種の世界分布（Yamaguchi et al. 2004を改変）．

島しょ部（クレタ島，コルシカ島など4か所）はアフリカ由来とされてきたが，近年では初期のイエネコを祖先とするとされている．

ヤマネコの分類は，近年の分子遺伝学的検討によってさらに発展した(Driscoll et al. 2007)．アフリカのヤマネコは，北部*F. s. lybica*と南部*F. s. cafra*の2系統であることが証明された．一方でイエネコの祖先には諸説あるが，ネコの「家畜化」(とは言っても，ウシやヒツジの家畜化とはかなり異なったものではあり，ヒトとネコの共生と言った方がより正確かもしれないが）は，アジア南西部のヤマネコを基礎としておよそ4000年前頃までには確立されたとされている．現代のヤマネコの分布域において，イエネコが常にヤマネコと同所的に生息するため，2種を区別可能かどうかをテーマとした研究が盛んにおこなわれてきた．その中でも，ヤマネコの分布域全体からの749個体サンプルを用いた遺伝的検討（Driscoll et al. 2007）では，イエネコとヤマネコが分子系統学的に極めて近いことがあらためて証明された他，以前から提唱されていた，ヨーロッパ，アフリカ，アジアの3系統の地域に応じた分類が再び支持された．

化石記録の検討と分子遺伝学的な分析結果を合わせて考えると，ヤマネコの進化は，現在見つかっている最古の化石記録が更新世最初期のヨーロッパの*F.* (*s.*) *lunensis*であり，おそらくヨーロッパを始祖とすると考えられている．ヤマネコは更新世後期（およそ13万年前）にはアフリカ大陸サハラ砂漠の北部と南部の双方と，中東で見つかっており，更新世のうちにアジアにも分布拡大したと考えられている．この更新世後期の分布拡大は，より開けた環境に適応した草原性のヤマネコ（今日のリビアヤマネコのような形態を持ったグループ）の拡大によって起こった，と考えられている（Yamguchi et al. 2004)．

2. ヨーロッパにおけるヤマネコ個体群の研究：スコットランドの個体群

イギリスには，今日のヤマネコはおよそ9600〜10050年前から生息しはじめたとされ，およそ7000〜9000年前の最終氷期の後の海水面の上昇によるブリテン島の大陸からの隔離によって，ヤマネコ個体群も隔離されたと考えられている．このような古代地質学，さらに形態学や遺伝的な証拠をもとにした検討の結果，現在スコットランドに生息しているヤマネコは，ヨーロッパ大陸に生息するヤマネコと，祖先を同じくすることが証明されている（Kitchener et al. 2005)．しかしながら，開発による生息地の消失（おもに森林などのカバーの激減），毛皮目当てやレクリエーションの狩猟，動物への迫害などが相互的に作用し，ヤマネコの分布は縮小した．そして1800年頃までにヤマネコはイギリス内でも，イングランド北部，ウェールズの一部，及びスコットランドのみにしか見られなくなった．1880年頃には北部のスコットランドのみとなり，1915年頃にはスコットランドの中でも北西部の高地に残るだけとなった．第一次及び第二次世界大戦時の狩猟や迫害の縮小などにより，ヤマネコには個体数の回復の兆しが見られはじめ，その後，植林等による生息地の回復に伴い，分布はスコットランドの中央部においても再拡大を見せている．

しかし，ヤマネコの現在の生息数や分布を把握するにあたり，研究者らは大きな問題があることに気づいた．それは，地域ごとの協力者への聞き取り調査や死体の情報を整理する過程で，ヤマネコと言われている情報を，動物の外見から正確にヤマネコだと識別するための方法がわからないことであった．つまり，本物のヤマネコのほかに，姿かたちの類似したノネコや，ヤマネコとノネコの交雑個体が混在して自然環境に生息しているので，遺伝的な検討をしないで結論付けることが難しいのである．

ノネコとなるイエネコは，上記の草原性のヤマネコに由来する（Zeuner 1963）ので，ヨーロッパヤマネコからの直接の派生ではない．イエネコは，イギリスにはおよそ2000年前のローマ時代かそれ以前に持ち込まれたとされる．また1790年の文献に，イエネコが野生化し山野に生息し始めているという記載も見つかっている．つまり，現代のヤマネコについての科学的研究が始まるよりもずっと前から，ヤマネコとノネコの交雑は生じてきた，と考えるべきである．博物館に残る，イギリスで捕獲されたヤマネコのもっとも古い標本は1904年産であるので，イギリスにイエネコが持ち込まれ，そしておそらく両者の交雑が起こり始めてから2000年以上経過した後に採集されたものだ．

研究者たちは，あらゆる現代科学の方法を駆使して，本来のヤマネコ個体の特徴を発見しようと試みてきた．毛皮の模様，体サイズの計測値，消化管の長さ，骨格の特徴を注意深く検討し，さらにミトコンドリアDNAと核DNAの分析は有益な情報をもたらしている．しかしそれでもなお，2000年以上に及ぶ両者の交雑の歴史と，交雑発生以前のヤマネコについての情報がないことが，決定的な両者の違いを定義することを大変難しくしてしまっている．少なくとも理論的には，どうしても，「そもそも交雑個体のみを検討しているだけなのではないか」という疑問を排除することができていないのだ．

理論的にはともかく，実際問題としての解答（ブリテン島のヤマネコ）を追い求めるために，現在のスコットランドの自然環境に生息しているネコを多く分析した結果，自然環境に生息するネコにはイエネコとは異なる特徴を持つグループがあることがわかってきた．それは，毛皮の模様の一部に現れた特徴が，遺伝子やその他の形態によるヤマネコと定義できる指標の公約数的なものであった．

Kitchener et al.（2005）は，この毛皮の模様を詳細に分析した．7 PS と呼ばれる7か所（背筋，尾の先端の形，尾の縞模様，体の後ろ4分の1部分の縞模様の途切れと斑模様，首筋の縞模様，肩の縞模様，図3）の特徴を1～3までの3段階で（3がもっともあてはまる）評価し，全て（もしくは大半）がスコア3の場合は，イエネコから形態的特徴が遠い個体ということを示唆した．特に，7 PS のトータルが19以上（満点は21）で，いずれの指標にも1がない場合は，実際問題としてはヤマネコとみなすことができる．そして7 PS に加えてさらに8か所の特徴（頬の白い毛および縞模様，下腹の褐色の斑点模様，脇腹と背の白い毛，尾の先端の色，後ろ足の縞模様，耳の後ろの色）を調べることで，さらに明確に区別できることもわかった．

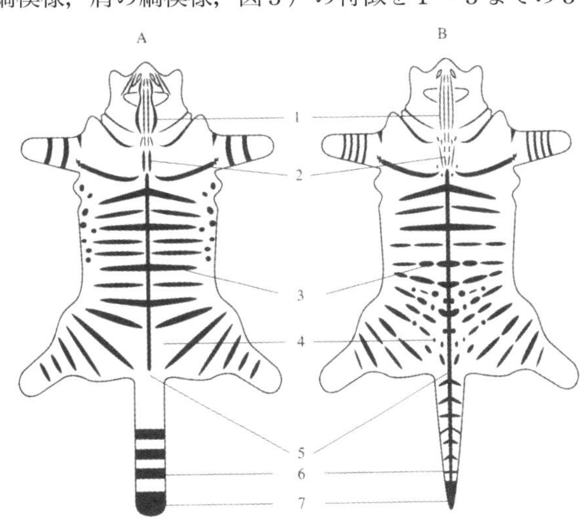

図3．スコットランドのヤマネコ (a) において定義された，外貌の模様によってイエネコ（b）から区別するための識別部位（7 PS は図中の1から7で示された部分）（Kichener et al（2005）を改変）．

しかし，定義できることは，一方で新たな悩みも生み出している．これらの毛皮の特徴をもとに，スコットランドの自然環境に生息するネコ（およそ3500頭と推定されている）を分類すると，400個体程度のみがヤマネコとされ，残りの3100頭はイエネコ由来または交雑個体なので，ヤマネコ保護の観点からは，自然界から取り去るほうがよいという議論も可能になる．当然，動物愛護的観点から反対意見も出るであろうし，現実的には実行不可能なことである．別の視点として，「いつの時代のヤマネコを，保護対象とするスコットランドのヤマネコとみなすか」という疑問や議論も出てくる．最終氷期が終わった後ブリテン島に自然分布したころのヤマネコを基準にするのか（しかし，そのヤマネコのデータは存在しない）．基準すべてを満たすことにこだわらずに，いくつかの基本的な特徴（体と頭の縞模様，尾の輪状模様，黒く大きな尾の先端の形状）のみに着目してヤマネコと分類されるネコの数を増やすべきだ，という意見も出てこよう．イギリスで生息する中で，風土に馴染んでさらに進化した特徴を持つネコを対象とすべきだ，という意見もあろう（それらのことに科学的に解答するための情報は目下ない）．いずれにしても，研究の進展は，ヤマネコと考えられる特徴をはっきりと持つ個体を，個体レベルで保護していく根拠にはできるだろう．

3. ブルガリアにおけるヤマネコの研究

今までに述べた，ヤマネコの種同定や，自然環境にヤマネコとイエネコの交雑個体が生息することについて，ブルガリアではどうなっているのだろうか．ブルガリア国立自然史博物館のNikolai Spassov博士らの研究チームは，同博物館を含むヨーロッパ各地の博物館所蔵の毛皮，頭骨など600点と，動物園の展示個体（生体）の30個体以上を調査した（Spassov et al. 1997，図４）．

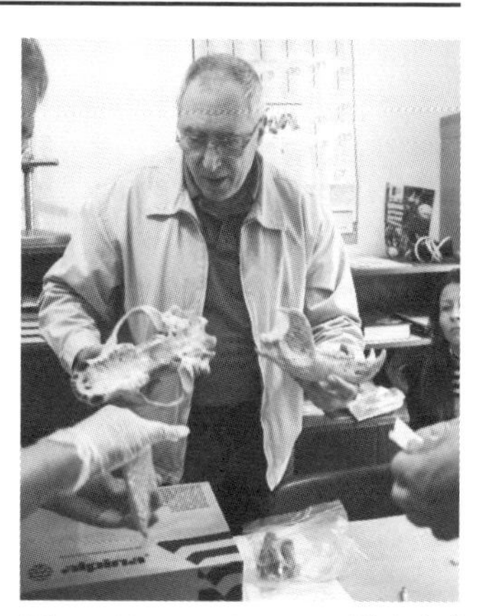

図４．Nikolai Spassov博士（ブルガリア国立自然史博物館にて）．2014年に筆者（金子）撮影．

最初にわかったことは，ブルガリアには２種類のヤマネコの亜種がいることである．１つはヨーロッパヤマネコ（*F. silvestris silvestris*），もう片方はアジアやアフリカに生息するリビアヤマネコ（*F. s. lybica*）である．遺伝子による検討を経て，現在これらのヤマネコは，silvestrisグループ，lybicaグループと呼ばれている．

次に，ブルガリアのヤマネコの外見には，以下の６つの特徴がみられることもわかった．

①顔の模様

ヤマネコは口吻や目のまわりに明るい灰色の毛が輪状に生えているが，イエネコでは暗い色彩で，顔の縞模様が目立つ（図５）．ヤマネコの目の外側の縞模様は，イエネコでは途切れがないが，ヤマネコでは途切れている場合が多い．

図5．ヤマネコ（メスの若齢個体）の顔の模様．口吻と目の周りの白い毛や，それほど明確でない目の外周から後ろへかけての縞模様は，ブルガリアのヤマネコに特徴的である．2014年に Stara Zagora 動物園で筆者（金子）撮影．

②背すじ上の縞模様

ヤマネコでは背中から尾の付け根までに縞模様がとおるが，イエネコでは背中から尾の先までとおっている（図６）．

③体側部の縞模様と体色

ヤマネコでは縞模様があまり明確ではないが，イエネコでははっきりしている（図７）．ヤマネコの体色は明るい灰色や薄茶が多く，生息地のハビタットの色彩を反映するが，イエネコでは灰褐色．腹側の黒い斑点はヤマネコには４つ程度（図８）．

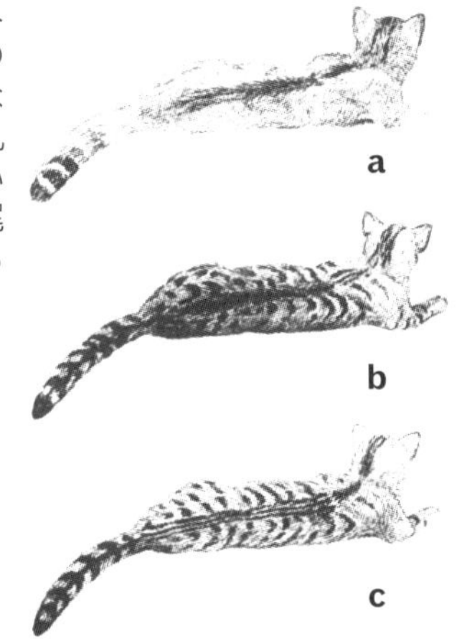

図６．ヤマネコの背すじと尾の模様．(a) ヤマネコ，(b) 交雑個体，(c) イエネコ．背筋の黒い縞が尾にかかっていないのが，純粋なヤマネコの特徴である．また，尾の先は丸みを帯び手ボリュームがあり，輪上の黒いリングは尾の先付近に３本ほどであり，尾全体にはない．(Spassov et al. 1997から転載．描画はVelizar Simeonovski 氏)．

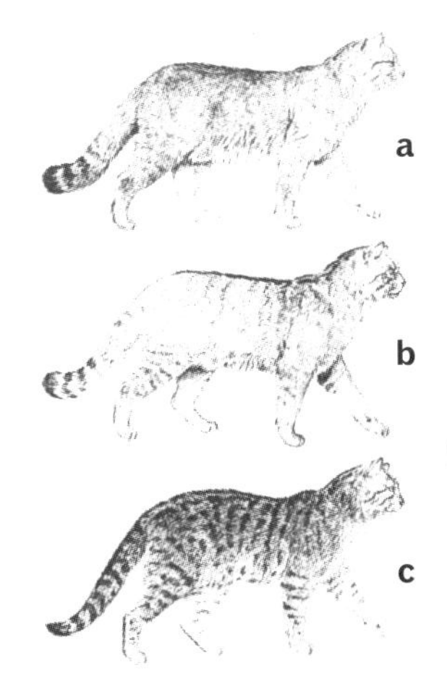

図７．ヤマネコの体側模様．(a) ヤマネコ，(b) 交雑個体，(c) イエネコ．スコットランドの個体群と異なり，ブルガリアのヤマネコでは体側部，前足や後肢に縞模様はほとんどみられない．(Spassov et al. 1997から転載．描画はVelizar Simeonovski 氏)．

図8．ヤマネコの腹側の模様．(a) ヤマネコ，(b) 交雑個体，(c) イエネコ．ヤマネコでは前肢の付け根（わきの下）に黒い毛がみられる．スコットランドの個体群と異なり，ブルガリアのヤマネコでは腹部に黒い斑点模様はほとんどみられない．（Spassov et al. 1997から転載．描画はVelizar Simeonovski氏）．

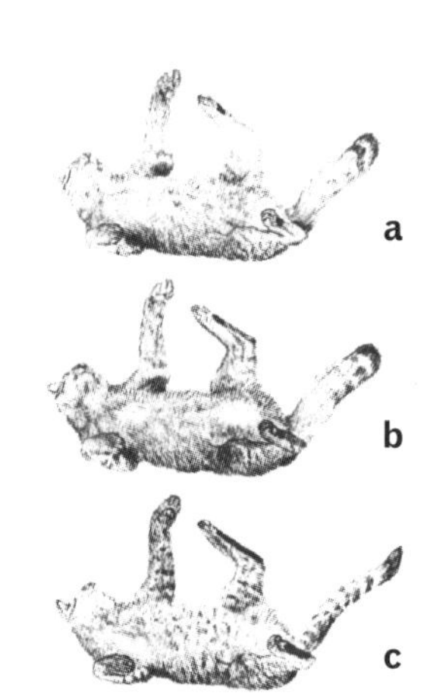

④前足

ヤマネコでは前足の付け根腹側（わきの下）に，黒い斑点状の毛がみられる．イエネコでは肢の外側も内側も，多数の縞模様がみられる．

⑤首周辺

ヤマネコでは，首の下側にほとんど白にみえる明るい色の毛がみられる．

⑥尾

ヤマネコの尾の先は丸くたっぷりとしたボリュームの毛が密に生えている．

ヤマネコとイエネコの交雑個体では，このようなヤマネコとイエネコの中間的な特徴がみられたり，一部のみヤマネコの特徴を示しており，判断しにくいと報告されている．これは，交雑の程度が個体によって異なるためである．Spassov博士らの論文が発表された1997年の時点では，ブルガリアでは（イエネコをのぞく）純粋なヤマネコと判断される特徴を持つ割合は88〜90%とされており，イギリスの12%と比較すると，純粋なヤマネコ個体群の生息環境として系統を維持可能な生息地であることがわかる．

4. バルカン山脈南部のヤマネコ個体群の毛色

2011年9月に，著者の金子と角田は，増田隆一教授とともに，ブルガリアへ2回目の訪問をおこなった（図9）．このときの調査の目的の一つは，ヤマネコの毛皮の調査を行うことであった．今までに述べたように，ヨーロッパのヤマネコ個体群はイエネコとの交雑化が強く懸念されており，交雑は経時的に進行していると考えたほうが良い状態である．Spassov博士が発表された1997年までのデータを基にした研究では，ブルガリアの個体群では純粋なヤマネコと判断される特徴を持つ個体は88〜90%と高い割合であるが，一方でイギリスのスコットランド地域では，Kitchener et al.（2005）の厳格な定義に従えば，ヤマネコと分類される個体の割合は12%と著しい低下が推定されており，またトラキア大学のRaichev博士の実感としてもブルガリアでも交雑化は進行している（5章）ということであった．

図9．トラキア大において，毛皮の識別に用いた標本の一部（すべて冬毛）．Evgeniy Raichev博士撮影．

Raichev博士は，ブルガリア中央部において自分で収集し標本化をおこなった，調査可能な15サンプルの毛皮標本を，トラキア大に保管されていた．そこで，スコットランドで確立された7PSという毛皮の識別ポイントを用いて，それらの標本を評価することとしたのである（図3）．

結果は，15サンプルのすべてにおいて，7PSのうち体表の縞模様をのぞく6項目において，3段階中の2ないし3という高い評価が得られた．体表の縞模様はすべての標本において1という低い評価であったが，これはSpassov博士の論文において，ブルガリア個体群では体の縞模様はみられないということがわかっているので，問題はない．

とくに評価の高かったサンプルでは，すべての項目においてグレード3（要件を十分に満たす）であった（図10）．ただし，尾の模様について，尾の先端部付近の3本の輪上模様や，背筋に伸びる黒い線上の毛がかかっている個体は意外と多かった．Raichev博士の所有する標本（図9～11）では，この点においても十分に用件を満たすものがみられた．

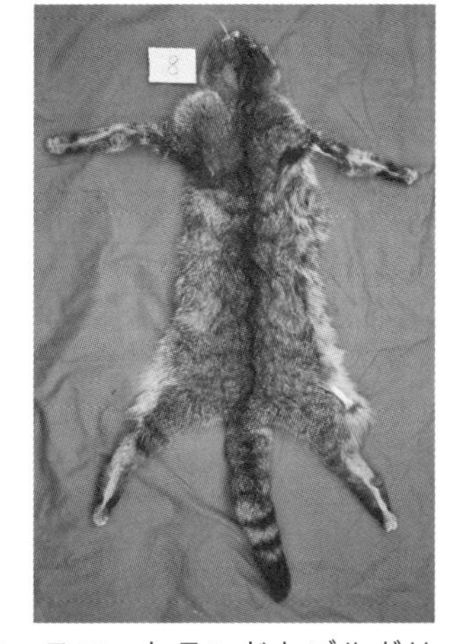

図10．スコットランドとブルガリアの既存文献において報告された，純粋なヤマネコの要件を最もよく満たした標本．この標本では，前脚のわきの下の黒い毛を確認することもできる．筆者（金子）撮影．

その後，2014年に訪れたStara Zagora動物園において，2頭の展示個体（メス1頭，オス1頭）をみることができ，体表の縞模様がないことを，生きた個体の観察によって確認できた（図13）．毛皮の多様性から見る限り，ブルガリアで筆者（金子，角田）が観察する機会があったものは，ヤマネコのものと考え

図11. ヤマネコの剥製の尾の模様．ブルガリアの純粋なヤマネコでは，尾の先端付近に２本の輪状模様があるのみで，尾全体に輪上模様が広がるイエネコとは異なる．尾のボリュームにも着目したい．自然環境下で暮らすネコでは，狩猟の高速走行や急転回時や，木登りの際に尾を左右に按分してバランスをとる．また，子育て時に草原や灌木の中で尾を上にあげて，親が自分の子供や仲間に位置情報を知らせるなど，個体間のコミュニケーションにも役に立つとされている．筆者（金子）撮影．

られている特徴をすべて維持している個体が大部分である．しかし，尾の模様の結果から推測されることは，少しずつではあるかもしれないが，交雑の影響は出始めているようにおもう．スコットランドの場合，ブリテン島中央部や南部の森林伐採や開発の影響により，まずヤマネコの個体群の大きな縮小がおこり，母集団が北部のみの3000頭程度に限定されたことは，交雑の影響をさらに悪化させる要因の一つであろう．

ブルガリアの場合は，バルカン山脈を中心とする広域の山塊に，ヤマネコ個体群を十分に維持可能な生息地が存在しており，仮にその山裾の地域においてイエネコとの接点が連続して生じて交雑の影響が起こるとしても，縮小した個体群と比較するとまだ影響は緩やかかもしれない．しかし，交雑により一度失われた形質は二度と戻ることはない．ブルガリアのみならず，ヨーロッパ地域の生物多様性の維持の観点からの議論や保全策が，今後必要となってくると考えられる．

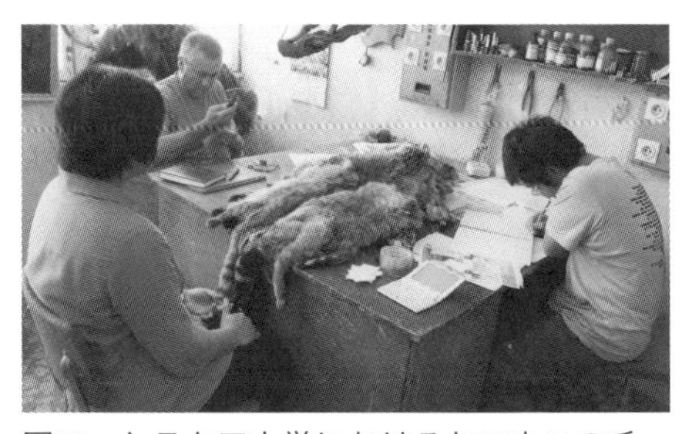

図12. トラキア大学におけるヤマネコの毛皮の模様の調査の作業風景（2011年）．

図13. Stara Zagora動物園の展示個体（成獣のオス，2014年に筆者（金子）撮影）．ブルガリアでも今後は，イエネコとの交雑の影響を受けない純粋なヤマネコの系統を保存するために，動物園などの飼育施設との連携が重要になっていくであろう．

5. ヤマネコの食性

先に述べたように，ヤマネコの毛皮の色や模様は獲物に接近する際に気づかれにくいように，生息環境に適応した結果であり，捕食行動や食性との関係が深い．それでは，ブルガリアのヤマネコはどのような食性だろうか．Raichev博士が狩猟で捕獲した個体や地元の狩猟者から集めた胃の内容物サンプルから食性を解析した．その結果，ブルガリア中央部のバルカン山脈とスレドナ・ゴラ山地のどちらの生息地でも，ヤマネコはミズハタネズミ（*Arvicola amphibius*）やアカネズミ類（*Apodemus*属）などを主に捕食しており，ネズミ類が内容物の7割近くを占めた（図14）．ヨーロッパに生息するヤマネコの食性に関しては，様々な生息地からの報告をレビューした研究がある（Lozanoetal. 2006，Szelesetal. 2018）．そのレビュー研究によると，イギリスのスコットランドおよびイベリア半島のスペインとポルトガルに生息するヤマネコはアナウサギ（*Oryctolagus*cuniculus，イベリア半島周辺の固有種でカイウサギの原種となった動物）を多く捕食するが，それ以外の地域ではネズミ類が主食となっている（Lozano et al. 2006，Szeles et al. 2018）．したがって，主食という点だけを見るとブルガリアのヤマネコの食性は他の地域と大きく変わらない．しかし，主食のネズミ類以外に着目すると，特にバルカン山脈の個体は野生の有蹄類（シカやイノシシ）や食肉目動物（キツネ），家畜も食べていて，これらを合わせると採餌頻度は14.8%に達した（図14）．これらの動物はヤマネコよりも体が大きいので捕食したとは考えにくく，主に死体を食べた可能性が考えられる．ヤマネコを含む小型のネコ科動物が死体を食べることは稀であり，ヨーロッパに生息するヤマネコの食性において死体食が占める割合は総じて2%に満たないとされてい

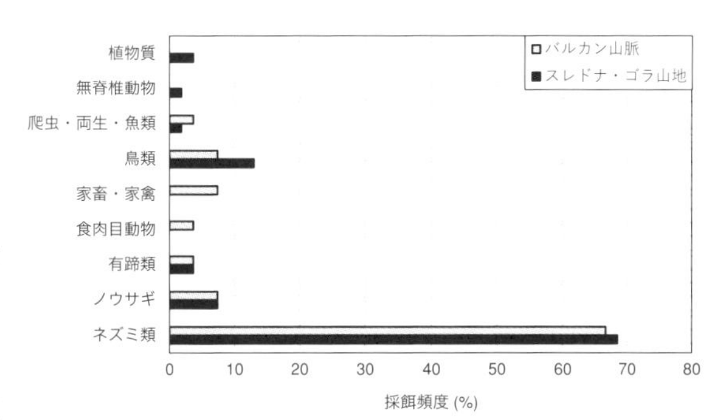

図14. ブルガリア中央部バルカン山脈とスレドナ・ゴラ山地の捕獲個体の胃の内容物分析に基づくヤマネコの食性.

る（Apostolico et al. 2016）．しかし，ブルガリアでは家畜の屠体残滓や狩猟残滓を山林に放置する習慣があり，様々な食肉目動物が利用している（1章および2章を参照）．地域特有の人間活動がヤマネコの食性に影響を与えている可能性がある．

引用文献

Apostolico F, Vercillo F, La Porta G, Ragni B: Long-term changes in diet and trophic niche of the European wildcat（*Felis silvestris silvestris*）in Italy. Mamm Res 61: 109-110, 2016.

Driscoll CA, Menotti-Raymond M, Roca AL, Hupe K, Johnson WE, Geffen E, Harley EH, Delibes M, Pontier D, Kitchener AC, Yamaguchi N, O'brien SJ, Macdonald DW: The Near Eastern origin of cat domestication. Science 317: 519-523, 2007.

Kitchener AC, Breitenmoser-Würsten C, Eizirik E, Gentry A, Werdelin L, Wilting, A. Yamaguchi N, Abramov AV, Christiansen P, Driscoll C, Duckworth JW, Johnson WE, Warren E, Luo SJ, Meijaard E, O'Donoghue P, Sanderson J, Seymour K, Bruford M, Groves C, Hoffmann M, Nowell K, Timmons Z, Tobe S: A revised taxonomy of the Felidae: The final report of the Cat Classification Task Force of the IUCN Cat Specialist Group. Cat news special issue 11, 2017, 80pp.

Kitchener AC, Valkenburgh BV, Yamaguchi N: Felid form and function. In Macdonald DW, Loveridge AJ（eds）, Biology and conservation of wild felids, Oxford University Press, UK, 2010, pp.81-106.

Kitchener AC, Yamaguchi N, Ward JM, Macdonald DW: A diagnosis for the Scottish wildcat（*Felis silvestris*）: a tool for conservation for a critically-endangered felid. Anim Conserv 8: 223-237, 2005.

Lozano J, Moleon M, Virgos E: Biogeographical patterns in the diet of the wildcat, *Felis silvestris* Schreber, in Eurasia: factors affecting the trophic diversity. J Biogeogr 33: 1076-1085, 2006.

Macdonald DW, Yamaguchi N, Kitchener AC, Daniels M, Kilshaw K, Driscoll, CA: Reversing Cryptic extinction: the history, present, and future of the Scottish wildcat. In Macdonald DW, Loveridge AJ（eds）, Biology and conservation of wild felids, Oxford University Press, UK, 2010, pp.471-491.

Spassov N, Simeonovski V, Spiridonov G: The wild cat（*Felis silvestris* Schr.）and the feral domestic cat: problems of the morphology, taxonomy, identification of the hybrids and purity of the wild population. Hist Nat Bulg 8: 101-120, 1997.

Szeles GL, Purger JJ, Molnar T, Lanszki J: Comparative analysis of the diet of feral and house cats and wildcat in Europe. Mamm Res 63: 43-53, 2018.

Yamaguchi N, Driscoll CA, Kitchener AC, Ward JM, Macdonald DW: Craniological differentiation between European wildcats（*Felis silvestris silvestris*）, African wildcats

(*F. s. lybica*) and Asian wildcats (*F. s. ornata*): implications for their evolution and conservation. Biol J Linn Soc 83: 47-63, 2004.
Zeuner FE: A history of domesticated animals. Hutchinson, London, UK, 1963, 560pp.

4章

テンの食性と多様性

久野真純

1. テン類の食性の多様性

テン（*Martes* spp.）は，イタチ科テン属に属する動物である．日本では主に山地の森林に生息しているためあまり馴染みがない．体のフォルムは同じイタチ科のニホンイタチ（*Mustela itatsi*）やフェレット（*M. putorius furo*）のように胴体が細長く，顔の吻（口先）がやや尖る．身体はネコのようにしなやかで運動能力が高く，樹に登るのも得意である．体色は茶褐色，灰褐色，黒色，黄色など，種類によってさまざまである．テン属総じて体重は，およそ0.8〜2.5kgの範囲に収まり，これはニホンイタチ（約0.2〜0.6kg）よりも大きく，ネコよりは小さいイメージである．世界にテン属は７種類生息している．ヨーロッパにはマツテン（*M. martes*）とムナジロテン（*M. foina*），北アメリカにはアメリカテン（*M. americana*），ユーラシア大陸北部と北海道にクロテン（*M. zibellina*），アジア各地域にキエリテン（*M. flavigula*）とニルギリテン（*M. gwatkinsii*），そして本州以南にホンドテン（*M. melampus*；対馬には亜種ツシマテン *M. melampus tsuensis*）が自然分布する（Proulx et al. 2005）．主に森林を生息地とするものの，農地や都市など多様な環境に適応する種もいる．また，それらの食性も多様であり，ネズミ類をはじめ，昆虫，果実など，ほぼ何でも食べる雑食性である（Zhou et al. 2011，大河原 2018）．

本章では，これまで私が研究対象としてきた国内のホンドテン（その生態一般については大河原（2018）が詳しい），そしてブルガリアのムナジロテンの食性について紹介する．テンは，さまざまな食物を利用するだけでなく，その食物構成も多岐にわたる．そこでここでは，テンの食性が，１）他種とどう異なるか，２）雌雄でどう異なるか，３）生息地間でどう異なるか，４）季節でどう異なるか，という食性の多様性について述べる．

2. 日本のテンの食性：キツネとの比較

「海外で食肉目動物の研究がしたい」という気持ちを持って，2012年４月，東京農工大学大学院修士課程に入学した．学部時代，毎年冬になると下北半島でのサル調査に参加し，野生動物の足跡や糞を見てきたので，フィールドサイン（野生動物の野外痕跡）を扱った研究に興味があった．そうした流れで，当時所属していた食肉目動物保護学研究室で始まったばかりのブルガリアでのプロジェクトで，「テンの糞を採集し食性を調べること」が決まった．ブルガリアへ行く前に，現地で効率的に調査が進められるよう，研究室の先輩，星野莉紗さんの修士論文研究『三国山地の高山環境におけるホンドテン *Martes melampus melampus* の食性の季節変化』（星野 2013）の調査のお手伝いに行った．まず，その研究について話そう．

群集生態学（複数の種から成る生物集合を扱う生態学分野）では，多様な種類がどのように資源を分かち合って共存，または資源を巡って競合しているのか，を明らかにすることを１つの大きな目的としている．先行研究によりキツネとテンは一般的に食性が似ていると言われ，両種はしばしば食物資源を巡って競合する．同じ場所に生息するテンとキツネの食物の利用パターンを把握するには，糞を採集することが手っ取り早いが，それら２種の糞は見た目が似ていて間違いやすい（Davison et al. 2002）．そこで，星野さんの研究では，DNA 手法により糞の落とし主の種判別を行い，ホンドテン（以下，テン）とホンドギツネ（以下，キツネ）の食性の違いをより正確に明らかにすることを研究目的としていた．調査は，群馬県みなかみ町と新潟県湯沢町の境界の平標山から，仙ノ倉山，大源太山，三国山に至る谷川岳連峰地域で，2011年秋から2012年夏にかけて，冬を除き毎月３日間行われた（私は2012年６月，７月の調査に参加した）．

調査地周辺は，ササ原の風衝地（強風が吹き付け，樹木が這いつくばるように自生する高山的風景地帯）である．カバノキ類やモミ類から成る亜高山帯植生やブナ林から成る冷温帯植生と多様な景観が見られる（図１）．そこでの調査を通して，星野さんからテンやキツネの糞が石の上の目立つところや登山道の脇などに多いことを教わった．テンとキツネの糞は，慣れるとだんだん見た目で推測できるようになる．形状はどちらの種の糞もイヌやネコのものとやや異なり，先端が細く尖る感じである（図２）．糞

図１．群馬県・新潟県，谷川岳連峰地域調査地の風景．2012年６月，筆者が撮影．

	ホンドギツネ	ホンドテン
直径	13-22 mm	4-16 mm
形状	イヌの糞のような形	細長い
匂い	鼻を突くようなひどい匂い	発酵した果実酒のような匂い 発酵した醤油のような匂い

図２．ホンドギツネとホンドテンの糞の特徴の比較．直径の値はHisano et al.（2017）の研究で採集された糞サンプルに基づく．写真提供：出口翔大（左下のキツネ成体：2021年９月，福井県鯖江市）．その他は筆者が撮影（左上・右上の糞：群馬県・新潟県谷川岳連峰地域；右下のホンドテン成体：2021年３月，石川県森林公園森林動物園）．

は途切れたり，ちぎれたりしている場合があるので，種を判別する際に長さはあてにならない．そのため，直径をノギスで図り記録した．キツネの糞のほうがテンのものより一回り大きく，中型犬の糞とほぼ同じ大きさである（直径13〜22 mm）．一方，テンの糞はキツネのものより細い（直径4〜16mm：いずれも調査地で採集された糞の値）．また，糞の見た目だけでなく，ニオイによっても判別可能というのは驚きだった．キツネの糞はいかにも悪臭で，ひどいニオイを放っていた．鼻をつくようなニオイで，長く嗅いでいると吐き気を催すほど，不快なニオイである（Vine et al. 2009, Hisano et al. 2017）．一方，テンの糞は甘酸っぱい印象で，発酵した果実酒のようにフルーティーな香りと発酵した醤油の匂いが混じった感じである（ニオイに関してはHisano et al. 2016, Hisano et al. 2017も参照）．言葉では言い表し難いが，慣れるとたしかに「キツネ特有のニオイ」と「テン特有のニオイ」を嗅ぎ分けられるようになった．そのようにして，この研究では合計165個のテン，もしくはキツネの糞が採集された．

集められた糞は，増田先生の研究室（北海道大学・遺伝的多様性研究室）に当時在籍していた鎌田頌子さんによってDNA分析が行われた（Hisano et al. 2017）．調査地周辺に分布している考えられる動物種のミトコンドリアDNAに特異的なPCRプライマーをデザインし，糞からの抽出DNAをPCR増幅することによって，糞の落とし主の種判別が行われた．その結果97%の糞において，DNA判定と目視およびニオイによる種判別が一致した．しかし，これは原形を留めている糞に限っての結果であり，糞の形が崩れている場合には目視・ニオイによる識別精度は低下していた（図3：星野 2013）．

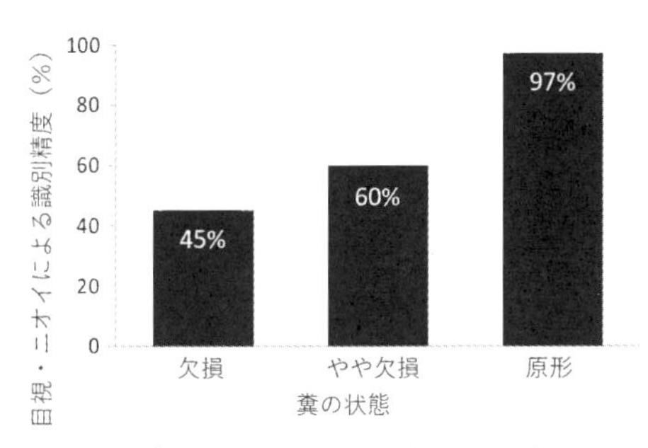

図3．目視およびニオイによるキツネ・テンの糞の種識別精度（%）．星野2013の図を元に作成．

種判別が行われた糞の内容物を解析することで，テンとキツネがどのような食物を利用しているのかを調べた（食性分析のコラムも参照）．その結果，テンもキツネも哺乳類（ノネズミやノウサギ），昆虫類（オサムシやバッタなど），果実（サクラ類，キイチゴ類，サルナシなどの実）が主な食物であった（図4）．テンとキツネの主な食物構成に大きな違いは無かったが，それぞれの嗜好性についていくつかの違いがみられた．例えば，キツネの食物として利用された哺乳類動物は，テンと比較してノウサギが多く，ノネズミ類は少なかった．これは，体サイズがテン（1.0－1.5kg）よりもキツネ（4.0－7.0kg）のほうが大きい（小宮 2002, Ohdachi et al. 2009）ため，キツネのほうがより大きな獲物を捕えやすいためと考えられる．同様の傾向はヨーロッパにおけるキツネとテン類においても報告されている（Padial et al. 2002, Prigioni et al. 2008）．一方，ネコのように樹登りが得意なテンは，小鳥やリスなど樹上性の動物も補足的に食用していた（キツネはイヌ同様，樹に登れない）．人為物（登山客によるゴミ）はキツネのみ食物としての利用が確認され，テンは利用していなかった．これはキツネに特徴的なスカベンジャー（腐肉食動物）としての動物死体やゴミをあさる性質（Contesse et al. 2004, Tsunoda et al. 2017, Hisano et al. 2022）をよく表している．このようにテンとキツネで全く同じ食性を示すことなく特定の食物を食べ分けることで，食物資源をめぐる競争が緩和され，両種の共存に繋がっているのだろう．

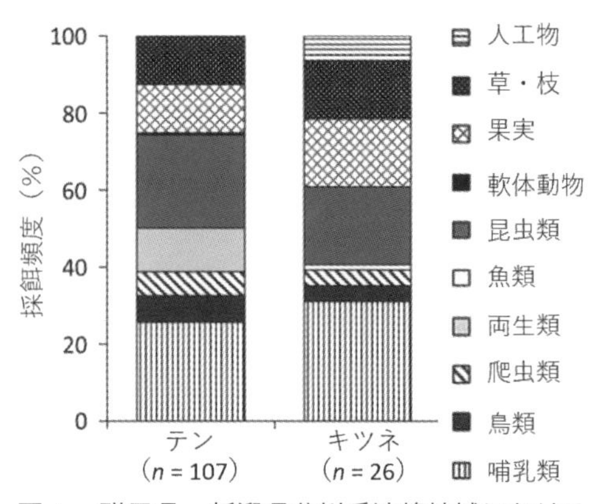

図4．群馬県・新潟県谷川岳連峰地域におけるホンドテン（テン）とホンドキツネ（キツネ）の食性比較．カッコ内のnは糞サンプル数を表す．採餌頻度は相対出現頻度により計算．相対出現頻度（%）＝各食物項目の出現数／全食物項目の出現数×100．Hisano et al.（2017）の図を元に作成．

修士課程1年目，星野さんの修士論文研究をお手伝いすることで，食性研究の過程を一通り学ばせていただいた．それをもとに，私はブルガリアで自身の修士論文研究を始めたのである．

3. ブルガリアのテンの食性

1 雌雄の比較

修士論文は，ブルガリア中央部におけるムナジロテンの食性という研究テーマで取り組んだ．ムナジロテンは，ヨーロッパから西アジアにかけて広く分布しブルガリアでは一般に見られる普通種である．図5に示すように，胸の部分が白い（和名の由来）．修士1年目では，前述の星野さんの研究をお手伝いするとともに，ブルガリアのムナジロテンの胃の内容物データの解析も行なった．胃の内容物サンプルは，プロジェクトの現地共同研究者であるトラキア大学のEvgeniy Raichev先生や地元狩猟者たちが駆除やスポーツハンティングを通じて狩猟したものによる．ムナジロテンのほかにも，キンイロジャッカル（*Canis aureus*）（Raichev et al. 2013, Tsunoda et al. 2017）（本書2章），アカギツネ（*Vulpes vulpes*）（Tsunoda et al. 2017），ヨーロッパヤマネコ（*Felis silvestris*）（Kirkova et al. 2011）（本書3章）が冬期（11～3月）に狩猟され，それらの胃の内容物を用いた研究が行われた．糞サンプルと異なり，胃の内容物サンプルでは捕獲動物の個体情報を得ることができる．例えば，幼獣か成獣か，それから性別などもわかる．そこで私は，ムナジロテンの食性が雌雄でどう異なるかを研究することにした（Hisano et al. 2013）．

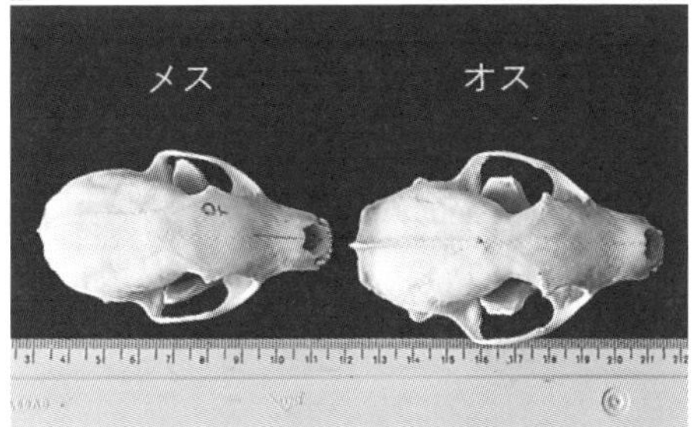

図5．ムナジロテンの剥製（上：ブルガス自然史博物館にて筆者が撮影）と頭骨標本（下：トラキア大学にて筆者が撮影）．

イタチ科の仲間の多くは雄のほうが雌よりも体サイズが大きい（Brown and Lasiewski 1972）．このことから，これまでにもイタチ科動物で特定の食物の利用頻度に雌雄間で差があることが多く報告されている（Erlinge 1981）．ムナジロテンでは雄で体長43－59cm，雌で38－47cmほど（Heptner et al. 2002）と，ひとまわりの違いがある．頭骨の形状は雄のほうが太くガッシリしているのに対し，雌のほうはスラリと細長い（図5）．しかし，このように雄と雌で体格に明確な違いが見られるにもかかわらず，ムナジロテンの食性の雌雄差についてはこれまでほとんど研究されてこなかった．そこで，1997年から2009年の冬期にかけてブルガリア中央部スレドナ・ゴラ丘陵地域（図6）で狩猟されたムナジロテンの胃内容物データ（雄31個体，雌19個体）を解析した．その結果，雌雄ともにノネズミなどの齧歯類を最も高頻度に食用していることがわかった（図7）．しかし，その食性には違いがあり，雄が齧歯類の次に，鳥類，ノウサギを頻繁に食物として利用しているのに対して，雌は，齧歯類の次に昆虫類を頻繁に食物として利用し，鳥類，人工物がそれに続いた．これは，より体サイズが大きく運動能力・ハンティング能力ともに高い雄のほうが，大きなノウサギを雌よりも効率的に捕獲できるためと考えられる．なお，雄ではその他の哺乳類（野生のシカ類で，主に死肉を食べた可能性が高い）や果実も食べていたが，雌では確認されなかった．同様の傾向はアメリカ北部に生息する大型のイタチ科フィッシャー（*Pekania pennanti*）においても報告されている．その理由として雄はより広い行動圏を持つことで，死肉や果実といったまばらに分布する食物に遭遇する確率が高くなるためと考察されている（Giuliano et al. 1989）．ムナジロテンに関しても，オスの行動圏はメスより大きいことが知られる（Herr et al. 2009）．本研究では行動圏サイズを推定しなかったが，死肉と果実がメスのムナジロテンの胃の内容から出現しなかったことは，行動圏サイズの雌雄差によるものかもしれない．

図6．ブルガリア中央部スレドナ・ゴラ丘陵地域調査地の風景．2012年11月，筆者が撮影．

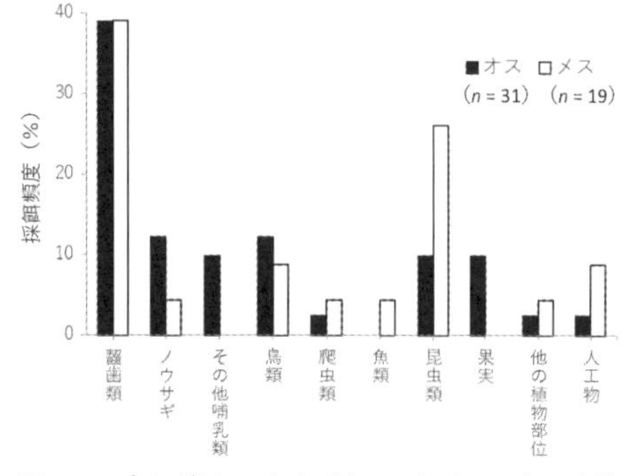

図7．ブルガリア中央部スレドナ・ゴラ丘陵地域におけるムナジロテンの食性，雌雄間での比較．カッコ内の*n*は糞サンプル数を表す．採餌頻度は相対出現頻度により計算（図4の説明文参照）．

2 生息地間の比較

中型食肉目動物のなかには都市環境に適応した種が多く存在する．その要因の1つとして，人為由来の食物も利用できるという特性があげられる（McKinney 2002）．イタチ科では，ヨーロッパ地域でムナジロテンの都市域での人為由来の食物の利用が知られる（Herr 2010）が，都市や集落での生態はほとんど調べら

図8．ブルガリア中央部「都市生息地（スタラ・ザゴラ地域）」（上）および「森林生息地（バルカン山脈地域）」（下）の風景．2013年5月，6月，筆者が撮影．

れていない．そこで修論2章目では，ムナジロテンの食物選択の観点から都市環境への適応メカニズムを考察するために，都市域と森林生息地域における本種の夏期の食性を比較した．

2013年5月から8月にかけて私はトラキア大学に滞在し，スタラザゴラ市近郊（都市生息地）とバルカン山脈（森林生息地）でムナジロテンの糞を採集した（図8）．都市生息地は，住宅地や農地が主な景観であり，人為影響が強く及んだ地域である．1989年まで社会主義国家であったブルガリアは，農業集団化に伴い盛んに果実が生産されてきたが，近年では放棄された果樹園が多く見られる．一方，森林生息地はヨーロッパブナ（*Fagus sylvatica*）の天然林をはじめ原生の自然景観が残る地域であり，人間の影響はほとんど受けていない．

両地域で糞を採集し（都市生息地で177個，山岳地で133個），その内容物を2地域で比較した．その結果，両地域で果実が主要な食物であることがわかった（図9）．しかし，果実は森林生息地よりも都市生息地でより多く，かつ高頻度で食物として利用されていた．都市生息地で利用された果実は主にサクラ，クワ，スモモ，ブドウなどであった．調査地の街路樹，庭木，果樹園などには，そうした種類がたくさん植えられている．そのため，そうした果樹がムナジロテンを引き寄せ，豊富に実る人為由来の果実がムナジロテンの都市への適応を可能にする重要な食物資源となっている可能性が考

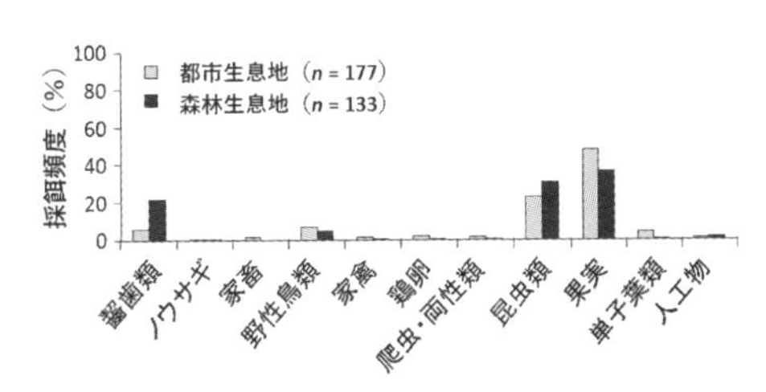

図9．ブルガリア中央部都市生息地と森林生息地におけるムナジロテンの食性の比較．カッコ内のnは糞サンプル数を表す．採餌頻度は相対出現頻度により計算（図4の説明文参照）．

えられる．

3 季節間の比較

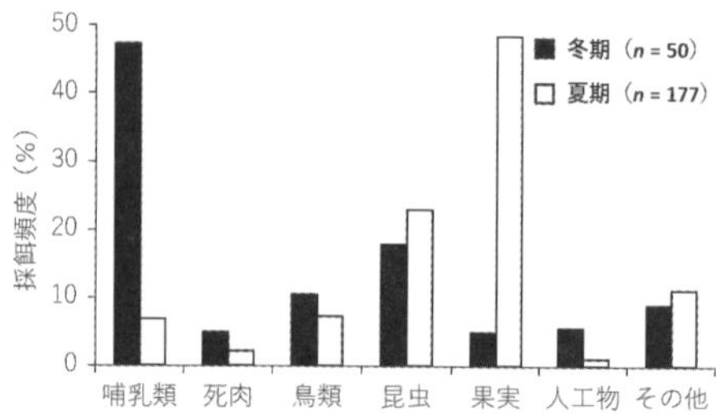

図10．ブルガリア中央部におけるムナジロテンの食性，冬期と夏期の比較．カッコ内のnは糞サンプル数を表す．採餌頻度は相対出現頻度により計算（図4の説明文参照）．

胃の内容物と糞分析の結果は，採餌頻度において比較可能なことが知られている（Murakami 2003, Zhou et al. 2011）．そこで，最後にスレドナ・ゴラ丘陵地域の冬期の胃の内容物データと，同地域に隣接する都市生息地の夏期の糞の内容物データを比較した（図10）．その結果，冬と夏との間で食性に大きな違いがみられた．齧歯類やノウサギは冬期に高い頻度で食物として利用されていたが，夏期にはあまり利用されていなかった．一方，果実は夏期に高い頻度で食物として利用されていたのに対し，冬期での利用はわずかであった．同じような傾向は，ルクセンブルク（Baghli et al. 2002）やハンガリー（Lanszki et al. 1999）の農地や都市景観でも報告されている．このように他のヨーロッパ地域同様にブルガリア中央部でもムナジロテンは食物資源量の季節変化に応じて食性を変えているものと考えられる．

4. まとめ

ブルガリアの調査地では，ムナジロテン以外にもキンイロジャッカル，アカギツネ，ヨーロッパヤマネコなどの中型食肉目動物が生息している．ジャッカルの冬期の食性は家畜および野生有蹄類が主要である（Raichev et al. 2013, Tsunoda et al. 2017）．一方，アカギツネとヨーロッパヤマネコは齧歯類やノウサギを多く食物として利用することがわかっている（Tsunoda et al. 2017，本書3章）．そのためムナジロテンはキツネやヤマネコと似た食物資源を巡って競合している可能性があり，齧歯類やノウサギの個体数を維持することはこれら中型食肉目群集の共存にとって重要である．

夏期の食性は，人為由来の果実の利用割合が大きく占めていた．そのため，果樹の多い都市環境はムナジロテンにとって魅力的であると考えられ，果樹の植栽を取り入れた都市計画を進めていくとムナジロテンにとっては良いかもしれない．しかし，本種を都市域へ誘引することで人間との軋轢が生じる可能性もある(Herr et al. 2009)．そのため，放棄果樹園の管理やムナジロテンと住民の共存に向けた政策が必要となってくる．そのためには，今後もムナジロテンについての生態学的な調査の継続が不可欠である．

引用文献

Baghli A, Engel E, Verhagen R: Feeding habits and trophic niche overlap of two sympatric mustelidae, the polecat *Mustela putorius* and the beech marten *Martes foina*. Zeitsch Jagdw 48(4): 217-225, 2002.

Brown JH, Lasiewski RC: Metabolism of weasels: the cost of being long and thin. Ecology 53(5): 939-943, 1972.

Contesse P, Hegglin D, Gloor S, Bontadina F, Deplazes P: The diet of urban foxes (*Vulpes vulpes*) and the availability of anthropogenic food in the city of Zurich, Switzerland. Mamm Biol 69(2): 81-95, 2004.

Davison A, Birks JDS, Brookes RC, Braithwaite TC, Messenger JE: On the origin of faeces: morphological versus molecular methods for surveying rare carnivores from their scats. J Zool 257(2): 141-143, 2002.

Erlinge S: Food preference, optimal diet and reproductive output in stoats *Mustela erminea* in Sweden. Oikos 36(3): 303-315, 1981.

Giuliano WM, Litvaitis JA, Stevens CL: Prey selection in relation to sexual dimorphism of fishers (*Martes pennanti*) in New Hampshire. J Mammal 70(3): 639-641, 1989.

Heptner VG, Naumov NP, B. YP, Sludskii AA, Chirkova AF, et al: 2002. Mammals of the Soviet Union. Vol. II, part 1b, Carnivores (Mustelidae and Procyonidae). Washington D.C.: Smithsonian Institution Libraries and National Science Foundation.

Herr J, Schley L, Roper T: Socio-spatial organization of urban stone martens. Journal of Zoology, 277(1): 54-62, 2009.

Hisano M, Hoshino L, Kamada S, Masuda R, Newman C, Kaneko Y, et al: A comparison of visual and genetic techniques for identifying Japanese marten scats - enabling fiet examination in relation to seasonal food availability in a sub-alpine area of Japan. Zool Sci 34(2): 137-146, 110, 2017.

*Hisano M, Raichev EG, Peeva S, Tsunoda H, Newman C, Masuda R, Georgiev D, KanekoMasuda R, Georgiev D, Kaneko Y, et al: Comparing the summer diet of stone martens (*Martes foina*) in urban and natural habitats in Central Bulgaria. Ethol Ecol Evol 28(3): 295-311, 2016.

*Hisano M, Raichev EG, Tsunoda H, Masuda R, Kaneko Y: Winter diet of the stone marten (*Martes foina*) in central Bulgaria. Mamm Stud 38(4): 293-298, 2013.

Kirkova Z, Raychev E, Georgieva D: Studies on feeding habits and parasitological status of red fox, golden jackal, wild cat and stone marten in Sredna Gora, Bulgaria. J Life Sci 5(4): 264-270, 2011.

Lanszki J, Kormendi S, Hancz C, Zalewski A: Feeding habits and trophic niche overlap in a carnivora community of Hungary. Acta Theriol 44(4): 429-442, 1999.

McKinney ML: Urbanization, biodiversity, and conservation: the impacts of urbanization on native species are poorly studied, but educating a highly urbanized human population about these impacts can greatly improve species conservation in all ecosystems. BioScience 52(10): 883-890, 2002.

Murakami T: Food habits of the Japanese sable *Martes zibellina brachyura* in eastern Hokkaido, Japan. Mamm Stud 28(2): 129-134, 2003.

Ohdachi S, Ishibashi Y, Iwasa M, Saitoh T: The Wild Mammals of Japan. Shoukadoh, Tokyo, 2009.

大河原陽子：第７章 ニホンテン－日本固有種．増田隆一編，日本の食肉類－生態系の頂点に立つ哺乳類－，東京大学出版会，2018，pp.154-174.

Padial JM, Avila E, Sanchez JM: Feeding habits and overlap among red fox（*Vulpes vulpes*）and stone marten（*Martes foina*）in two Mediterranean mountain habitats. Mamm Biol 67(3): 137-146, 2002.

Prigioni C, Balestrieri A, Remonti L, Cavada L: Differential use of food and habitat by sympatric carnivores in the eastern Italian Alps. Italian J Zool 75(2): 173-184, 2008.

Proulx G, Aubry K, Birks J, Buskirk S, Fortin C, et al: World distribution and status of the genus *Martes* in 2000. In Harrison DJ, Fuller AK, Proulx G（ed), Martens and fishers（*Martes*）in human-altered environments, Springer, New York, 2005, pp.21-76.

*Raichev EG, Tsunoda H, Newman C, Masuda R, Georgiev DM, Kaneko Y, et al: The reliance of the golden jackal（*Canis aureus*）on anthropogenic foods in winter in central Bulgaria. Mamm Stud 38(1): 19-27, 2013.

*Tsunoda H, Raichev EG, Newman C, Masuda R, Georgiev DM, Kaneko Y, et al: Food niche segregation between sympatric golden jackals and red foxes in central Bulgaria. J Zool, 303(1): 64-71, 2017.

Vine SJ, Crowther MS, Lapidge SJ, Dickman CR, Mooney N, Piggott MP, English AW, et al: Comparison of methods to detect rare and cryptic species: a case study using the red fox（*Vulpes vulpes*). Wildl Res 36(5): 436-446, 2009.

Zhou YB, Newman C, Xu W-T, Buesching CD, Zalewski A, Kaneko Y, Macdonald DW, Xie ZQ, et al: Biogeographical variation in the diet of Holarctic martens（genus *Martes*, Mammalia: Carnivora: Mustelidae): adaptive foraging in generalists. J Biogeogr, 38(1): 137-147, 2011.

小宮輝之：日本の哺乳類．学研，2002.

星野莉紗：三国山地の高山環境におけるホンドテン *Martes melampus melampus* の食性の季節変化．東京農工大学大学院修士論文，2013.

5章

ブルガリアの食肉目動物における種の多様性と保護

Stanislava Peeva, Evgeniy Raichev
（翻訳　金子弥生・増田隆一）

1. はじめに

かつて，ブルガリアにおける捕食者（食肉目動物）に対する国や国民の考え方は，完全に否定的であった．しかし，その後，州の機関やNGOによる狩猟や自然保護に関する考え方が変化してきた．それまでにブルガリアでは，個体数が大幅に減少した種もあれば，ほとんど姿を消した種もあった．そのため今日では，捕食者に対する考え方は，「人間に被害を及ぼす動物の駆除」から「絶滅危惧種としての保護」へ変化している．本章では，ブルガリアの食肉目動物について，生物学的特徴，そして関連するブルガリアの文化，ならびにその保全状況を紹介する．

2. クマ科　ヒグマ *Ursus arctos*

ブルガリアでは，ヒグマは針葉樹林と落葉樹林，通常は海抜600〜1000メートルより高い地域に生息している（図１）．メスは３〜４歳，オスは５〜６歳で性成熟し，交尾期は５月と６月，２〜３年に１回，高山帯に近い森林地帯の高標高地域の冬眠穴で出産する．仔グマはほとんどの場合２頭で，１月に生まれ，４月に冬眠穴から出て歩き始め，およそ２年間母グマといっしょに過ごす．ブルガリアでは，ヒグマは1993年から保護されている．家畜に危害を与えたり人間を攻撃したりする個体だけが，環境省の特別な許可のもとに駆除される．

ヒグマはヨーロッパ，アジア，北アメリカの古代文化において，恒久的で特別な地位をもつ動物として扱われてきた．たとえば，今世紀初頭までユーラシア北部の国々，スカンジナビア北部のラップランド，シベリアのチュクチ，日本北部のアイヌの人たちは，クマをすべての野生動物の王と見なし，神として崇拝してきた．多くの伝説がそれと結びついていており，古代の人々にとって，クマは復活の象徴であったと考えられている（Teofili, 2002）（本書11章参照）．クマは，永遠の命と喩えられている．母グマが冬眠している間に，母グマの中で胎児が発育する．母親は生まれ変わったかのように春に冬眠から目覚め，幼い仔グマとともに巣穴から現れる．一方で，仔グマから飼育下に置くと，飼いならすことができる．クマの飼育に関する最も初期の形跡は，紀元前３千年紀のイラク南部にさかのぼるとされるが，この習慣はおそらくさらに古いものであろう．しかし，現代の動物園を除いて，ヒグマは飼育下で繁殖することはない．また，ヒグマはペットにはならない．その理由は，群れをつくる性質がないからだと考えられる．通常，単独で暮らし，繁殖期にのみ集まる．仔グマは飼いならすのが簡単で，生後４年までは人間にとって比較的安全である．その後，人間との友好関係

図１．自動カメラで撮影されたバルカン山脈の２頭のヒグマ幼獣，2017年６月．Evgeniy Raichev 教授　提供．

を続けることができるが，徐々に性格が荒くなる．クマの激しい気性は，その家畜化を妨げてきた．クマを訓練するためには，古代から使用されているように鼻にリングをつけること（現在では禁止されている）が必要であり，ブルガリアのことわざでは「クマは鼻にリングをかけることにより，どこにでも連れて行ける」というものがある．

ブルガリアでは，狩猟可能であった時代には，娯楽のために仔グマが飼いならされていたこともあり，古くは1665年から報告されている．実際，クマの訓練はいくつかの村での家業であった．その中でも「リングリ」は，木のスプーンを作ったり，クマを踊らせたりする人々のことである．さすらうクマ使い達が村に到着しヴァイオリンを演奏すると，人々は見物に群がった．クマはカラフルなベルト，ビーズ，ベルで道化師のように飾られ，見世物とされた．女性たちは，お金を払ってそのクマの毛を譲り受け，クマに病人を踏みつけさせるという民間治療もあった．しかし，もしクマの鼻のリングに取り付けられた行動制止用のチェーンが効かない場合，クマは脚の一撃で人を倒す可能性がある（訳注：ブルガリアでは1999年に，クマの見世物目的の飼育を禁止する法律ができたが，既に飼育中のクマの扱いをどうするのか，対応する必要が生じた）．そして，2000年５月に国際動物福祉団体のFondation Brigitte BardotおよびFour Pawsによって「ダンシングベアパーク」と呼ばれるプロジェクトが始まり，屈辱的な生活を強いられていた「森の巨人」を救うことを目的として，クマの救護活動を行い，このクマ使いの慣習に終止符を打つこととなった．

ダンシングベアパークは，ブルガリアで最も美しい山の１つであるリラの南部にある．救護されたクマのために，さまざまな形の池や巣穴が用意された静かな自然環境の中にある（図２）．元来，野生のクマは知的な動物であり，脅威が何であるかをすぐに理解するため，ここでは人を攻撃することはめったにない．バルカン半島のヒグマは，ヨーロッパの中でも特に攻撃性の低い気質といわれている．毛色は，明るいベージュ色，金色，明るい茶色が一般的であり，ギリシャではさらに

図２．ブルガリアのベリツァ（Belitsa）にある“ダンシングベアーパーク”に保護されているヒグマ．Stanislava Peeva 准教授　撮影．

明るい毛色が見られる（Spassov 1990; Spassov et al. 2000）.

今日ではその件数は少ないが，老齢のクマが，家畜を襲ったり，蜂の巣を壊し，場合によっては人間を攻撃することがある．これらの問題は時々起きるが，クマがいる多くの地域に狩猟ファーム（養鹿場のような狩猟用の農場）が設置されている．このようにして，人々との対立は適切に解決されるか，あまり目立たない．しかし，この衝突がロドピ山脈の近くの小さな村で起こると，問題のある個体は駆除される．また，密猟は広大なロドピ山脈とバルカン山脈で行われており，ヒグマの個体数を減らす大きな要因となっている．

ブルガリアの著名なクマの研究者であるRaycho Gunchev氏によると，上記の飼育以外の個体数減少の要因は，都市化，森林伐採，（生息地の減少を背景とした）ストレス，他の狩猟対象動物への餌づけ，クマの性成熟の遅れとされている．さらに，バルカン山脈とリラ・ロドピ山塊の２つの個体群間の分断（図３）は，遺伝的多様性の低下につながったと考えられている．クマの効果的な保全には，近隣諸国を含め，集団間の遺伝的交換のための回廊を確保したり，原生林を保護するための長期的なプログラムが必要である．また，クマの被害を補償する効率的なシステムが導入されている．NGOにより，国内のすべてのクマに個体識別用のタグを付ける試みが行われこともあったが，成功しなかった．ブルガリアにおける，現在のヒグマ個体数は1,000頭以下であると考えられている．

図３．ブルガリアにおけるヒグマの分布域．定着している生息域は濃いグレー，一時的な分布域は薄いグレー．Ministry of Environment and Waters（2007）より．

3. イヌ科

イヌ科には36種が含まれる．かれらの体重は１kg（フェネック *Vulpes zerda*）から60kg（ハイイロオオカミ）と幅が広い．最も一般的な種はアカギツネ（以降，キツネと記す）である．その食性は，雑食性（ほとんど果実食性か昆虫食性）から厳密な肉食性まで非常に多様である．また，その生息地は，砂漠から氷原，山から沼地や牧草地にまで幅広い．群れの仲間がいったん食べた食物を吐き戻して群れの他個体に与える行動は，イヌ科によくみられる特徴であり，妊娠後期のメス，授乳の初期，および子どもの養育に役立つ．ブルガリアでは，イヌ科の多様な種の中で，キンイロジャッカル，ハイイロオオカミ，キツネという3種が代表的である．外来種タヌキは国内では移入初期のイヌ科動物であり，ドナウデルタに生息している．

1 キンイロジャッカル *Canis aureus*

キンイロジャッカルはイヌ科の典型的な種である（図4）（カラーグラビアも参照）．中型の捕食者であり，アフリカの大部分，アジアの一部，ヨーロッパに生息している．1970年代から現在に至るまで分布拡大が観察されており，西ヨーロッパ諸国と北部のバルト三国に到達した．ジャッカルの新たに出現したところでは，移入種として悩みの種であり，有害動物か奇妙な動物として認識され，好奇心と不信感を引き起こし，独特な遠吠えの声により人々に恐怖を引き起こすこともある．

図4．バルカン山脈のキンイロジャッカル．上，春の新緑　2017年4月．下，冬 2017年1月．ともに自動カメラによる撮影．E. Raichev 教授，S. Peeva 准教授　提供．

ブルガリアでは，キンイロジャッカルは一定の標高まで国土の大部分に分布し，他の食肉目動物種や人間との複雑な関係をもたらしている．狩猟ファームや村の人々，主にヒツジの畜産農家にとって問題とされる種の代表ともなっている．近年，狩猟対象となり，駆除個体に賞金が支払われている．バルカン半島では，2つの国際シンポジウムが開催され，世界中の科学者がジャッカルや関連する軋轢問題の研究成果を共有している．しかしジャッカルは被害原因としてだけでなく，保護される種としても扱われるべきであり，いくつかの国では既に保全計画が策定されている．

「ジャッカル」という言葉は，1600年頃に英語で最初に登場し，吠える人を意味するサンスクリット語の「srgala-s」に由来するフランス語の「chacal」に由来する．キンイロジャッカルの起源は，約190万年前の更新世初期の地中海地域にまでさかのぼる必要がある．その前身は「Arno river dog」（*Canis arnensis*）とされる．この絶滅種の形態はキンイロジャッカルと似ているが（Miklosi 2015），形態学的にはセグロジャッカル（*C. mesomelas*）やヨコスジジャッカル（*C. adustus*）とは異なる．

ジャッカルの拡大に影響を与えていると考えられる要因は地球温暖化，開発等による景観構造の改変，オオカミのような天敵の地域絶滅，環境条件に対するジャッカルの高い耐性と考えられている（２章参照）．

生息地選択は，貯水池の生い茂った雑木林や葦原，放棄された運河や植物に囲まれた干拓地を生息地として好む．標高2,500mまで移動することもあるが，一般的に低標高域を好んで生活する．ジャッカルは人為環境に近い地域に生息することを好み，人為環境に近い場所も隠れ場として利用する．人為的環境にうまく適応し，人に迫害されなければ，村にまで現れる．また，ジャッカルは泳ぐことがうまく，河川などの水域を横切って移動することができる．ブルガリアでは，ジャッカルはキツネ，アナグマ，ヤマネコ，オオカミとの間で餌をめぐって競合しており，一年の中でも冬は，これらの捕食者が生き残るための重要な時期となる．時に非常に厳しい冬季は，生死にかかわる問題にまで発展する．ジャッカルは足の大きさに比して体重が重く，体毛密度が低いため，積雪環境で生活するための適応は最も低い．したがって，ジャッカルにはこのような冬期の生息地選択に不利な点があることから，競争者であるキツネとヤマネコは，ジャッカルのたどりつけない地域でネズミ類を捕まえることができ，間接的に有利となっている．

ジャッカルはほぼ雑食性で，獲物のサイズに応じて，個別に，ペアで，またはグループで狩りをする．個体数が多い場合，家畜への大きな損害を引き起こすとともに，他の捕食者との複雑な競争関係に陥り，より大きな動物の獲物を利用することになる．大きな動物の死骸を小さな断片に引き裂き，離れたところに運んで食べたり隠したりする．ブルガリアでは，キツネに加え，多くの野犬と競争している．人間の作る食物と人間の存在から恩恵を受けており，廃棄物を管理することが，ジャッカルの個体数と人間との対立を減らすために重要な課題と考えられる．

ジャッカルの象徴性と神話におけるその位置付けは，世界中の多くの文化に深く根ざしている．エジプトの神々の一人であるアヌビスは，ジャッカルの頭をもつ男として描かれている．かれは人間の魂の来世への移行に重要な役割を果たし，その運命を決定したと信じられていた（コラム01参照）．仏教の文献では，ジャッカルは，狡猾で，卑劣で，不潔で，永遠に屈服させられ，死の前触れであり，納骨堂の放浪者であると説明されている（コラム01参照）．ヒンドゥー教では，ジャッカルは恐ろしい神々をともなう．その中で最も有名なチャムンダは，７人の母なる女神（saptamatrika）の１人で，唯一ジャッカルをともなっている．聖書では，ジャッカルは孤立，孤独，空虚の象徴として約15回言及されている．

ほとんどの場所で，ジャッカルは「(人間と）対立する」動物と見なされている．ブルガリアでは，フェンスで囲まれた狩猟ファーム，一部は家畜の放牧にとって有害である一方，大量の動物性廃棄物や作物被害をもたらすネズミ類を駆除する益獣としての一面もある．また，ジャッカルは，ムフロンやダマジカの飼育場に侵入し，たいていは妊娠中の動物を追いかけ消耗させ，出産の途中で新生児を食べ，時には母親を食べることもある．1970年代と80年代には駆除のためにストリキニーネ（毒薬）入りの餌がまかれたが，それが逆にハゲタカやカラスなどの多くの大型の鳥類が大量死する致命的な結果をもたらした．近年では動物の毒殺は法律により禁止されたため，ジャッカルの狩猟に報奨金が支払われるようになった．報奨金制度はジャッカルの個体数減少を引き起こしたが，個体数は急速に回復し，現在に至るまで増え続けている．また，ジャッカルはロードキル（交通事故死）の野生動物，野犬，ネコの死体を利用している．村人たちは，人の子供の泣き声に似たジャッカルの奇妙な遠吠えをよく聞くことがある．興味深いことに，その鳴き声を聞くと，庭の犬達が群れの一部であるかのように遠吠えを返すのである．ジャッカルは村からはぐれた飼いネコを襲って食べるが，夜に家禽を攻撃することはめったにない．

2 ハイイロオオカミ *Canis lupus*

ハイイロオオカミはイヌ科で最大の動物である（図５）．肩高は最大90cm，ブルガリアでは大きい個体で体重55kgに達する．オスはメスよりも大型である．イヌとは異なり，オオカミの目から鼻にかけての口吻の骨格は直線的で，首は長く，強い筋肉をもっている．頭部は大きくて重く，額が広い．背中と前胸部は，冬にはたてがみのような長い毛で覆われる．人間の迫害により，オオカミは山に集中して分布しているが，秋と冬にはトラキア平原の山域周辺地域や，ドブロジャ

（ドナウデルタからドナウ川の黒海への河口域）などの低地に，オオカミが姿を現すことがある．これは食物探索のために農地やゴミ捨て場を訪れる目的であり，オオカミが長距離移動する能力があることを示している．このことから，オオカミはブルガリアに広範囲に生息しているという見方もある．およそ60年前の寒さの厳しい冬にドナウ川が凍結した時期に，ルーマニアのオオカミが氷の上を渡ってブルガリアに入ったことが指摘されている．また，オオカミはセルビア，マケドニア，ギリシャとの国境を越えて往来している．

ブルガリアでは，オオカミと人間は互いに影響をもたらしている．一方で，過去の駆除の影響で個体数は減少し，ある地域では完全に姿を消してしまった．また，近年の牧畜業の拡大によって，これまでになかった場所で軋轢（あつれき）を生むことになった．通常，オオカミは子どもに授乳する期間だけ，ねぐらの周りにとどまるが，子育て時期が終わると，遊牧民のようにさまざまなすみかで生活する．ブルガリアでは，狩猟ファームと家畜の両方に深刻な被害をもたらしている．オオカミはシカ類，ノロジカ，イノシシ，そしてそれほど頻繁ではないが野生のヤギを攻撃することがあることから，有蹄類の狩猟ツアーが行われている地域ではあまり望ましく思われていない．特にロドピ山脈のオオカミは，灰色牛やロドピ牛などの固有品種の繁殖や，ヒツジの放牧に影響を与えている．このように地域住民にとって脅威や経済的損失がある場合，オオカミを保護するNGOとの対立も生じることになる．

オオカミの冬の主な獲物であるイノシシは群れで生活しているが，オオカミは目をつけた個体を群れから引き離して襲う．そのほかにシカを同様に利用することがある．また，スタラプラニナ山（訳注：バルカン山脈のブルガリア名）では，ウマの放牧が行われており，冬になると大きな群れをつくる．オオカミに攻撃された場合，逃げる群れを守るために体の大きなオスウマが後ろにまわって防衛するが，それでもオオカミは弱いウマや若い個体を引き離して襲う．オオカミが野良犬や牧羊犬を攻撃して食すこともしばしば見られる．夏には，シカを中心とする有蹄類が主食となる．そのためこの時期にはオオカミの胃の内容物に，

図５．バルカン山脈で自動カメラが捉えた２頭のハイイロオオカミ．2019年３月．E. Raichev教授，Krasimir Kirilov博士課程院生　提供．

餌となったシカが食べたと思われるプラムやブルーベリーが見られることもある．時には，狩猟犬がオオカミの餌食になることもある．かれらはオオカミの匂いを嗅ぎつけると，ハンターのもとに戻り助けを求める．ブルガリアのカラカハン犬はオオカミからヒツジの群れを保護するイヌ（ガードドック）として確立された品種であり，オオカミによる致命的な攻撃から首を守るための金属製の首輪が付けられている．ガードドックは，飼い主と一体となって飼い主からの指令を受けて行動することで，クマやオオカミの群れによる攻撃を撃退する．また，ロバは何世紀にもわたってヒツジなどの家畜を守るために利用されてきた．ロバは鋭い聴覚と視覚，そして用心深い性質をもっており，オオカミ，ジャッカル，野良犬を事前に察知するため，攻撃される前に羊飼いたちが対処することができる．また，ウシやウマは円形にまとまって夜を過ごし，その中心に若い動物を配置してうまく対抗する．

オオカミは観光目的の狩猟ツアーでは狩猟禁止とされている．一方で地域住民のオオカミの狩猟は一年中許可されており，森林の外でのグループでの狩猟は1月1日から2月末日まで許可されている．ブルガリアでは，イヌとオオカミとの雑種は駆除されてきた．雑種はオオカミの特徴が優勢で，繁殖力も高く，人間の存在に慣れやすいため，家畜にとって深刻な被害をもたらしている．メスのオオカミとオスイヌの交配がより起きているように思われ，交尾後オスは姿を消し，子どもの世話はすべてメスに任せることになる．そのために，雑種の子どもであっても，オオカミの生態を受け継いで育つことになる．

旧石器時代には，人間とオオカミの間に相互尊重の関係があったと考えられている．この関係は，アメリカ先住民において長い間維持されてきた．プレベン（ブルガリア中央部の都市）において，「クマ」と呼ばれる岩柱にイヌ，オオカミ，キツネを描いた旧石器時代の最初の絵画が存在している．バルカン半島にはダキア人と呼ばれる民族があり，オオカミと名乗る戦士達で構成されていた．彼らは，オオカミが特に重要な位置を占める儀式を行った．オオカミに対する人々の態度の最初の変化は，新石器時代に起こった．オオカミと人間の対立は，動物の家畜化，人口の増加，そして農業の発展とともに大きくなっていった．

歴史的にライオンがトラキアとブルガリア南西部から姿を消した後，オオカミが最高の捕食者となり，守護動物（totem animal）としても人々から選ばれるようになった．その後オオカミが不在となった地域では，生態の近いジャッカルに取って代わられた．ブルガリアのカレンダーでは野生動物に捧げられた伝統的な日があり，「オオカミの日」は3月25日である．また，オオカミの祭りは秋に始まり，３日間が３回と別の１日の合計10日間であり，この時期の家事は歓迎されない．11月21日は２回目の３日間の祝賀期間である．ブルガリアの民話では，オスのオオカミ（Kumcho Valcho）は動物の階層の最上位に立っていない．メスのキツネ（Kuma Lisa）はオオカミの裏をかき，信用せず，かれが取ったものを自分の物とし，嘲笑する．そしてオオカミは自身の愚かさに苦しむことになる．

3 キツネ *Vulpes vulpes*

キツネはジャッカルよりわずかに小さいが（肩高35～40cm），尾が地面に達するほど長いという特徴がある．その毛色は変化に富み，あご先と尾の先端が白色である．耳は三角形で，裏側は常に黒色．黒いキツネは非常にまれであり，白いキツネはさらにまれである．猟犬に追われると，尻尾を水平に伸ばしたままにする．キツネは，イヌ科のすべての種の中で最も適応性があり，最も広範囲に分布している．そのような種は汎存種（コスモポリタン）と呼ばれる．キツネはヨーロッパ，アジア，北アメリカの３つの大陸で見られる．ブルガリアではどこでも見ることができるが，都市ではキツネは目撃されず，野犬や野良猫に取って代わられている．村では，廃屋の下に定住することがある．キツネは常にジャッカルから干渉されるため，村の近くに住むことを好み，夜は食べ物を求めて通りを横切るのが目撃される．しばしば家禽を襲ったと非難される．しかし，一部のキツネしかニワトリを襲わないことがわかっている．また，キツネが生息しているとその地域のネズミ類の数が減るというメリットもあることが知られている．キツネに対する村人の考え方は徐々に肯定的に変化しているが，一年を通して狩猟の対象となっている．キツネはシカやウサギの子どもを襲って食べることはあるが，ほとんどの場合，ネズミ類，昆虫類，爬虫類を獲物としている．夏と秋には，木から落下して発酵中の果実を好んで利用する．このような木の下に落ちているサクランボを利用するように，母親が仔ギツネを導くのが観察されている．キツネが最も好む果実はブドウ，イチジク，プルーンである．

キツネは狂犬病の媒介者と見なされているため，その個体数を管理する必要があると考えられている．ブルガリアでは，ドイツ，イギリス，フランスで行われてきたような巣穴のガス燻蒸による駆除は行われていない．生息域は複雑な地形であるため，どこに巣が作られているか把握することは難しい．しかし，飛行機によるワクチン散布が試みられた．

キツネは人間を恐れず，幼獣は人為的な食物にすぐに慣れ，時には手から餌を利用する．キツネはオオカミやジャッカルよりも飼いならすのが簡単だが，それは仔ギツネが周りの世界を探索する前に巣穴から連れ出された場合に限られる．ブルガリアでは，しばしば，人間が飼いならしたキツネを見かける（図６）．

ブルガリアの民間伝承では，キツネは知的で人を信じやすい動物とされている．キツネは，ずるさ，狡猾さ，巧妙さのたとえにも使われることがある．おとぎ話では，キツネは“Kuma Lisa”と呼ばれている．ブルガリアのおとぎ話，歌，ことわざの半分以上にキツネが出てくる．ブルガリアの有名なことわざは，「キツネは二度罠にかからない」である．

図６．飼い慣らされたキツネ（かれの名はHector）とKrasimir Kirilovさん（トラキア大学博士課程院生）．

4. ネコ科ヨーロッパヤマネコ *Felis silvestris*

ハンター達がヤマネコについて話す冗談は，「ヤマネコを見たことがないという事実によって，ヤマネコの生息を認識することができる」である．大変人目を忍ぶこの動物は，人に慣れてしまうとイエネコと間違えられる可能性がある．しかし，毛の色や体のいくつかの特徴によって飼い慣らされたネコと区別される．体重は４～８kgの間で個体差が大きい．オスはメスよりもかなり大きい．ヤマネコはイエネコよりも大きくて生態的に優位である．毛の色は灰色がかった黄色で，まだらな暗い縞や斑点はイエネコよりも薄い．毛が長いので，尻尾が太くふわふわに見える（カラーグラビア19ページ，および３章図11参照）．したがって，寒い冬によりよく適応する．尾には５～７個の黒いリングがある．ヤマネコと飼い慣らされたネコの間の雑種が増えている．雑種の斑は特に胸と腹部で小さいが，体の測定値ではヤマネコに似ている．基本的な地色の毛の変化からも雑種かどうかがわかる．ヤマネコの毛は黄緑色がかった色合いで，イエネコの毛は灰色がかった黄色である．

ヤマネコはブルガリアに広く分布している．すべての森林タイプに見られ，特に，原生林を好むが，開けた土地にも生息することもできる．山では岩場，崩れた岩の塊，崖に生息する．残雪が短時間で消える南斜面を好む．ヤマネコは「ヨーロッパの森のネコ」とも呼ばれている．

食物の大部分は，森林性ネズミ類である．狩りの行動は2種類あり，木の枝に登り，動かずに待ち伏せをして上から攻撃するか，キツネのように地面から高くジャンプする．しかしキツネとは異なり，ヤマネコは前足でネズミを捕捉する．キツネは長い口吻と口を使って咥え，前足は獲物を押しつけるだけである．自然界では，ヤマネコは他の大型捕食者であるジャッカルやオオカミの餌食になることはほとんどないが，近年増加している森林火災はヤマネコの個体数に悪影響を及ぼしている．

ノネコの存在は交雑を促進させるため，ヤマネコの脅威となっている．交雑はヨーロッパヤマネコの分布域を徐々に狭めつつあるため，すべてのヨーロッパ諸国およびブルガリアにおいても2007年以降保護されている．ノネコの増加や分布拡大をコントロールすることが必要である．ノネコを狩猟する際に，素速く走る獲物がヤマネコなのかノネコなのかを特定することは困難であるため，誤ってヤマネコが捕獲されてしまうことがある．30〜40年前は，ヤマネコがキジ，ヤマウズラ，ウズラ，その他の狩猟鳥の減少の原因であると考えられていた．しかし食性の研究によって，ヤマネコの食物の90%がネズミ類で構成されており，ごくわずかな割合の鳥類を利用していることが明らかになった．このようにして，ヤマネコは無罪となり，保護措置が取られた．この種はヨーロッパ中でほとんど絶滅し，生息域が断片化されており，雑種化が進んでいる．現在，バルカン半島とカルパティア山脈において，個体群が最もよく維持されていると考えられている．

5. イタチ科

イタチ科は食肉目の中で最大の種数からなる集団である．60〜70種から構成され，その種分化は約4000万年前に始まったと考えられている．ほとんどは，小型で柔軟な細長い体型をもつ．イヌ科とは異なり，陸地だけでなく水生環境にも適応しており，半水生の生活を送っている種もいる．体サイズは小型ながらも，かれらの行動は一般的に機敏である．人間の影響を強く受けて個体数が変化し，交通事故の犠牲になることも多い．また，半水生のカワウソやミンクは漁業に害を及ぼし，ムナジロテン，クロアシイタチ，イタチは飼育されている家禽やウサギを襲うことがある．ネズミ駆除のために使用される有毒な餌の使用は，ネズミ類を餌にするイタチ科に影響を及ぼしている．

1 ヨーロッパケナガイタチ *Mustela putorius*

ヨーロッパケナガイタチは，体重が約１～1.5kgの小型種である．次節のステップケナガイタチとともに，愛玩動物のフェレットの原種と考えられている．背中の毛はまばらで黒茶色，その下に黄色がかったうぶ毛が見える．顔に特徴的な明るい模様（マスク）がある．オスはメスよりも大きい．ケナガイタチはよく発達した肛門腺をもっており，鋭い臭いのある濃い白っぽい分泌物を分泌する．低地の森のはずれや川沿いに好んで生息する．また，小さな村に定住することもあり，石の壁，穴，放棄された庭，地下室を利用して生活する．高山や，上層植生のない開けた場所には生息しない．主にネズミ類，カエル，死んだ魚，水鳥やその卵を餌とする．夏には昆虫も利用する．

ケナガイタチは家禽や飼いウサギなどの大きな獲物を襲うこともある．夕暮れ時と夜に狩りをする．ケナガイタチが地下空間に好んで生息する一方で，同じく人家を利用するムナジロテンは屋根裏部屋を利用することが知られている．この２種は競合するため，テンがいるとケナガイタチは生息地から追い出される．ケナガイタチはとても上手に泳ぐことができ，潜水することさえできる．ストレスを感じたり，狭い空間などに追いつめられると，肛門腺から不快な匂いの分泌物を噴射することで，他の動物をよせつけない術をもっている．交尾中，オスはメスの後頭部の後ろを乱暴に噛むが，これは求愛（交配行動）の一部である．40日の妊娠期間の後，地下の穴で３～７匹を出産する．ブルガリアでは，ヨーロッパケナガイタチの個体数は過去10～15年間減少しており，主に密に生い茂った河川流域に分布する．

2 ステップケナガイタチ *Mustela eversmanni*

ステップケナガイタチは，前節で紹介したヨーロッパケナガイタチよりもわずかに大きく，頭蓋骨は短く幅が広い．見た目はヨーロッパケナガイタチに似るが，毛は少ない．ブルガリア北東部（ドブルジャ地方）の草が生い茂った開けた場所に分布する．リスやハムスターなどが掘った穴を利用して巣をつくる．獲物は主にげっ歯類（リス，ハムスター，ハタネズミ，ネズミなど）であり，獲物を探して1日で20kmを超えて移動することがある．時々，げっ歯類の死骸を保存することがある．ステップケナガイタチの交尾期間は2月から3月で，交尾は2時間以上続くこともある．ブルガリアでは，ステップケナガイタチは優先的に保護される希少種となっている．乾燥した開けた地域を好むため，森林や川の谷に生息するヨーロッパケナガイタチとはほとんど競合しない．

3 マダライタチ *Vormela peregusna*

マダライタチの毛は明るい黄色で，黒っぽい斑点があり，目の上に黒っぽい縞がある（図7）．ブルガリアでは孤立した地域に分布している．ドナウ川沿いとブルガリア南東部で最も頻繁に見られる．森林には生息していない．主に地下で狩りをし，リスやハムスターを利用している．交尾期間は2月から3月で，着床が遅れる期間が長い．ストレスがかかると，マダライタチは尻尾を後ろに上げ，頭を後ろにそらせる姿勢をとる．この姿勢は警告を示している．うなり声を上げ，強いにおいの分泌物をあびせることがある．他のイタチ科と異なり，人間への恐れが少ない．マダラケナガイタチは，ブルガリアでは優先的に保護されている希少種である．

図7．交通事故でケガをしたマダライタチのオス幼獣．ブルガリア・スタラザゴラにある野生動物リハビリテーションセンター（NGO “Grren Balkans”）で治療・回復したので，野外に放たれた．Dilian Georgievさん撮影，Stanislava Peeva准教授　提供．

4 イイズナ *Mustela nivalis*

イイズナは，イタチ科において最小の種である．背中は薄茶色で，腹は白く，境界線がはっきりしている（図8）．ブルガリアでは，広く分布し高山にも分布する．その細く柔軟な体は，狭いトンネルにいるネズミ類を追いかけるのに役立っている．イイズナは食物なしで24時間以上耐えられないため，日中と夜にほぼ

図 8．バルカン山脈の自動撮影カメラに写ったイイズナ．(2017年 9 月)
E. Raichev 教授，S. Peeva 准教授　提供．撮影場所は図 4 上の写真と同じ場所であり，ジャッカルと比べて
イイズナが非常に小さいことが分かる．

継続的に狩りをする．ネズミハンターとしてよく知られているが，若いニワトリを攻撃したり，ウサギ小屋から生まれたばかりの仔ウサギを引っ張りだしたりすることもある．機敏に木に登り，泳ぎも得意である．発情期は 3 ～ 5 月で，出産は 4 ～ 6 月である．1 年に 2 回繁殖する可能性がある．イイズナはブルガリアで優先的に保護されている種である．

5 ムナジロテン *Martes foina*

ムナジロテンは他のイタチ科の種と容易に区別できる．毛の色は茶色から黒色で，胸に二股に分かれた白い斑点をもつ（カラーグラビア20ページ参照）．白い斑点が欠落していたり，わずかに二股に分かれていたりする個体もいる．脚の下部は毛が短かく，尻尾には長い毛が密に生えている．その体重は約1.2～ 2 kg．ブルガリアでは，広く分布し，主に低地林，畑地，丘陵地帯を住処にしている．山では岩の多い場所を好み，さまざまな言語で生息環境が名前に含まれている（岩テン，石テンなど）．町や村にも定住することがある．廃墟の建物に隠れ，屋根裏部屋を使用するが，地下室を使用することはない．ムナジロテンは，さまざまな生息地，気候条件，食物に適応する．夜にゴミ箱の上で食物を食べている様子が見られることもある．人間社会の近くに生息し，人を恐れず，人の生活空間を利用している動物である．主な食性はネズミ類であるが，春と夏には食虫性と果実食性が中心である．村落では，鶏小屋や鳩小屋に入るため，ニワトリ，ハトやその卵が被害を受けている．交配期間は夏の終わりで，妊娠期間は 8 ～ 9 ヶ月である（着床遅延期間あり）．木に登ることはできるが，より地上を移動する．

殺された動物を巣に保存することもある．自動車の電気機器（ケーブルを噛む），鉄道輸送の電気パネルおよびワイヤーに関心を示し，そこで感電死することがある．ブルガリアでは，ムナジロテンの狩猟は一年を通して許可されている．

6 マツテン *Martes martes*

マツテンの毛色は，ムナジロテンよりも茶色がかっており，褐色をおびた茶色である（カラーグラビア20ページ参照）．喉の斑点は黄色で，胸に向かって分かれていない．耳は黄色の縁取りがあり，足は下まで毛でおおわれている．ブルガリアでは，マツテンはムナジロテンと同じか，より小型であるが，ヨーロッパ北部やアジアでは生息環境が良好なため，マツテンの方が大きい．ブルガリアでは，主にピリン，リラ・ロドピ山塊，スタラプラニナなどの高木林と，カムチヤ川とロポタモ川の河岸に沿った林に分布している．マツテンは一生のほとんどを木の上で過ごし，器用に登る．枝の反動を利用して最大4mのジャンプをして木から木へ飛び移り，木の幹をとてもすばやく上下に移動する．休息場所として，樹洞のほか，リスやムクドリなどが以前使用していた木の小さなうろも使用する．また，餌として，鳥，カエル，昆虫，ミミズ，果実を利用している．マツテンの交尾期は夏の中頃で，着床遅延時期が長いため，翌年春に出産する．ブルガリアでは，マツテンは希少種として保護されている．

7 ユーラシアカワウソ *Lutra lutra*

カワウソの体は細長くてしなやかである（図9）．足は短く，5本の指の間に水かき（膜状）があり，頭は平らで，目は小さく丸い．鼻口部には剛毛のひげがある．カワウソの体は泳ぎや潜水に適している．その毛はつやのある茶色で，あごと首の周りは黄褐色である．ブルガリアでは，ダム，養魚池，魚が豊富な川に生息している．沿岸植物が密集した，または人気のない岩の多い海岸にあ

図9．自動カメラに写ったカワウソ（2022年2月）．ブルガリアのサルネア スレドナ ゴラ山脈にて．E. Raichev 教授，S. Peeva 准教授　提供．

るため池を好む．ブルガリアの黒海沿岸でも見られ，海水魚やカニを利用している．その巣穴への入り口は水位より下にあるが，居室や，子どもを育てる部屋は水位より上にある．カワウソは，その主食が魚のために，人間との間に軋轢を生んでいる．さらに，カエル，ミズハタネズミ，水鳥のヒナや卵を利用するが，最適な獲物は，体重が約200～400gのゆっくり泳ぐ魚類である．川岸に沿って魚を採食しながら移動し，1週間に総重量5～9kgもの魚類を食べることもある．カワウソは主に夜に行動する（図9）．交尾期間は冬の終わりと春で，他の季節におこることもある．妊娠期間は62日間である．カワウソは雪や凍った水面を恐れない．若いカワウソは遊ぶのが大好きで，粘土質の土壌であろうと雪の上であろうと，海岸で滑り台をつくる．カワウソの捕食行動によって引き起こされる被害について，ブルガリアではその補償を行う慣行がないため，カワウソが駆除されることがある．さらに，河岸に構築したコンクリート構造物，川への洗剤流出などの広範囲にわたる汚染，魚の消失などが，種の存続に影響を及ぼしている．ブルガリアでは，カワウソは優先的に保護されている種である．

8 ヨーロッパアナグマ *Meles meles*

アナグマの特徴は，低いくさび形の体と，頭部にある目と耳を通る2本の黒い縞模様である（図10，カラーグラビア19ページ参照）．この夜行性の動物は，目が小さく，視力が弱いが，鋭い聴覚と完璧な嗅覚をもっている．耳は非常に小さく，はっきりと見える白い毛で終わっている．細長く柔軟で筋肉質の鼻先は，地面の匂いを嗅いだり，食べ物を掘ったりするのに適している．前足には，掘るための非常に長い爪を備えている．アナグマは，ブルガリアの広い地域に分布しているが，山岳部の森林限界を超えることはない．木々や茂み，渓谷がある森のはずれに好んで生息する．しかし，湿った土壌を避ける．アナグマは，その強力な短い足で巣穴を掘る．ほとんどの場合，斜面は穴を掘りやすいため，巣穴は渓谷のへりにある．もともとある巣

図10．自動カメラが捉えたヨーロッパアナグマ（2022年1月）．ブルガリアのサルネア スレドナ ゴラ山脈にて．E. Raichev教授，S. Peeva准教授 提供．

穴の近くに新しい穴を掘って出産し，群れを形成する．巣穴は，多くの入り口と内部でからみあう長い通路のある複雑な回廊がつくられ，群れのアナグマは巣穴内で互いに行き来しあう．休息や子育ての部屋は乾いた草，葉，苔が敷きつめられている．この寝わらは春に更新される．入り口の前には巣材の材料が散らばっており，キツネの巣穴と区別がつく．移動するとき，アナグマはしばしばおしりを地面に押し付け，尾の下の腺から分泌物を塗りつけ，なわばりの印をつける．なわばりの境界に位置する「タメフン」と呼ばれる排泄用の穴はアナグマの特徴である．巣穴の近くにも同じものがある．

アナグマは雑食性である．すばやく簡単に手に入るすべてのものを利用する．植物性と動物性の食物を同じ割合で利用する．動物性の食物として，ミミズ，昆虫，カエル，ナメクジ，小さな哺乳類を好む．地面に巣を作る鳥の卵や若いノウサギを利用することもある．最も好む植物性の食べ物は，穀物およびあらゆる種類の果実である．秋には，食べ物を探すためにより多くの時間を巣の外で過ごす．厳しい冬には，蓄積された脂肪の蓄えがあるため，長い間外出することなく巣穴にとどまることができる．冬に暖かい日があれば，日光浴のために穴の前に出てくる．

アナグマは通常，同じペアを維持する．交尾期間は冬で，数分間続く短期間の交尾と，1時間におよぶ長い交尾がある．長いものでは排卵が起こり，受精が起こると考えられている．妊娠には長い着床遅延期間を伴い，通常，年に一度出産する．場合によっては，1年以上の着床遅延期間を経てメスが妊娠することもある．アナグマの家族はお互いに強く愛着をもって生活している．若いアナグマたちは，たがいに体の手入れやグルーミングをして多くの時間を一緒に過ごす．ブルガリアでは，アナグマは狩猟対象である．

なお，ブルガリアでの自動カメラの有用性は，Raichev（2018）で紹介した．図11と図12は，私たちが野外で自動カメラを設置している様子を示す．

図11．アナグマ調査用の自動カメラを設置するE. Raichev教授．

図12. 左，自動カメラを設置するS. Peeva准教授. 右，向かって左から，S. Peeva准教授，野田くるみさん（東京農工大学修士院生），Yordan Goranovさん（トラキア大学学部生），E. Raichev教授.

引用・参考文献

Miklosi A: Dog Behaviour, Evolution, and Cognition. Oxford Biology（2ed.）. Oxford University Press, 2015, 98p.

Ministry of Environment and Waters: Action Plan for the Brown Bear in Bulgaria, Sofia, 2007, available at: https://lciepub.nina.no/pdf/634986160512850221_Bulgarian_Bear_Action_Plan_ENG.pdf

Raichev E: Determination of stone marten（*Martes foina*）and pine marten（*Martes martes*）in natural habitats using camera traps. Agricultural Science and Technology 10: 160-163, 2018.

Spassov N: Note on the colouration and taxonomic status of the bear（*Ursus arctos* L.）in Bulgaria. Historia Naturalis Bulgarica 2: 60-65, 1990.

Spassov N, Ninov N, Gunchev R, Georgiev K, Ivanov V: Status of the large mammals in the Central Balkan National Park. Biological Diversity of the Central Balkan National Park, 425-512, 2000.

Teofili C: L'orso. Franco Muzzio Editore, Roma, 2002, 142p.

■ジャッカルという動物, その起源, 人とのかかわり

角田 裕志

ジャッカルやオオカミの共通の祖先となる動物は約1000万年前の北米大陸に起源を持ち, ユーラシア大陸やアフリカ大陸に渡って多様な種に分化した. しかし, ジャッカル類3種の進化の過程はアフリカとユーラシアで大きく異なる. 遺伝子を用いた分子系統解析によるとアフリカのセグロジャッカル（*Canis mesomelas*）とヨコスジジャッカル（*Canis adustus*）は約900万年前にオオカミとの共通祖先から分化したが, キンイロジャッカルが分化したのは約250万年前と推定された. つまり,「ジャッカル」という共通の名前こそ持つものの, アフリカとユーラシアのジャッカルとは系統分類的に遠い関係であり, キンイロジャッカルの方がオオカミにより近い仲間である（カラーグラビア参照）. イヌ科の研究者グループは最新の分子系統解析の研究結果を元に, アフリカのジャッカル2種をオオカミやキンイロジャッカルと同じイヌ属（*Canis*）には含めずに新属（*Lupulella*）に分類することを提案している.

また, かつては「ジャッカル」の仲間とされたが, 近年になって「オオカミ」に名前が変わった動物が2種類いる. 1つは, エチオピアの標高3000mを超える高地に生息するエチオピアオオカミ（*Canis simensis*）である. この種はかつてアビシニアジャッカルと呼ばれていた. しかし遺伝子を用いた分子系統解析から, アフリカのジャッカルよりもオオカミに近縁であることが分かり, 現在はエチオピアオオカミと呼ばれている（ただし, 日本国内で用いられる標準和名はアビシニアジャッカルのままである）. もう1つは, アフリカ北部に広く分布するアフリカオオカミ（*Canis lupaster* または *Canis anthus*）である. この種は見た目がキンイロジャッカルに似ていたため長年同じ種とみなされてきた. しかし, 分子系統解析によってユーラシア大陸のキンイロジャッカルとは異なるオオカミに近い別種である可能性が指摘され（カラーグラビア参照）, 大型のイヌ科動物としては約

150年ぶりに新種として提案された（Koepfli et al. 2015）.今後日本においてもエチオピアオオカミへの標準和名の変更と,アフリカオオカミの追加を検討すべきだろう.

●ジャッカルと人との関わり

日本に生息しないジャッカルは日本人にとって馴染みがない動物だが,ジャッカルが住むアフリカやアジアの国々の文化にはヒトとの関わりが見て取れる.たとえば,エジプト神話に登場する「アヌビス」はセグロジャッカルの頭を持つ獣人や動物として描かれる冥界の神である.死者や墓地など死を象徴する神であり,ミイラ作りに従事する古代エジプトの神官や職人はアヌビスの仮面を被って作業した.

インドで生まれた世界最古の寓話集「パンチャタントラ」には,キンイロジャッカルが登場する話が多数収録されている（ブラウン2017,ジャファー2018）.パンチャタントラはインドの国王が世継ぎとなる王子に道徳や処世術を教えるためにヴィシュヌ・シャルマーという人物に編纂させた,インドの自然や動物を題材にした短編の寓話集である.全5巻に計84話が収められていて,すべてサンスクリット語で書かれている.それぞれの寓話の最後には必ず格言が添えられている.ジャッカルが登場する話は多数あるが,概して用心深く賢い動物として描かれている.「日本昔ばなし」のタヌキや「グリム童話」のキツネのように,ジャッカルがインドの人々にとって普段の生活でも見られる身近な動物であること示している.

引用文献

マーシャ・ブラウン（こみやゆう・訳）:インドの昔話　あおいジャッカル.瑞雲社,2017.
マノーラマー・ジャファー（鈴木千歳・訳）改訂新版声に出して読むインドにつたわるパンチャタントラ物語.出帆新社,2018.
Koepfli K-P, Pollinger J, Godinho R, Robinson J, Lea A, et al: Genome-wide evidence reveals that African and Eurasian golden jackals are distinct species. Curr Biol 25: 1-8, 2015.

■食肉目のそれぞれの鳴き声

角田 裕志，金子 弥生

●大型イヌ科動物の音声コミュニケーション

オオカミやジャッカルなどのイヌ科動物は様々な音声を使ってコミュニケーションする.例えば,オオカミがコミュニケーションに用いる音声は少なくとも9種類が確認されている(Harrington and Asa 2003).イヌ科動物は基本的にペアや群れで生活するため,仲間同士のコミュニケーションの手段として音声が多様に進化したと考えられる.オオカミが遠吠えをすることをご存時の方は多いだろう.遠吠えは,ナワバリを形成するオオカミが他の群れや群れを出て放浪生活をする1匹オオカミに対して,自分たちの位置を知らせナワバリに入らないよう警告する意味合いがある.群れ同士の遭遇は闘争に発展し,死亡する個体が出るほど激しいものとなる.遠吠えはオオカミ同士の無用な争いを避けるために重要である.ヒトが遠吠えを真似るとオオカミやジャッカルが鳴き返しをすることがある.この性質を利用して遠吠えを使った調査が行われている(Nowak et al. 2007).遠吠えが届く数km程度の間隔で調査地点を設けて,調査者が直接遠吠えを真似る(図1),または録音した遠吠えを再生機とメガホンを使って流して,鳴き返しの有無を調べる(図2).この方法は生息状況,群れの構成,繁殖状況(仔の有無)を簡便に確認できるため,特に広域でのモニタリング手法として活用されている(Salek et al. 2014).

●アナグマの音声コミュニケーション

イヌ科とネコ科では,音声によるコミュニケーション手段が発達している(Peters and Wozencraft 1989).ブルガリア調査中に,Raichev博士からジャッカルの群れ内外の豊富なコミュニケーション音声のことを聞き,著者(金子)はその声を聴きたくてSilver Lakeというスレドナゴラ山脈に近い位置にある森の中のホテルに宿泊したことがあった.ホテルのテラスレストランが夜10時に営業終了し,夜の静けさがはじまると,ほどなくして,部屋の向かいにある山のあちこちから,賑やかにジャッカルの音声コールがはじまった.日本では聞くことのできない大型イヌ科動物の音声コミュニケーションを目のあたりにして,夜更けまでテラスに佇んでジャッカルの声に聞き入った.イヌ科やネコ科以外の分類群でも,多様な音をコミュニケーションに使用することが知られている.Peters and Wozencraft (1989) では発声するときの呼吸の有無や,口吻以外で作る音の3種類について触れている.呼吸を伴う音声は,咽頭から出す「声」であり,遠くまで響く.一方で,発声を伴わない音とは,歯をカチカチとかみ合わせて鳴らす音や,前足で木を折ったり地面を叩くなどの咽頭以外の音声の使用で,警戒の目的で使用されることが多いとされる.

アナグマでは,オオカミやライオンなどが発声するような,大きな長距離届く音声をほとんど使用せず,その理由として,捕食者である大型食肉目の動物に気づかれないためとされている.また,他個体に利他的に危険を知らせる警戒音がないことがあげられている.Kruuk (1989) は,このことがアナグマがそもそも単独性の社会構造によって進化してきた動物であることを決定づけると考察している.アナグマが日常的に使用する音声とは,数メートル以内に届く個体間の小さな唸り声(growl)や,規則的に鼻を鳴らす音(snort, gurgle),幼獣同士が遊ぶときに出す甲高い嬌声(keckering)の4種類がKruuk (1989)により報告されている.その他に,交尾のときにオスがメスを呼ぶ声や母子間のコミュニケーション時の声もあるとされているが,まだあまり研究されていない.

引用文献

Harrington FH, Asa CS: Wolf communication. In Mech DL, Boitani L (eds) Wolves: Behavior, Ecology, and Conservation, Chicago University Press, London 2003, pp.66-103.

Kruuk H: The Social Badger. Oxford University Press, Oxford 1989, 155pp.

Nowak S, Jedrzejewski W, Schmidt K, Theuerkauf J, Myslajck RW, Jedrzejewska B: Howling activity of free-ranging wolves (*Canis lupus*) in the Białowieza Primeval Forest and the Western Beskidy Mountains (Poland). J Ethol 25: 231-237, 2007.

Peters G, Wozencraft WC: Acoustic communication by fissiped carnivores. In Gittleman JL (ed), Carnivore Behavior, Ecology, and Evolution, Cornel University Press, Ithaca, New York, 1989, pp.14-56.

Salek M, Cervinka J, Banea OC, Krofel M, Cirovic D, Selanec I, Penezic A, Grill S, Riegert J: Population densities and habitat use of the golden jackal (*Canis aureus*) in farmlands across the Balkan Peninsula. Eur J Wildl Res 60: 193-200, 2014.

図1. オオカミの群れ構成などを把握するために調査者が遠吠えを真似る様子(ポーランドにおいて著者が撮影し調査者の許可を得て掲載).

図2. ジャッカルの広域モニタリングにおいて動物園で録音したジャッカルの遠吠えをスピーカーで流す様子(ルーマニアにてO. C. Banea氏撮影,同氏の許可を得て掲載).

■どうやって糞を発見し，なんの動物の糞かを判断するの？

天池 庸介，久野 真純

分析サンプルとして哺乳類糞を使用している研究は現在では一般的となっているが，今もなお新しい分析技術が取り入れられるなど，その発展性はとどまるところを知らない．しかしながら，それらの糞サンプルがどのようにして発見されたものなのか，その捜索方法について詳しく解説された文献はほとんどない．そこで本コラムでは，筆者らが普段のフィールド調査において培った知識や経験をもとに，中型哺乳類のキツネとテンを例に，糞を発見する方法や判別の仕方について紹介する．

●どうやって糞を発見するの？

ある程度探す場所の目星を付けるためにも，その対象動物が主にどのような環境に生息し，その中でどのような場所に糞をするのか，事前に把握しておく必要がある．共通して言えることとして，糞は多くの動物にとって，匂いを残し，縄張りの主張など他個体に自身を認識させる役割を果たしている．特に，食肉目ではその傾向が強い．そのため，糞は比較的目につきやすい場所に落ちていることが多い．

キツネの場合では，森林，湿地，草原，農地，市街地など様々な環境を生息地として利用しており，それらの環境下において特に次のような場所で糞が頻繁に観察される．1つは，自然遊歩道，車道脇の歩道，サイクリングロードなどの比較的幅の狭い道の上（図1）．これは，人の使用する道路がキツネの移動手段としても利用されていることに関係している．特に，道が交差する場所や河川にかかった橋の上などは，動物の往来が集中する場所なので，高確率で糞を発見できる．2つ目に，岩や切り株，マンホールなどの目立つオブジェクトの上（図2）．他のキツネに対するアピール度が高い分，我々から見ても

図1．幅の狭い道の一例（自然遊歩道）

図2．目立つオブジェクトの一例（切り株と倒木）

発見しやすいポイントとも言える.稀な例であるが,野外に捨てされたビニール袋や鳥の糞のそばといった箇所でも発見されることがある.3つ目に,開けた空間(図3).例えば,森林公園の芝生エリアのような,樹木に覆われておらず,空が開けた開放的な空間で見つかることも多い.同様の理由で,山頂付近や稜線上で見つかることも多い.一方で,針葉樹林が生い茂る薄暗い環境下で糞が見つかることはあまりない.

テンはより森林への依存度が強いので,開けたところのみならず林内で糞が観察されることもしばしばある.それでも,キツネと同様,林道の脇や,石の上など,やはり目立つところに排糞される.また,市街地に生息するブルガリアのテンでは,ねぐらとしている屋根裏から大量の糞が見つかったこともあった(詳細は13章を参照).

上記で紹介したような場所を重点的に探すことで,格段に糞を見つけやすくなる.しかしながら,種や地域によってもその傾向は異なるので,実際にフィールドワークを重ね,現地の状況に合わせて観察眼を養うことが重要である.

図3. 開けた空間の一例(都市公園林縁部の芝生エリア)

●どうやってなんの動物の糞かを判断するの?

何の動物の糞か判断する手段としては,先述の排糞場所の違いのほか,大きさ,形状,内容物,匂いなども重要なポイントである.

キツネの場合,次のような特徴がある.糞の長さは,おおよそ4〜7cmで,小〜中型犬のものと同程度である.しずく形状のように,前部が丸く,後部が細く尖っていることが多い(図4).キツネは雑食性で,地域や季節によっても食性が異なるため,内容物は多種多様である.一般的には,小動物の毛や骨,昆虫の外骨格,果実の皮や種子などを含む.匂いに関しては,キツネ特有の強烈な悪臭をはなつ.市街地において犬の放置糞との区別に迷うこともあるが,基本的に飼い犬の糞であれば,内容物は均質なドッグフードであるため,比較的容易に判別が付く.

一方,テンの糞の長さはおよそ5cmほどで,キツネののものより細長い形状をしている(図5).色は黒っぽいことが多く,キツネの糞同様に食べた物の未消化物が見られる.匂いはキツネほど不快ではなく甘酸っぱい匂いがすることもある(4章参照).

しかしながら,実際には上記の方法では判断がつかないような例も多く,かつ観察する人によっても判断が分かれることもあるため,確定的な判断を下すのは難しい.これを解決する手段の一つとして,DNAを使用した方法がある.詳しくは,別のコラム「“糞ってなに?”どうやって分析　どんな機器を使うの?」(p.192)を参照されたい.

図4. 典型的なキツネの糞.片側が先細り形状になっている.

図5. 典型的なテンの糞.キツネのものに比べ,全体的に細長い.

■食性分析の方法

久野 真純

野生動物種が生存のためにどのような資源をを必要とするかという情報は,その基礎生態を理解するうえで不可欠であり(Litvaitis 2000;福江ほか2011),なかでも食物は最も重要な資源のひとつである.野生動物の食性情報を調べる方法として,Litvaitis(2000)は以下のようにまとめている.

- **食べた痕跡や食べ残しを探す方法**
- **食べているところを直接観察する方法**
- **動物の死体を収集して胃の内容物を調べる方法**
- **動物の糞を採集してその内容物を調べる方法**
- **動物の体毛を採取し,炭素や窒素の安定同位体比を調べる方法**

なかでも糞サンプルを用いた研究では大がかりな器具を必要とせず,また動物自体を見つけたり動物を傷付けることなくたくさんのサンプルを集めることができる.フィールドでの糞採集については本書13章で述べたが,ここでは,どのように糞サンプルを分析して4章の研究結果を得たか,というデータ化の過程を紹介する.とくに,テンやキツネなど中型食肉目動物を対象とし,糞内容物を食物項目ごとに分別するハンドソーティング法(福江ほか2011)に焦点をあてる.※本コラムでは,福江ほか(2011)およびReynolds & Aebischer(1991)の手順を参考にしつつ,自身の経験(Hisano et al. 2016)に基づいて述べる.紹介する分析過程は必ずしも普遍的なものとは限らないため,ブルガリアでの状況に応じてアレンジした点を章末の補足事項に記しておく.

フィールドで採集された糞は冷凍保存が可能である.その際,チャック付き密閉袋に日付,採集地,識別番号を記しておく.人獣共通感染症予防の観点から熱処理後にエタノールやホルマリンに浸しての保存も推奨される.分析ではまず,保存していた糞を1つずつシャーレに取り出し,水やエタノールで柔らかくする.カピカピに乾燥した糞も,この時点で新鮮な糞のようによみがえる.ほぐした糞1つを茶こしに入れ,流水や洗剤にかけながらゴム手袋をはめた指でゴシゴシ洗う(補足1).このとき,糞の黒褐色の,いわゆる"汚い"部分をきれいに全て洗い流すのがポイントである.そうしないと後で乾燥させたとき残渣に糞がこびりつくことになる.茶こしの規格は対象種によるが,テンの場合は手のひらサイズの直径で,かつ0.5 mmメッシュのものが使いやすかった(図1;Hisano et al. 2016).

洗浄後は,茶こしの中の残渣(洗い残った未消化物)をろ紙などの吸水紙の上に全て取り出す.そして,ピンセット等を用いて残渣を食物項目(食べられた動植物の科属種などの分類群)ごとに分ける.ここで種の同定を行うが,図鑑を参照するほか,対象標本を調査地から採集しておくと便利である(補足2).動物の毛・骨・歯,昆虫の脚・翅などは顕微鏡下で同定し(補足3),記録用紙にそれらが出現した回数を記録する.乾燥重量を計測する場合は,残渣を乾燥機(温度約50℃・時間一定)にかけて水分が完全になくなるまで乾燥させる(Reynolds & Aebischer 1991;補足4).その後,食物項目ごとにパラフィン紙など通気性の良い紙の中に入れて保管し,重量を計測する(図1).

以上により得られた,各食物項目の出現回数と乾燥重量のデータをもとに,出現頻度(%)や重量比(%)を算出する(計算式は4章を参照).そのほか,頻度や重量比による評価方法に加えて格子枠を用いて格子点数を数えるポイントフレーム法という手法もある(高槻2011).頻度法では,食物項目の占有率を定量化するポイントフレーム法に比べ,テンによって食された昆虫類や種子(遭遇率は高いが一度に大量には摂取し得ない食物)が過大評価される傾向にある(高槻ら2015).そのため,各評価方法の原理や特徴を理解しておくことも大切である.

糞分析による食性研究は動物個体に直接ダメージを与えない調査方法であり,大学研究室の卒業論文・修士論文研究テーマとしておすすめである.しかし,食肉目動物の糞には地域や種によっては人獣共通感染症の原因となる寄生虫や細菌類が含まれる可能性があるため,研究材料として使用する際は専門家による指導のもと,相応の装備・手順にて行う必要がある.また,食肉目動物は個体間のコミュニケーションのために糞のニオイを用いたマーキング行為(scent marking)を行っているため,糞サンプルを取り去ることで動物のサインポストが奪われ,動物の社会構造に影響が出かねない(Tsunoda et al. 2019で考察)という点にも気を払っておきたい.このように留意すべき点がいくつかあるが,「調査対象とする動物の生態だけでなく,その動物によって食べられた小動物や植物を知ることができ,生態系全体を通した知見が深められる」というのは糞分析をはじめ食性研究の大きな魅力である.

補足1：ブルガリアではエタノールの在庫が切れため，この過程で洗剤を用いて殺菌・洗浄を行った．

補足2：ブルガリアでは調査中に見つけた果実を採集し，種子を乾燥させた標本を作成した（Hisano et al. 2016）．

補足3：げっ歯類の体毛や臼歯の質や形状は分類群によって特徴的である（邑井ほか2011）．また，哺乳類の骨は硬く頑丈だが，鳥類の骨は軽くスカスカであるためピンセットで押すと崩れる，ということで判別できる．爬虫・両生類にも識別の鍵となる骨部位が存在する（邑井ほか2011）．

補足4：ブルガリアでは乾燥機がなかったが，夏季の気候が非常に高温・乾燥（滞在当時，日最高気温およそ35-40℃）だったためサンプルを2週間以上風通しの良い場所に置き自然乾燥させた（Hisano et al. 2016）．

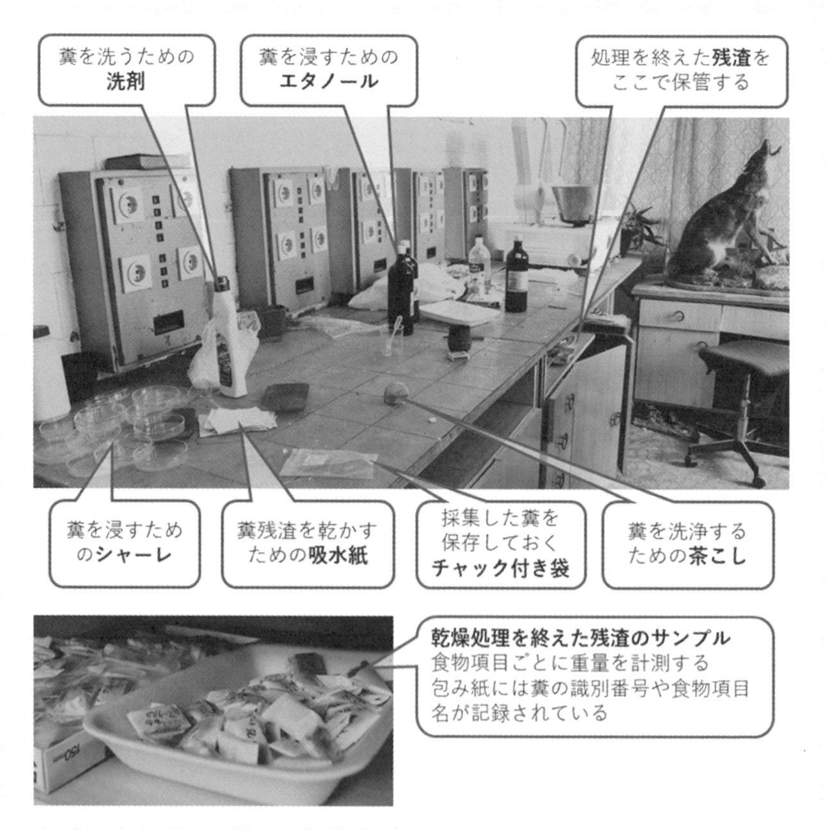

図1．食性分析を行う実験室内の様子．トラキア大学農学部にて．

引用文献

福江佑子,竹下毅,中西希:食肉目における食性研究とその方法その1 —イヌ科,イタチ科,ネコ科—.哺乳類科学 51:129-142,2011.

*Hisano M, Raichev EG, Peeva S, Tsunoda H, Newman C, Masuda R, Georgiev D, Kaneko Y et al: Comparing the summer diet of stone martens (*Martes foina*) in urban and natural habitats in Central Bulgaria. Ethol Ecol Evol 28: 295-311, 2016.

Litvaitis JA. Investigating food habits of terrestrial vertebrates: In Boitani L, Fuller TK (ed), Research Techniques in Animal Ecology: Controversies and Consequences, Columbia University Press, New York, 2000, pp.165-190.

邑井良守,川上和人,藤井幹:動物遺物学の世界にようこそ! ～獣毛·羽根·鳥骨編～.築地書館,2011.

Reynolds JC, Aebischer NJ: Comparison and quantification of carnivore diet by faecal analysis: a critique, with recommendations, based on a study of the fox *Vulpes vulpes*. Mamm Rev, 21: 97-122, 1991.

高槻成紀:ポイント枠法の評価:コメント. 哺乳類科学51:297-303,2011.

高槻成紀,安本唯,辻大和:テンの食性分析における頻度法とポイント枠法の比較.哺乳類科学55:195-200, 2015.

Tsunoda M, Kaneko Y, Sako T, Koizumi R, Iwasaki K, Mitsuhashi I, Saito MU, Hisano M, Newman C, Macdonald DW, Buesching CD: Human disturbance affects latrine-use patterns of raccoon dogs. J Wildl Man 83: 728-736, 2019.

知られざる食肉目動物の多様な世界
～東欧と日本～

第II部

研究室からの多様な世界

6 章

アナグマのにおい物質と行動

金子弥生

1. 食肉目動物にとってのにおいとは

食肉目動物は，多様なにおい成分を分泌する臭腺を持ち，フンや尿とともににおい物質を排出し，コミュニケーションに利用する（Gorman 1980; Macdonald 1980）．嗅覚は，獲物の追跡，個体間の認識など，さまざまな情報伝達に役立っており，現生の食肉目動物群が進化の過程で残って発達させてきた特徴の一つである（Ewer 1973）．最初にイヌがにおいによるコミュニケーションを行うことを証明したSeton（1898）は，イヌたちが特定の場所に尿をすることを「においによる電話（scent telephone）」と表現した．実際，においをコミュニケーションとして用いる利点はたくさんある．たとえば，においは数週間その場に残るので，放出者がその場からいなくなっても，他の個体に情報を伝達可能である．また，地上で匂いを付けるスポットとして木の幹，草むら，地面などどこにでも付けることができ，特に場所を選ぶ必要がない．さらに，視覚情報の伝達は昼間か月光などの少しでも光源のある時間帯に限られるが，においは夜間の真っ暗な空間でも伝達可能である．

嗅覚情報を発生させる器官はさまざまである．動物から分泌されるにおい物質を構成する化学成分は，動物の体（皮膚）に存在する特定のバクテリアの代謝産物である（Gorman and Trowbridge 1989）．多くの動物ではにおい成分が尿やフンの中に混ざって排泄されるが，種特有の臭腺から直接分泌される場合が多い．たとえば，ネコが「顔を洗う」と表現される，自分の口吻や顔面，耳などを，片方の前足でくるくるとまわし撫でる行動は，実は，ヒゲの付け根にある顔面腺から分泌されているにおい成分を，前足で顔全体に広げ，さらにその匂いの広がった顔を，家の中で自分がにおい付けしたい箪笥の角などにこすりつける（マーキング）ための準備である．そうすることで，夜の真っ暗な空間を歩くときに，昼間に付けたマークをたよりに移動し，野外では物音を立てずにいられるので，ネズミや昆虫など小動物の狩りに成功することが可能となる．そして，におい成分を共有する家族や同種個体も，におい付け情報を使用することができる．

におい成分を分泌する器官は，大別して 1）皮脂腺系統，2）汗腺系統の 2 種類がある．皮脂腺からは脂肪質の分泌物が分泌され，つけた位置で比較的長期にその効果が維持される．汗腺系統の腺から分泌される分泌物は水溶性で，効果は短期間である（Gorman and Trowbridge 1989）．におい成分を主に構成するのは多様な化学成分であり，種によって異なる．アフリカのサバンナ地帯において，単独で腐肉などの餌を探索するカッショクハイエナ（*Hyena brunnea*）では，上記の 2 種類の分泌物を使い分けている．肛門近くの肛門腺から分泌される白色の皮脂腺系統の分泌物は，サバンナの乾燥した気候では数か月間維持されるため，ハイエナはこの分泌物を群れのなわばりの草の茎などにマーキングしてまわり，隣接する同種の群れに対するなわばりの境界を示すために使用している．一方で，同じ肛門腺から分泌されるもう一つの汗腺系統の黒色の分泌物は，同じく草の茎などにマーキングをするが，これは群れ内の仲間に対するメッセージとして，自分が餌を探して歩いた地域を示すために用いられている．広大ななわばりを，少ない個体数の小さな群れで同種の他の群れから防衛しながら生活するハイエナは，一度マーキングすれば数週間維持される白色の分泌物はなわばりの保持に，そして数日で効果の消える黒色の分泌物は，最近仲間の個体がそこで餌を探していることを示すのに用いており，そこにやってきた仲間のハイエナはその地域を避けて自分の餌探しを進めることが可能となる．このように，広大ななわばり内において，群れの仲間と連絡しあいしながら効率的に餌探しを進めるのに役立っている．

前出のハイエナが肛門付近からの 2 種類の分泌物を有するのに対し，イタチ科のアナグマ属（*Meles* spp.）では，尾の周辺に臭腺をもっている．Subcaudal gland は，尾の付け根の後肢側，尾と肛門の間の皮膚に開口している．3 cm ほどの開口部

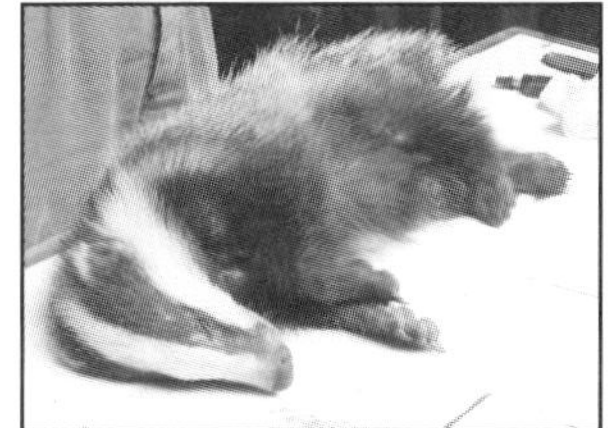

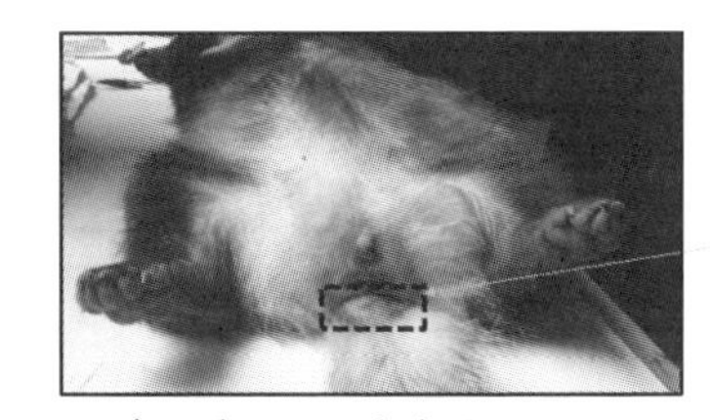

図1．ブルガリアに生息するヨーロッパアナグマと，日本のニホンアナグマ（上）．
太い前足やずんぐりした体形は*Meles*属共通の特徴であるが，体色や，顔の模様に違いがみられる．アナグマの臭腺Subcaudal gland（下）．臭腺の周辺には分泌物があふれ出て，体毛にもついていることが多い．

の中には，深さ2 cmほどの左右に分かれた無毛のポケットのような内部構造をしており，ポケットの中に，皮脂腺系統のにおい成分の分泌細胞がぎっしりと並んでいる（Kruuk 1989）．その細胞から白色のクリーム様の分泌物が出ており，常にポケットの中に保持されているほかに，線の外側の尾の付け根周辺の毛や皮膚にも自然と出て付着している（図1）．巣穴の外を歩くとき，アナグマは尾の付け根周辺の部位を頻繁に巣穴の入り口の地面，けものみち，また群れの仲間にこすりつけるにおいづけ行動を行う．におい付け行動は頻繁に見られる．イタチ科動物の大部分では肛門腺（肛門の内部に開口している）を有するが，アナグマ属の尾の付け根にあるこの腺はユニークである．

ネコ科，ハイエナ科やイタチ科以外にも，イヌ科とジャコウネコ科も臭腺は特徴的である．イヌ科のアカギツネ（*Vulpes vulpes*）では尾の付け根でなく中ほどに，ジャコウネコ科のハクビシン（*Paguma larvata*）では生殖器周辺に臭腺が開口しているが，これらの臭腺の機能はまだあまり研究されていない．Buesching and Stankowich（2017）は，中小型の食肉目動物が対捕食者行動としておこなうスプレー行動に着目して，食肉目動物すべてを対象とした横断的な分析を試みた．スカンク類（*Mephitis* sp., *Spilogale* sp., *Conepatus* sp.）が，肛門腺からの刺激性化学物質から構成される分泌物を相手にスプレーして，捕食者からの攻撃などから逃れる．新たな分析により，スカンク類の他にもフェレット類（*Mustela putorius*），イタチアナグマ類（*Melogale* sp.）などにおいて，対捕食者戦略として使用するにおいがあることが明らかになった．また，これらの種では白黒の顔面模様や体の斑点などの，体色のコントラストが明確な種が多いが，模様があるかどうかは，捕食者戦略とかならずしも一致しなかった．したがって，におい物質は対捕食者行動として優先的に進化してきており，一方で体色は，においによる撃退を受けた捕食者が，体色と危険を関連付けて学習し，二度とにおいの被害にあわないように行動するための二次的な効果として役に立っている．

2. イギリスにおけるヨーロッパアナグマのにおい成分の研究

アナグマがにおいによるコミュニケーションを密に行うことを，初めて着目したのは，オックスフォード大動物学部のHans Kruuk博士である．Kruuk博士はその著書 “The Social Badger” の中で，「アナグマの行動には，群れメンバーのにおいを統一する目的の内容が複数存在する」と述べた（Kruuk 1989）．アナグマは，夜間に巣穴の外を歩くときに，頻繁に臀部を地面につける「スクワットマーキング」というにおいづけ行動を行う．スクワットマーキングは地面に直接，もしくは小石や草むらなど様々な場所で行われ，肛門腺とSubcaudal glandの両方からの分泌物が，時には混ざりあい，文章レベルの複雑なメッセージを発していると表現されている．

歩きながら行うマーキングのほかに，アナグマはタメフンへのマーキングもコミュニケーションに利用する．一般にアナグマのタメフンは，直径20cm，深さ15cm程度の小さな穴を掘った中に1～5個程度のフンがあり，地域のアナグマの数が多いほど，一か所あたりのフン穴の数が増えていく．もっとも生息密度の高いイギリスのアナグマのタメフン場では，フン穴がハチの巣のように30か所以上，総じて半径5mほどのタメフンが形成されていることもある．アナグマは，その中のフン穴に，フン以外に，こげ茶のゼリー状の匂い物質の塊も排出することがあり，フンよりも大量となる場合もある．

アナグマのにおい成分の内容と機能を調べるための方法を確立するために，Kruuk博士は，Aberdeen大学動物学部のGorman博士と共同で研究をスタートした．そのときの目的は，1）分泌物は何か，2）どの時期に分泌されるのか，3）分泌するアナグマ個体と分泌物に反応する他個体の関係，4）分泌物の意味は何か，の4点であった．Subcaudal glandからの分泌物は体の外部から容易にアクセスできるため（コラム参照），分泌物を採取することがそれほど困難でないことは，研究の進展に大いに役立ったという．そして，ガスクロマトグラフィーによって匂いを構成する化学成分を明らかにするための分析方法が確立された（コラム参照）.

分析の結果，驚くことにアナグマの分泌物は20種類以上もの化学成分から構成されていることが明らかになった．これらの成分は，個体ごとに持っている成分の違いが大きく，Kruuk博士はこの個体ごとの化学成分の内容と量のデータを「においプロファイル（scent profile）」と名づけた（Kruuk 1989）．においプロファイルには，雌雄間の違いはほとんど見られない．一方で，なわばり内の個体間の違いはないのに，なわばり間の違いが明らかにあったという（Kruuk et al. 1984; Gorman et al. 1984）．つまり，なわばりの中で生活を共にするアナグマ達は，互いのにおい付けをすることで，群れを示す同じにおいプロファイルを維持しながら生活しているのである．におい成分は2－3か月間その効果が持続するため，いったん群れのにおいをまとうと，その個体がつけている自分の群れのにおいには，短期的な変化は起こらない．群れのアナグマ同士は，メインセット（main sett）と呼ばれる複数個体のアナグマが生活する繁殖も行う巣穴にいることが多いため，巣穴の中は，その群れのにおいプロファイルの臭いが充満していることだろう．巣穴に入ろうとした他の群れのアナグマは，その前になわばりの境界線を越えた時点で，いたるところににおい付けされているその群れのにおいを意識せざるを得ないし，巣穴ではほかの群れからの来訪者はすぐに発見され，自分の存在を隠すことは困難である．

Kruuk博士の研究から10年以上経って，当時の弟子であったDavid Macdonald博士が率いるアナグマ研究チームは，イギリス南部のWytham Woodsというオックスフォード大学の演習林において，アナグマのにおい成分の研究に本格的に取り組み始めた．イギリスはアナグマの生息密度が高く，Wythamはおよそ40頭／km^2，10以上のアナグマの群れが生息する．この地域のアナグマは，群れのなわばりどうしの境界をタメフン（境界タメフンborder latrine）によって標識している．そして，群れのオスはメスよりも頻繁になわばりの境界をパトロールする（Buesching and Macdonald 2002)．メスは，メインセットの近くのタメフン（敷地内タメフンhinterland latrine）によって頻繁ににおい付けを行うことが新たに分かった．同時期にアナグマの行動を，夜間観察ビデオ装置を開発してつぶさに観察したStewart博士の結果から，Wythamのアナグマはなわばりの境界がはっきりしたスコットランドのアナグマの生態とは異なり，メインセットを中心に隣接するほかの群れの個体から空間的に間おきする行動をしながらも，群れ間の個体がそれぞれ隣接する群れを来訪しあうこともある，群れの構成個体に短期的変化の生じやすい緩やかな群れ形成である（Stewart et al. 2002）ことがわかっていた．

社会構造の異なるWythamのアナグマ個体群におけるにおいの役割は，境界ににおいによるフェンス（scent fence）をつくって隣接個体の侵入から防衛することよりも，自分や群れのにおいをまずアピールすること，さらに交尾期には発情個体が自身の存在をアピールする場としても，タメフンを活用していることがわかってきた（Buesching and Jordan 2021; Annavi et al. 2014; Macdonald et al. 2015）.

3. ブルガリアと日本のアナグマのにおい物質の特徴

ユーラシアアナグマ属は，ユーラシア大陸の中緯度から低緯度地域とイギリス，日本に広く分布する．2010年までの形態や遺伝的な特徴に関する研究により，4種が記録され，そのうち3種は正式にIUCN（国際自然保護連合）の記載にも記録された．イギリスやブルガリアが含まれるウラル山脈から西部に分布するヨーロッパアナグマ（*M. meles*），ウラル山脈から朝鮮半島までもっとも広く分布するアジアアナグマ（*M. leucurus*），日本の本州，四国，九州に生息するニホンアナグマ（*M. anakuma*），そしてIUCN未記載であるが黒海沿岸からパキスタン北部に生息する*M. canescens*である（Del Cerro et al. 2010）．増田らは，ヨーロッパアナグマとアジアアナグマの双方の分布が接するウラル山脈とその西部地域において調査を行い，2種の境界となる地域では，2種が同所的に生息する巣穴があることや，2種間の交雑個体が存在することを遺伝的に特定した（Kinoshita et al. 2019）.

私は，2001年にオックスフォード大動物学部のMacdonald教授が率いる

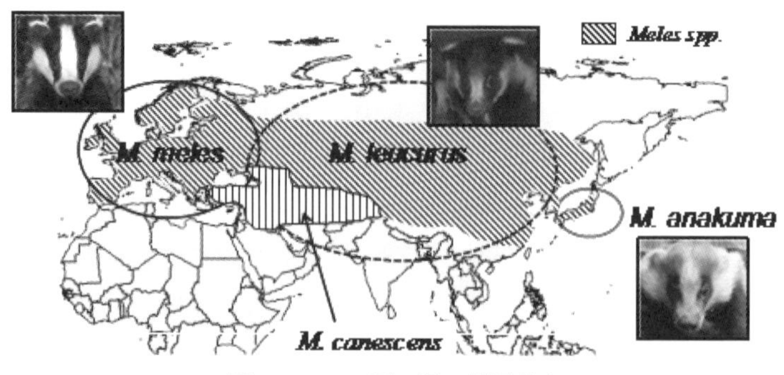

図2．*Meles*属4種の世界分布

Wildlife Conservation Research Unitへ留学し，先に出てきたKruuk博士がWytham Woodsにおいて始めたアナグマ研究の流れを体験することができた．伝統あるWytham Badger Projectチームで，アナグマの生態調査について3年間の夢のような時間を過ごし，2003年に帰国するときに，アナグマについて深い議論をすることのできる同世代のNewman博士やBuesching博士などのチームの仲間達と離れがたく，帰国後も共同研究やプロジェクトをいくつか行うことを約束した．その中で，Buesching博士が博士学位取得後も続けていたアナグマの臭腺（Subcaudal gland）分泌物の研究に関心を持ち，日本のアナグマでもサンプルを取得して分析することを，共同研究の項目に入れた．日本へ帰国後，ニホンアナグマの捕獲を行いサンプルを採取しながら，外部委託によってガスクロマトグラフィー分析を日本で行う体制を確立した（コラム05：190ページ参照）．しかし2011年の東日本大震災時の東京の計画停電では，それまでに集めた大部分のサンプルが溶けて使用できなくなるというアクシデントも起こったが，偶然にも震災の1か月前に初回分析用のサンプルを名古屋の分析会社へ送付していたために2サンプルのみは分析することができ，それを国際学会（第29回ヨーロッパイタチ科動物会議，2011）で発表して，本格的な研究を行うための準備が整った（図3）．

私が共同研究をはじめるまでに，Buesching博士は，ヨーロッパアナグマの分泌物が発情期になると増加し，またKruuk博士がスコットランドで発見したことと同じように，高密度のWytham Woodsのアナグマも群れごとに異なる化学成分組成であることを確定していた（Buesching et al. 2002, 2016a）．我々の共同研究では，1）ヨーロッパの他地域との比較や，2）ヨーロッパアナグマとニホンアナグマという別種どうしにおいて，臭腺の化学成分に類似点や相違点があるのかについて調べることを目的とすることになった．そしてヨーロッパアナグマについては，ブルガリア中央部を対象地域としてにおい成分の収集を行うこととなった．ブルガリアは，ヨーロッパアナグマの分布域の中では最も東端に位置する．トラキア大学のRaichev博士たちは既にアナグマの巣穴を複数個所把握しておられ，またスタラザゴラ動物園からも協力を得て，順調にサンプリングを行うことができた．

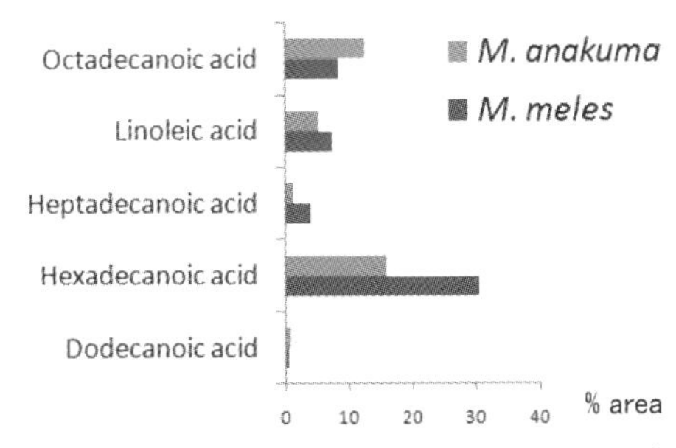

図3．ヨーロッパイタチ科会議で初めて発表した，ニホンアナグマ（自己所有）とヨーロッパアナグマ（英国の先行研究）の化学成分の差．

ブルガリアからの13個体，日本から９個体を調べた結果，におい成分を構成する化学成分の数は，ブルガリアが平均28種類，日本が平均30種類と差はなかった．しかし，日本のアナグマには極端に化学成分の数が少ない個体がおり，成分数が10種類程度と半分以下と，個体差が大きいことが特徴的であった．次に，２地域の類似性を比較してみた．すると，10成分はブルガリアと日本で共通にみられ，そのうちどの個体にもみられたのは４成分（ステアリン酸，ラウリン酸，オレイン酸，リノール酸）であった．ステアリン酸とラウリン酸は飽和脂肪酸，オレイン酸とリノール酸は不飽和脂肪酸であり，いずれも合成には動物の体内の脂肪成分が材料として必要である．一方で，リノール酸は，哺乳類動物が体内で自ら合成することが不可能な必須脂肪酸であり，オレイン酸を構成要素の一つとしながら，アナグマの体表に常在する微生物が関与して生成されたものと推測された．このように，ブルガリアと日本という地理的には9,000kmという距離，種の分岐後50万年を経て，近縁種のアナグマ種間のにおい物質に共通する化学成分が存在していたことで，これらの成分は長い進化の過程において維持されてきた*Meles*属を示す特徴の一つであることが明らかとなった．

ニホンアナグマでは，化学成分数の少ない個体や，平均体重を大きく下回る極端に痩せているアナグマでは，におい分泌物のない個体が見られた．そもそも分泌物が体内でつくられるには，材料となる体脂肪を十分に蓄積している必要がある．アナグマの一年間の生活の中で，たとえば冬眠する冬などの餌の獲得が困難な時期や，うまく餌をとれない個体では，においによる同種内のコミュニケーションは制限して，餌を探すことに集中することが考えられる．一方で，餌の豊富な生息地にいるアナグマは，体脂肪を十分に蓄積しており，生活のためだけでなくにおい成分も生成するだけの余裕があるので，他個体との出会いのために，自分の存在自体や発情状態などの繁殖にかかわる情報を発信することが可能である．そして他個体と出会うことで，共生している微生物を交換すると，さらに微生物によってつくられる新たな化学成分も，自分の情報として使うことができ，１頭のみで暮らすよりも多様な

図４．アナグマの計測風景（金子，東京都日の出町にて）．におい成分を採取する作業においても，麻酔をかけて保定してからおこなう．金子伸也氏撮影．

コミュニケーションが可能となる．このように，においによるコミュニケーションでは，多数のボキャブラリーからなる複雑なメッセージを，個々のアナグマが群れの中で発達させて，群れメンバーの関係維持や，餌場や休息場などの生活のための資源の情報交換や探索に役立っているのだろう．人間の視覚中心の世界に例えるならば，自分のスマホに，便利ないろいろのアプリを家族や友達からもらって導入して新たな食材や料理方法，レストランを見つけたり，画像やメッセージを魅力的に見えるように加工し，SNS等で発信していくようなものだろう．

さらに興味深いのは，分泌物の少ない飼育個体や，分泌しない痩せたアナグマ，まだ分泌しない仔アナグマは，自分でにおいメッセージを発信することはできない（しない）が，分泌している他個体のメッセージを嗅いで意味を把握することはできることである．現在の生活が飼育下にあり他個体との接点が見込めない場所や，自然の中で体脂肪を蓄積できるほどの豊富な餌量がない場所に住んでいても，鼻でにおいを嗅いで情報を受け取ることはできるため，どのアナグマでもアナグマ社会のコミュニケーションへ，将来機会があれば参加する方法をキープしている．また，においづけをしなければ自分の位置を知られないので，一時的に隣の群れへ入って他のアナグマを探すことができることは，オスどうしが競争の生じる広範囲を歩いて配偶者探しをするときには，最適なシステムであろう．そういう時は，自分の体脂肪は移動や成長のためのエネルギー源としてすべてを使い，移動の途中や移動先の新たな地域でメスアナグマがいる場所を探し当てる目的のみに集中する生活が可能となる．一方で仔アナグマと母親は，subcaudal grandではなく肛門腺からの分泌物に類似性が高く，いわば別のルートでコミュニケーションを行うことがわかっている（Buesching et al. 2016b）．群れ生活では，上位個体との軋轢から，生まれた直後の子殺しがおこる場合があるが，におい付けの生活からあえてはずれることで，成長中は母親以外のアナグマから気配を隠し，また離乳後のまだ試行錯誤の多い餌探しのときには，他の大人のアナグマから干渉されずにいられるだろう．

4. ブルガリアのアナグマのにおいに対するニホンアナグマの行動

ブルガリアのアナグマのにおい成分の分析を終えたころから，私はある疑問にとらわれた．それは，大きく地理的に隔たった2種のアナグマたちが，実際に互いのにおいを認識しあうことができるのか，ということである．共同研究者のBuesching博士もその点に興味津々であった．そのころに科学研究費補助金（基盤A）という大型予算を獲得できたことや，偶然にも東京農業大学から飼育個体を譲り受けたこともあり（図5），私は東京都青梅市にアナグマにおい実験用の設備を整備した．事前準備として，その飼育個体のにおい成分を季節を違えて複数回サンプリングし，その個体に嗅がせるための，東京とブルガリアのメスのにおいサンプル，そのアナグマ自体のサンプルを用意した．

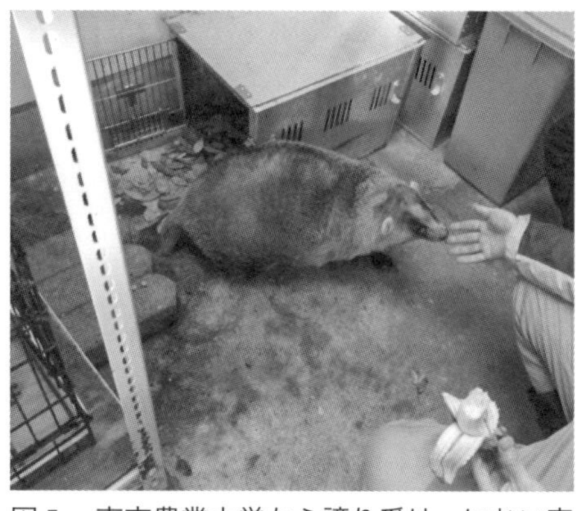

図5．東京農業大学から譲り受け，におい実験に協力したメスアナグマ「グーちゃん」．冬眠前のおとなしい時期には，体を撫でることができるほど人に慣れていた．

におい実験では，最初に実験装置のなにもない状態，次にブランクと呼ばれるにおい成分のない綿ボール，そしてにおいのある綿ボールの順に，飼育アナグマに一晩供与し，行動をビデオで記録した．実験装置がなにもないときのアナグマは，実験装置の中のにおいを探索する時間は少なく，一方で実験小屋の中に設置してあるおもちゃやトンネルをくぐって遊ぶ行動が多かった．しかし，東京やブルガリアなど別のアナグマのにおいをかがせた時，行動が激変した．においのついている綿ボールを頻繁に嗅ぐ行動が増え，さらに周辺の地面を嗅いだり，鼻を上下させて空気中のにおいを探索する行動が急増した．特に，東京のアナグマを対象とした時は地面や空気中のにおいを探索する頻度が最も高くなった．一方で，ブルガリアのアナグマを対象とした時は，においの綿ボール自体を嗅ぐ行動が東京の2倍以上に増加したが，地面や空気中を探す行動の頻度はそれほど増えなかった．全体的な傾向としては，これらのにおい探索行動の上昇と比べると，逆に遊びや採食に費やす行動は減少した（図6）．そして，排泄などの自分の情報発信に関わる行動が増加した．

これらの結果から，まだ実験は断片的であるが，ニホンアナグマは同種のにおいにより反応し，実際に近隣にアナグマがいるかどうかを探す動きもおこなうことがわかった．そして遊びや食事などのいつもの楽しみは二の次になった．さらに，ブルガリアの近縁種に対しては，におい成分自体の意味を考えようとするかのように，綿ボールの前で座り込んでそのにおいをかぎ続けた．全アナグマ共通

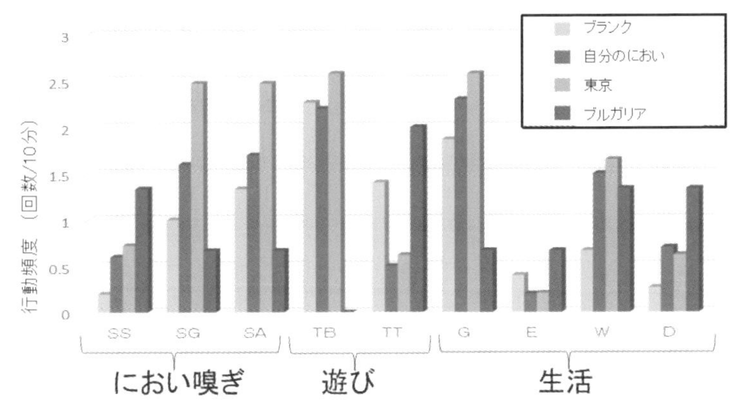

図6．メスアナグマのグーちゃんの各種においへの反応．においがない時（ブランク）は遊び行動が多いが，自分や東京の他アナグマのにおいがあると，遊びは減ってにおい嗅ぎ行動やアナグマをにおいで探す活動が増えた．ブルガリアのアナグマのにおいはじっくりと嗅いだが，他アナグマを探す活動は増えなかった．

の4成分があるので，*Meles* を標識するにおいプロファイルはわかったように思うが，ブルガリアのアナグマ独自の微生物相が関与して生成された化学成分があるために，ニホンアナグマのにおいのようには理解できなかったのかもしれない．その姿は，まるで私たちがブルガリア語で書かれた文章を，なんとかして解読しようとする姿を彷彿とさせた．

「野生動物と言葉を交わす」ことは，自然や動物を愛する者にとっては，永遠のテーマである．現生の食肉目動物の大部分は，においによるコミュニケーション方法を獲得したことが，進化の過程で生き残ってこられた要因である．においの研究をすすめることで，食肉目動物の意図することを理解し，そしてあわよくば，こちらからメッセージを伝えることができたらと思う．もしかしたら，かれらから言いたいことは，地域絶滅させたことや，生息地を牛耳られた苦情など，人間にとっては耳が痛いことばかりかもしれない．しかし，我々のほうから，「大切に思っているし，共存していきましょう」と，においを使って話したら，どのような反応が返ってくるのだろうか．

引用文献

Annavi G, Newman C. Dugdale HL, Buesching CD, Sin YW, Burke T, Macdonald DW: Neighbouring-group composition and within-group relatedness drive extra-group paternity rate in the European badger (*Meles meles*)." J Evol Biol 27: 2191-2203,

2014.

Bueching CD, Newman C, Service K, Macdonald DW, Riordan P: Latrine marking patterns of badgers (*Meles meles*) with respect to population density and range size. Ecosphere 7: e0328, 2016b.

Bueching CD, Jordan NR: The function of small carnivore latrines: review, case studies and a research framework for hypothesis-testing. In Do Linh San E, Sato JJ, Beland J, Somers J (eds), Small Carnivores: Evolution, Ecology, Behaviour and Conservation, John Wiley & Sons. 2021.

Bueching CD, Macdonald DW: Variations in colour and volume of the subcaudal gland secretion of badgers (*Meles meles*) in relation to sex, season and individual specific parameters. Mamm Biol 67: 147-156, 2002.

Bueching CD, Tinnesand HV, Sin Y, Rosell F, Burke T, Macdonald DW: Coding of group odor in the subcaudal gland secretion of the European badger Meles meles: chemical composition and pouch microbiota. In Schulte A, Goodwin TE, Ferkin M (eds), Chemical Signals in Vertebrates 13, Springer International Publishing, 2016a. pp.45-62.

Bueching CD, Stankowich T: Communication amongst the Musteloids: signs, signals, and cues. In Macdonald DW, Newman C, Harrington LA (eds), Biology and Conservation of Musteloids. Oxford University Press, Oxford, UK, pp.49-188, 2017.

Del Cerro I, Marmi J, Ferrando A, Chashchin P, Taberlet P, Bosch M: Nuclear and mitochondrial phylogenies provide evidence for four species of Eurasian badgers (Carnivora). Zool Scr 39: 415-425, 2010.

Ewer RF: The Carnivores. Cornell University Press, NY, USA, 500pp. 1973.

Gorman ML: Sweaty mongooses and other smelly carnivores. Symp Zool Soc Lond 45: 87-105, 1980.

Gorman ML, Kruuk H, Leitch A: Social functions of the sub-caudal scent gland secretion of the European badger *Meles meles* (Carnivora: Mustelidae). J Zool 204: 87-105, 1984.

Gorman ML, Trowbridge BJ: The role of odor in the social lives of Carnivores. In Gittleman JL (ed.), Carnivore Behavior, Ecology, and Evolution, Cornell University Press, NY, USA, 1989, pp.57-88.

Kinoshita E, Abramov AV, Soloviev VA, Saveljev AP, Nishita Y, Kaneko Y, Masuda R: Hybridization between the European and Asian badgers (Meles, Carnivora) in the Volga-Kama region, revealed by analyses of maternally, paternally and biparentally inherited genes. Mamm Biol 94: 140-148. 2019.

Kruuk H. Gorman ML, Leith A: Scent marking with the sub-caudal gland by the European Badger *Meles meles* L. Anim Behav 32: 899-907, 1984.

Kruuk H. The Social Badger. Oxford University Press, Oxford, UK, 155pp. 1989.

Macdonald DW: Patterns of scent marking with urine and faeces among carnivore

communities. Symp Zool Soc Lond 45: 107-139, 1980.
Macdonald DW, Newman C, Bueching CD: Badgers in the rural landscape-conservation paragon or farmland pariah? Lessons from the Wytham badger project. In Macdonald DW, Feber RE.（eds） Wildlife Conservation on Farmland Volume 2: Conflict in the Countryside, Oxford University Press. Oxford, UK, 2015, pp.65-95.
Seton ET: Wild Animals I Have Known. Scribner, 358pp. 1898.
Stewart PD, Anderson C, Macdonald DW: A mechanism for passive range exclusion: evidence from the European badger（*Meles meles*）. J Theo Biol 184: 279-289, 1997.
Stewart PD, Macdonald DW, Newman C, Tattersall FH: Behavioural mechanisms of information transmission and reception by badgers, *Meles meles*, at latrines. Anim Behav 63: 999-1007, 2002.

7章

糞から明らかになるキツネの生態

天池庸介

1. はじめに

野生動物のフィールドサイン（野外痕跡）には，足跡，食痕，尿，毛など様々なものがあるが，なかでも一年を通して比較的観察しやすいものの代表として“糞”が挙げられる．糞は，古くから未消化内容物にもとづく食性調査やその個数にもとづく生息密度推定調査などの生態調査に用いられてきた．

近年では，DNA分析技術を併用することで，主に糞の表面に付着する腸壁細胞に由来するDNAから，落とし主の種や性別，個体識別など，より詳細な生物情報を得ることが可能となっている．糞に含まれるDNAを用いた分析手法は“糞DNA分析”と呼ばれており，対象動物に危害を加えることなく，個体の情報を得ることが可能であるというメリットをもつことから，個体数の少ない集団や捕獲しにくい動物種に対しても有効である．そのため，動物行動学や集団遺伝学の分野だけでなく，保全生物学の分野においても広く利用されている．

私たちの研究グループは，この手法を北海道南部にある函館山という限定された環境に生息するキツネ集団に適用し，その知られざる生態を明らかにすることを目的として，糞DNA分析による分子生態学的調査を行った．3年間にわたる調査期間で採集されたキツネの糞サンプルから明らかになったその特殊な環境に生息するキツネの生態を紹介する．

2. 函館山のキツネ

私たちが一般的にキツネと呼んでいる動物の本来の種名はアカギツネ（英名 red fox）である．ユーラシア大陸，北アメリカ大陸，アフリカ大陸北部，オーストラリア（移入集団）など北半球の広い地域に分布しており，地球上で最も広い分布域をもつ陸棲哺乳類のうちの1つである．その生息環境も森林，草原，砂漠，ツンドラ，さらには都市圏など，多種多様である（Macdonald and Reynolds 2008）．このように，分布域や生息環境が多種多様なのは，キツネの本来の高い適応能力に起因する．さらに，アカギツネは，ときに，カナダのプリンスエドワード島（Sobey 2007）の例のように島嶼（とうしょ）に生息しているケースもある．日本には，ホンドギツネ（*V. v. japonica*）とキタキツネ（*V. v. schrencki*）の2亜種が分布しており，後者が北海道に生息している．さらに，その地域集団のうちの1つは，陸繋島（りくけいとう）として地理的に孤立している函館山に分布している（木村 2011）（図1）．

函館山（図2）は，北海道南部にある亀田半島の基部付近に位置しており，標高334 m，周囲9 km，約326 haの面積を有する．三方を海に囲まれ，内陸側とは市街地によって分断されている．函館山は，1899年から1945年まで軍用地として保護され，半世紀近く自然環境がそのままで維持されてきた（宗像 1980）．北海道庁は，函館山を鳥獣保護区（353 ha）および鳥獣保護区特別保護地区（327 ha）に指定している（函館市 2016）．函館山は市街地に隣接するが，600種以上のもの植物が自生し（菅原＆小松 1959），約150種の留鳥および渡り鳥の両方に年間を通して休息地を提供する（宗像 1980）．キツネ以外の哺乳類種では，ニホンイタチ，シマリス（*Tamias sibiricus*），その他ネズミ2種およびコウモリ2種が函館山に生

図1．函館山のキツネ（2011年5月，函館市函館山にて筆者撮影）．調査を終えて下山する途中に，市街地側から登ってくるキツネとすれ違いざまに撮影した．3年間の調査期間の中で，実際に生体を目にしたのはこの時が最初で最後である．

息していると考えられる（木村 2011）．植生と鳥類相については，その種多様性の高さから，それまで体系的な調査が行われてきたが，キツネを含む陸棲哺乳類に関する学術的な調査はほとんど行われてこなかった．

図2．函館山・千畳敷見晴台から望んだ函館の風景．左手前は函館山山頂，中央には函館湾，右手には函館市街地が広がる．その奥には，横津岳を含む亀田半島の山岳地帯が広がる．2011年8月，筆者撮影．

一般的に，孤立した小集団では新しい遺伝子の流入が見込まれず，かつ近親交配の機会が増えることによって，遺伝的多様性が低下しやすい．実際，この現象は，絶滅危惧種のツシマヤマネコやイリオモテヤマネコ（Saka et al. 2018），シマフクロウ（*Ketupa blakistoni blakistoni*）（Omote et al. 2015）などで確認され種や集団の存続が危惧されている．函館山のキツネ集団についても，同様の事象が予想され，その実態を明らかにするために個体数のサイズ，地理的隔離の度合い，遺伝的多様性を調査した．

まず，私たちは，個体識別および集団サイズを推定するために，函館山で採集された糞サンプルから，マイクロサテライト遺伝子型を決定した．次に，遺伝子流動が起こっているかどうかを確認するために，その集団遺伝構造を検討した．最後に，多様性指標値を算出し，集団の多様性を評価した（Amaike et al. 2018）．

3. キツネの種判別と分布

糞の採集調査は，函館山を調査地として，2009年から2011年までの3年間にわたって行われ，少なくとも月に1回は各ハイキングコースを探索した．糞からのDNA抽出やマイクロサテライト遺伝子型の分析法については，第II部のコラム192ページを参照されたい．

まず，糞の落とし主の種を判定するために，糞DNAを用いたミトコンドリアDNA断片のPCR増幅を行った．その結果，全調査期間で採集された糞サンプル計150個のうち，122個（81.3%）で種の検出に成功した．その内訳は，98個（65%，98/150）でキツネ，16個（10.7%，16/150）でイエネコ（*Felis silvestris catus*）

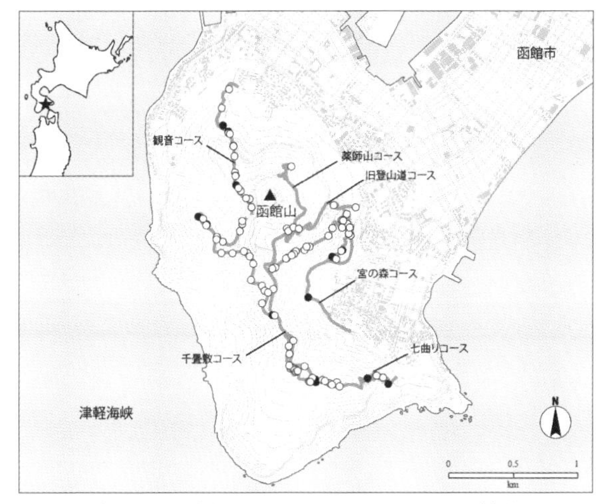

図３．糞DNA分析により明らかになった函館山におけるキツネとイエネコの分布．白丸はキツネ，黒丸はイエネコを示す．Amaike et al.（2018）を改変．

と判定された．図３は，種判別された糞の位置を示す．ほぼ全てのハイキングコースにおいてキツネの糞が発見されたことから，函館山のほぼ全域を分布域としていると考えられた．ただし，一部のコース（宮の森コースと薬師山コース）では，ほとんど糞が発見されなかった．これら２つのハイキングコースに共通して言えることは，北側の斜面に位置しており，日当たりがあまり良くない点である．キツネの排便行動にはマーキングの意味もあり，上記のようなエリアでは餌資源が少なく，訪問頻度が少ないことが予想される．

一方，イエネコについては，採集された糞の数は少ないものの，キツネと同様に，函館山の広いエリアで観察された．これらのイエネコは，野生化したものか，近くの住宅地から放浪してきたものかどうかは不明であるが，発見された糞の位置情報から，山を縄張りにしているイエネコもいるのではないかと考えられる．興味深いのは，非常に少ない割合であるが，８個（5.3%，8/150）の糞からキツネとイエネコの両種のミトコンドリアDNAが検出された点である．その理由として，マーキング場所が重なった（両種からの糞あるいは尿が重なった）という可能性も考えられるが，それ以外に，キツネがイエネコを捕食したという可能性も考えられる．実際，キツネの胃の内容物にイエネコが含まれていたという報告がある（Contesse et al. 2004）．キツネが自身と同サイズの成猫を襲ったという可能性は低いので，子猫を襲った可能性が考えられる．事実，両種が検出された糞８個中７個は一般的な野良猫の出産期とされる４月から６月に発見されたものであり，時期的に整合性がある．または，ネコの死体をキツネが食べたのかもしれない．

残りの28個（18.7%，28/150）は，キツネ，ネコ，イヌのいずれのDNAも検出されず，種判別ができなかった．この理由として，キツネ・ネコ・イヌ以外の動物種の糞であった可能性とDNAが劣化して十分にPCR増幅できなかった可能性が考えられるが，それらを特定することは困難である．また，今回イエイヌ（*Canis lupus familiaris*）検出用のPCR実験も行ったが，検出されなかった．函館山は犬の散歩コースとして利用されることもあるが，少なくとも今回の調査結果から，飼い主のマナー違反が観察されなかったことは，市民の意識や公園の環境保全という点において幸いなことである．なお，2015年から，函館山の旧登山道コースおよび千畳敷コースを除くその他のコースにおいては，ペットの持ち込みが禁止されている．

4. 函館山キツネの個体数

マイクロサテライト座位当たりの分析成功率の平均は，78.4％（70.6〜84.0％）であった．この成功率は，先行研究（北海道知床半島のキタキツネ糞23.3−69.8％，Oishi et al. 2010; 北海道斜里町のクロテン糞47.8−76.1％，Nagai et al. 2014）と比べても高い値であった．その理由として，高頻度のサンプリングと糞の低温保存があげられる．私たちは，少なくとも月に一度のサンプリングを行うことで，比較的新鮮なサンプルを採集することができた．Piggott et al.（2004）が3カ月以上オープンスペースで放置された糞のマイクロサテライトを増幅することは難しいと述べているように，これは成功率を左右する重要な要因であると考えられる．さらに，私たちは，糞を野外から採集後，マイナス80℃で冷凍保存した．冷凍保存法は，時にエタノール保存法よりも，分析成功率が高いことがある（Piggott and Taylor 2003; Santini et al. 2007）．マイクロサテライト一座位当たり1〜4（平均3.0）種類の対立遺伝子が検出された．

結果的に，キツネと判定された糞（キツネとイエネコの両種が検出された糞も含む）106個中85個（80.2％）で，各マイクロサテライトの遺伝子型の決定に成功し，落とし主の個体が識別された．個体識別成功率が種判別成功率より低いのは，コラム（194ページ）にも記されている通り，分析に用いるDNA領域のコピー数の違いに起因する．識別された糞の遺伝子型を検討したところ，計35個体に由来していることが判明した．

図4は，識別された各個体の観察された時期を示す．各年の観察個体数を見ていくと，2009年12個体，2010年11個体，2011年22個体と，1年間当たり10−20個体程度が函館山に生息していることが明らかとなった．ただし，この数値は推

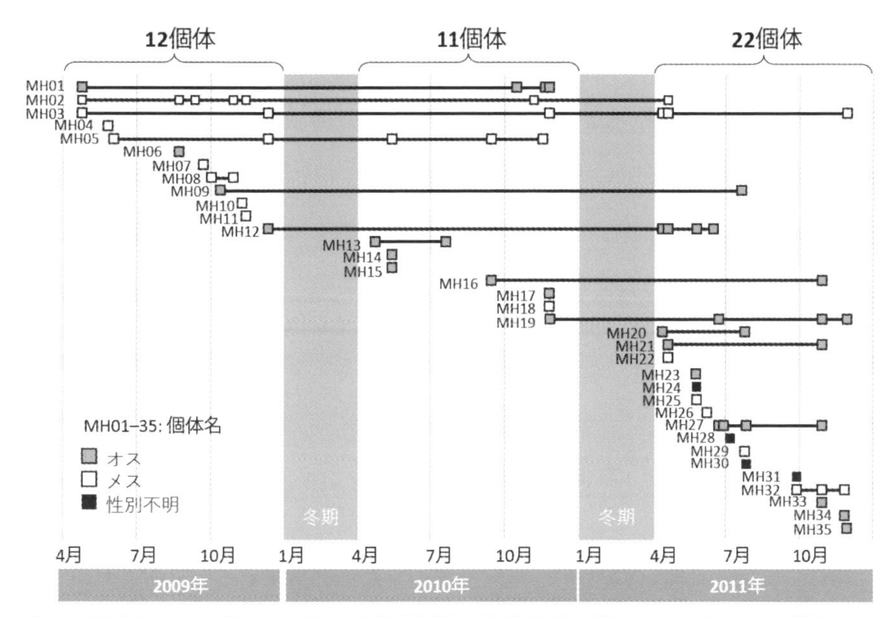

図４．函館山キツネ集団における各識別個体の観察時期．観察された日を結ぶ横線は，少なくともその期間は生存していたことを示す．Amaike et al.（2018）のデータより描く．

定値の下限であり，今回の調査で確認できなかった個体（例えば，偶然的に糞を採集できなかった個体や，ハイキングコースを縄張りに含まない個体など）の存在を考慮すると，実際には函館山にはより多くの個体が生息していた可能性が考えられる．さらに，年間を通じて上記で示した個体数が一定しているというわけではない．キタキツネは，年に一回繁殖し，一度に平均4.4頭の仔を産む．その生活環は，１～２月頃に交尾をして，４月前後に出産し，その年の秋以降に成獣サイズになった仔ギツネらが親元を離れて分散していく（浦口 2008）．しかし，若年個体（０～１年齢）の生存率は成獣個体のそれよりもかなり低く，２歳を迎える前に８割以上のキツネは淘汰される（Yoneda and Maekawa, 1982）．したがって，キツネの集団サイズは，若年個体の数によってかなり変動し，複数年にわたって定住している個体は実際のところかなり少ないことが予想される．では，函館山集団の場合はどうか？　糞が継続的に観察された時期から，成獣個体を判定することも可能である．識別された糞のうち，８個体（MH01，02，03，05，09，12，16，19，図４）は複数年度で観察された．すなわち，生後９－10カ月で性成熟することを考慮すれば，冬を超えて観察されたこれらの個体は成獣個体と推定することができる．その結果，2010年と2011年では，成獣個体は各年で少なくとも６個体ずつ生息していたことになる．そこから成獣の生息密度を計算すると，１平方キロメートルあたり≧1.8頭（成獣）となった．この生息密度は，一般的な郊外の生息密度（0.2－2.7頭（成獣）／km²; Soulsbury et al. 2010）の範疇に収まっており，環境収容力という観点から見れば，その個体数は多過ぎず少な過ぎず，むしろ妥当ともいえる．しかしながら，この推定は，先述の通り，未検出個体を考慮していないので，より正確な密度の推定には，さらなる綿密な調査が必要である．いずれにしても，この個体識別の結果は，函館山に生息する実際のキツネの集団サイズが極めて小さいことを示唆している．

5. キツネの性判別

私たちは新しく糞DNA分析用に最適化された性判別マーカーを設計し，その効果を確認するために本研究において実際にフィールドサンプルに適用した．具体的には，性染色体（X染色体，Y染色体）上のZFY/ZFX遺伝子を検出して雌雄を判定できるPCRプライマーを設計した．その分析法により，マイクロサテライトで個体識別された85個の糞サンプルのうち，40個は雄，35個は雌のものであることを明らかにした．残りの10個は性別判定が不可であった．結果として，35個体中30個体で性別が判別され，17雄，13雌であった（図４）．このことから，性比に大きな偏りはないと考えられる．

6. 函館山でのキツネ個体の分布

採集した糞の位置情報を予め記録しておき，識別された個体情報と照らし合わせることで，各個体のおおよその分布状況を把握することができる．また，それらの地点の最外郭を線で結ぶことによって，簡易的ではあるが，行動圏を推定することも可能である．この考え方に基づき，函館山において，３地点以上で発見されたキツネ個体の行動圏を地図上に示した（図５）．各個体の行動圏は，３年間で観察された地点すべてを反映させたものであるため，必ずしも同時期に行動圏が重なっていたとは言えないが，その重なり具合から，キツネが頻繁に観察されるエリアが見て取れる．特に，函館山中央部に位置する旧登山道コースを中心に行動圏が密集している．その理由として，旧登山道コース沿いには昔の要塞設備の水路が設置されており，川の無い函館山でキツネが貴重な水資源として利用している可能性がある．その他の理由として，当該コースにはシマリスが高頻度で見られ，餌資源が多い可能性も考えられる．このように糞の個体識別を行うことによって，捕獲をしなくても，非侵襲的に個体の行動生態を明らかにすることも可能となる．

図5．函館山におけるキツネ個体の行動圏．各個体の行動圏（灰色の図形で示す）は，特に函館山中央部にて重複している．Amaike et al.（2018）のデータより描く．

7. 函館山キツネの集団遺伝構造

マイクロサテライト分析データは，個体識別するためだけに用いられている訳ではない．その各個体が保有する対立遺伝子の種類を比較することで，その遺伝的類似度が高い者同士でグループ分け（クラスタリングともいう）し，その遺伝構造から集団間の関係性を推測することができる．本研究では，函館山集団と北海道における種々の地域集団の集団遺伝構造をSTRUCTURE解析という方法を用いて推定した．

まず，最適な遺伝的集団の数は“２つ（K＝２）”と推定され，函館山を含む道南集団とその他の北海道（道央／道北／道東）集団間で遺伝的に分化していることが示された（図６）．これは，先行研究であるOishi et al.（2011）の結果と合致している．次に，より詳細な遺伝構造を明らかにするために，遺伝的集団の数をさらに増やした際の遺伝構造も評価した．すると，遺伝集団数が４（K＝４）

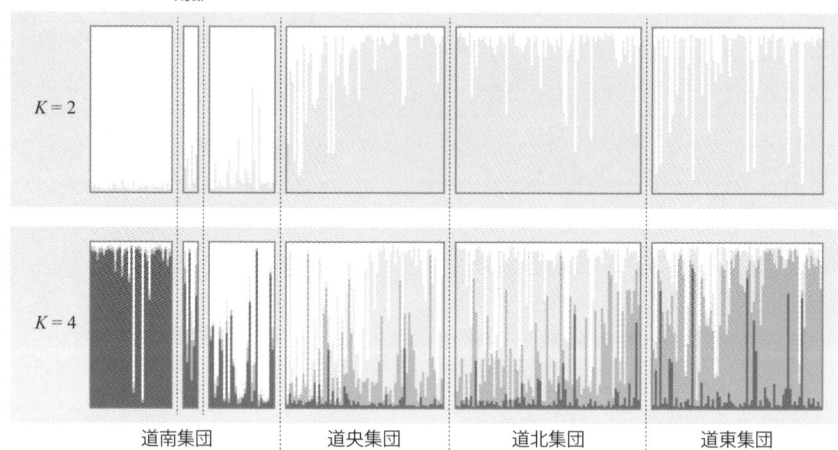

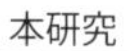
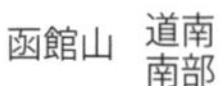

図６．函館山集団を含めた全北海道集団におけるキツネの集団遺伝構造．上図は遺伝的集団数が４と仮定した時のもので，１本１本の縦線が１個体を表す．Amaike et al.（2018）を改変．

であると推定した時に，函館山集団は道南集団とも明確に異なる遺伝構造を示した（図６）．また，集団間の遺伝的分化の度合いを示す指標値（pairwise F_{ST}：大きい値ほど集団間の違いが大きいことを意味する．）を計算したところ，函館山集団と道南集団間では有意に高い値を示し，２集団間の遺伝的分化を支持した．これは，Oishi et al.（2011）の先行研究において，道南集団の遺伝構造は一様に思われたが，今回得られた研究結果から，道南集団の中で遺伝構造が更に細分化する可能性があることが示唆された．

では，なぜ函館山集団が遺伝的に分化しているのか？遺伝的分化は，集団間における交流の減少に起因する．つまりは，函館山集団が函館市の市街地によって地理的に隔離されていることを意味している．キツネは最大で302 km という高い分散能力を有する（Allen and Sargeant 1993）．しかし，函館山と内陸部を8.5 km にわたって分断する函館市街地は，２地域間の遺伝子流動を妨げている可能性があり，これは函館山集団内における近交化を引き起こす．

さらに，STURUCTURE 解析の結果（図６）では，函館山集団以外の北海道本島の地域集団において，個体間の遺伝的差異が大きく，多様性が高い．それに対し，函館山集団では，個体間の遺伝的差異は小さく，その遺伝構造はほぼ一様で，多様性が低いことを示している．

8. 函館山キツネの遺伝的多様性

さらに，函館山のキツネ集団の遺伝的多様性を評価した．平均対立遺伝子数A，アレリックリッチネスA_R（標本サイズに応じて標準化された平均対立遺伝子数，図７），多様性指数であるヘテロ接合度期待値H_E，ヘテロ接合度観察値H_Oについて，函館山集団でのすべての値が他の集団よりも低かった．また，有意なヘテロ接合性の欠乏が函館山キツネ集団で観察された．

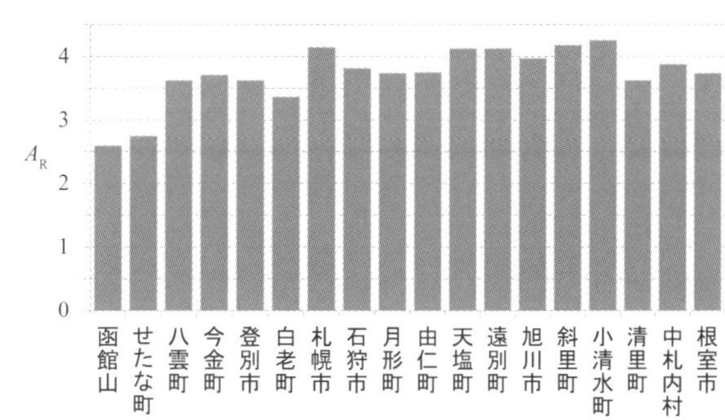

図７．北海道内の各地域集団における遺伝的多様性指標値（アレリックリッチネス）の比較．Amaike et al.（2018）および Oishi et al.（2011）のデータをもとに作成．

私たちの統計結果は，函館山集団においてハーディーワインベルグ平衡（集団遺伝学的に理想とされる個体群の状態）からの逸脱が起こっていることを示している．これは，小集団，非自由交配，近交化のいずれか，あるいはそれら全てが起こっていることを示唆している．

9. 函館山集団の形成シナリオ

本研究から，地理的に隠された函館山集団の遺伝的多様性は，かなり低下していることが明らかとなった．それは，函館市の市街地によって制限された遺伝子流動と近交化と遺伝的浮動を導く小さな集団サイズに起因するものを考えられる．この歴史的背景について詳しく考えてみよう．

どのようにして函館集団が遺伝的に隔離されたのか？　考え得るシナリオは以下の通りである．函館山は，5000年前までは島（Ganzawa 2002）であり，その後，北海道本島と砂州で繋がったとされる．キツネは，その当時から北海道本島より函館山に侵入し定着していたが，函館山と亀田半島間を自由に往来することができたであろう．この初期の段階では，函館山と亀田半島のキツネ集団間では，遺伝的にも類似していたものと考えられる．明治時代（1868－1912）から，函館では急激に人口が増加し，函館山を結ぶ陸橋の上に市街地が発展した（Nemoto 1990）．その結果，市街地が地理的障壁となり，函館山と内陸間のキツネの遺伝子流動が減少したと推測される．地理的隔離，限られた個体数による遺伝的浮動，近交化が現在の函館山キツネの集団遺伝構造を形成したものと考えられる．

10. 函館山集団のその後

個体数が少ないということが判明した函館山キツネの将来はどのようになるのか？　残念ながら，函館山におけるキツネ調査は2009年から2011年までの３年間のみで，その後の継続的な調査は行われていない．しかし，私は，Twitter，Facebook，ブログ，YouTube などのインターネット媒体にアップロードされた情報を集積し調査したところ，2012年以降も函館山およびその周辺にキツネが生息していることが判明した（図８）．特に，2015年と2016年においては，比較的多くの目撃情報が得られており，その数はキツネの個体数の多さを反映していると考えられる．しかし，2017年以降は減少に転じ，2019年以降本稿執筆時にいたるまで直接目撃された例は確認されていない．確実なことは言えないが，これは生

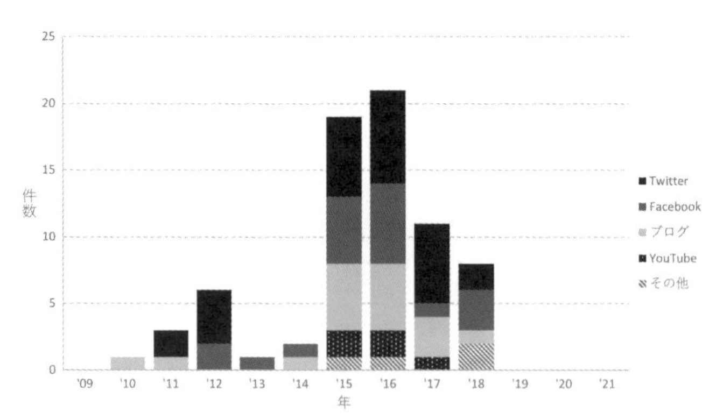

図８．函館山およびその周辺におけるキツネの目撃件数（インターネット情報の集計による．糞や足跡などの痕跡は除く）の推移．

息数がピーク時に比べ大幅に減少したことを示唆するのではないだろうか．もしかすると，既に生息していない可能性もありうる．新型コロナウイルス感染症（COVID-19）の流行に伴う外出自粛の影響による情報量の減少も考えられたが，国内で流行し始めたのは2020年になってからなので，目撃数減少の理由としては説得力に欠ける．また，それが直接影響しているかどうか定かではないが，函館山周辺ではキツネに代わってイエネコの数が増えているという．実は，キツネの個体数が劇的に減ったのは今回だけではない．2002年8月14日の北海道新聞夕刊には，函館山のキタキツネの目撃数が激減して絶滅の危機にある，という内容の記事が掲載された．このことからも，函館山に生息するキツネの個体群動態は，変動しやすく，不安定であると考えられる．現在のところ，昔から同じ系統が維持されてきたか，途中で外部から函館山へ侵入した別の系統に置き換わったかどうかは不明であるが，いずれにせよ，昔からキツネが定着している函館山はキツネにとっても離れがたい魅力的な場所なのかもしれない．

本章では，函館山のキツネ集団について，糞DNA分析とその成果を紹介した．食肉目動物のように，生態系において個体数が少なく，目撃観察や捕獲が難しい動物の調査においては，非侵襲的な糞サンプルを用いた手法が有効であると考えられる．

引用文献

木村マサ子：自然ガイド 函館山．北海道新聞社，2011.

菅原繁蔵，小松泰造：函館山植物誌．市立函館図書館，p.223，1959.

宗像英雄：生物の分布．函館市編，函館市史通説編第1巻．函館市，1980.

浦口宏二：病気と生態—キタキツネ．高月成紀，山極寿一・編著，日本の哺乳類学—②中型哺乳類・霊長類．東京大学出版会．pp.149-171．2008.

浦口宏二：キツネ—広域分布種．増田隆一編，日本の食肉類—生態系の頂点に立つ哺乳類）．東京大学出版会，pp.48-88，2018.

Amaike Y, Murakami T, Masuda R: Low genetic diversity in an isolated red fox（*Vulpes vulpes*）population on Mt. Hakodate, Japan, revealed by microsatellite analyses of fecal samples. Mamm Study 43: 141-152, 2018

Contesse P, Hegglin D, Gloor S, Bontadina F and Deplazes P: The diet of urban foxes（*Vulpes vulpes*）and the availability of anthropogenic food in the city of Zurich, Switzerland. Mamm Biol 69: 81-95，2004.

雁沢夏子：函館市〈函館山，自然の大展望台〉．地学団体研究会道南班編，道南の自然を歩く—地質あんない　改訂版，北海道大学図書刊行会，pp.2-13，2002.

Hoffmann M, Sillero-Zubiri C: *Vulpes vulpes*（amended version of 2016 assessment）. The IUCN Red List of Threatened Species 2021: e.T23062A193903628.

https://dx.doi.org/10.2305/IUCN.UK.2021-1.RLTS.T23062A193903628.en. 2021. (Accessed on 21 March 2022)

Oishi T, Uraguchi K, Takahashi K, Masuda R: Population structures of the red fox (*Vulpes vulpes*) on the Hokkaido Island, Japan, revealed by microsatellite analysis. J Hered 102: 38-46. 2011.

Omote K, Nishida C, Takenaka T, Saito K, Shimura R et al. Recent fragmentation of the endangered Blakiston's fish owl (*Bubo blakistoni*) population on Hokkaido Island, northern Japan, revealed by mitochondrial DNA and microsatellite analyses. Zool lett, 1(1): 1-9. 2015.

Saka T, Nishita Y, Masuda R: Low genetic variation in the MHC class II DRB gene and MHC-linked microsatellites in endangered island populations of the leopard cat (*Prionailurus bengalensis*) in Japan. Immunogenetics, 70(2): 115-124. 2018

Sobey D. G: An analysis of the historical records for the native mammalian fauna of Prince Edward Island. Canadian Field-Naturalist 121: 384-396. 2007.

Soulsbury C. D, Baker P. J, Iossa G, Harris S: Red Foxes (*Vulpes vulpes*). In Gehrt S. D, Riley S. P. D, Cypher B. L eds.) Urban Carnivores. Ecology, Conflict, and Conservation, pp. 63-75. The Johns Hopkins University Press, Baltimore. 2010

Yoneda M, Maekawa K: Effects of hunting on age structure and survival rates of red fox in eastern Hokkaido. J Wildl Manage 46: 781-786. 1982.

8章

食肉目と免疫系遺伝子の多様性

西田義憲

1. ゲノムの変異と生物の進化

元をたどると一種類しかいなかった生物も，現在では命名されただけでも200万種類以上が存在しており，これらは「種」を基準としてクループ分けされている．しかし，この種の定義は，実は曖昧な部分を含んでおり，画一的に定義することは難しい．一般的には，共通性の高いゲノム（遺伝情報の総体）をもち，同様の形態を示す，生殖可能な生物のグループと考えられている．ゲノムは個体の細胞間で共有されている他，親から子へも伝えられるが，この際に行われるDNAの複製は，残念ながら完璧なものではない．まれにミスが起こり，これが修復されずに残ってしまう突然変異が稀に起こる．複製ミスはゲノム中の様々な場所で不規則に起こるため，突然変異により細胞や個体が示す性質の違いにも特別な規則性はない．そして，ある種が継代される際にこの突然変異も継代され，親世代とわずかではあるものの有意な形態や遺伝情報の違いを持つ子孫が誕生する．また，さらなる突然変異が蓄積されると，遂にはもとの種と交配できないほど大きな変化がもたらされる．これが新しい種の誕生であり，生物が進化するという現象である．

不規則に起こる突然変異が原動力であるのならば，進化には方向性がないはずである．しかし，実際には周囲の気候や地理に適応しているなど，新たな生物にとって有利になるような方向性のある変化であるように見える．これは，自然選択が影響を及ぼしているためである．実際に，白亜紀末に巨大隕石が地球に衝突したために太陽光が遮られて地球が寒冷化し，それまで優勢であった恐竜などの生物種が絶滅，その結果哺乳類に生存の余地が生まれ，爆発的な進化につながったと考えられている．

ゲノムが少しずつ変異してきたことが生物の進化と結びついているのであれば，その塩基配列から生物進化の情報が得られるはずである．ただし，特定の種のゲノムだけを解析してもその進化の道筋を見出すことは難しく，他種と比較することで塩基配列の相違を明らかにすることができ，その違いから進化の道筋に関する情報が得られる．ゲノム全体の塩基配列を決定して比較に用いるのが最も確実ではあるが，労力・情報量ともに膨大であり，以前は比較解析に用いることが難しかった．そこで，より短い配列が注目された．細胞内のDNAは核の染色体以外にも存在し，植物の葉緑体や呼吸代謝を行う細胞内小器官であるミトコンドリアも，それぞれシアノバクテリアや酸素を使用していた細菌であるαプロテオバクテリアに由来する細胞内小器官であるため，細菌の特徴を持つ独自ゲノムに由来する小さな環状2本鎖DNAをもつ．特にミトコンドリアDNA（ミトコンドリアゲノムとも呼ばれる）は動植物の両者がもち，進化に関する研究を行うために有用な以下の特徴を持つ．第一に，核DNAに比べて塩基置換の起こるスピードが5－10倍速く，例えば近縁関係にあるとされるヒトとチンパンジーの間の比較では，ミトコンドリアDNAの塩基配列の違いが約9％であるのに対し，核DNAの違いは約1％しかない．そのため，ミトコンドリアDNAの塩基配列を指標とした方が核DNAの場合より，比較的短い時間の中で生じた変異を効率よく検出し，進化に関する情報が得やすいという特徴がある．また第二に，ミトコンドリアは母親由来のものだけが子供に伝わり，父親のものは子供世代には関与しないという母系遺伝である．両性から遺伝する核DNAとは異なり，遺伝様式がシンプルであるため，祖先の持っていたミトコンドリアDNAに至る道筋をたどりやすい．最後に第三の特徴として，細胞1個あたりのミトコンドリア数が数百に上り，さらにミトコンドリア1個あたり5－6個のDNAをもつので，細胞1個あたりのミトコンドリアDNAは優に1000を超える．核DNA上の遺伝子は通常両親由来の1組2個であるので，500倍以上の差がある．したがって，多少状態の悪い，例えば遺跡から発掘された骨などからもミトコンドリアDNAを抽出し，その塩基配列を決定できる可能性が高い．

2. 中立進化する遺伝子

ここまでに，地球上には非常に多数の生物が存在し，突然変異がこれらの進化の原動力になっていることを記した．そのため，ゲノム中に突然変異がもたらせると，それら全てが生物個体に重大な変化を与えるような印象を持ったかもしれない．しかし，実際には何事も起こらなかったように見える変異が数多く起きている．この「何も起こらない変異」は，生物の生存に有利でも不利でもないために「中立変異（継代された場合は進化）」と呼ばれ，生物の形態や生理の特徴である表現型に影響を及ぼさない，すなわち遺伝子を元に翻訳されるタンパク質のアミノ酸配列を変化させない場合にもたらされる．ゲノム中でタンパク質をコードする部分であれば，１つのアミノ酸を指定するコドンが複数存在する縮重が関与する同義置換が起こりうる場合にみられ，また，タンパク質をコードしない部分，すなわち機能遺伝子以外の配列や偽遺伝子（機能していない遺伝子）にもたらされる突然変異もアミノ酸配列に変化をもたらさないため，中立変異と考えられる．中立変異は自然選択の影響を受けず，集団中に広まって，固定されたり，排除されたりする．これを遺伝的浮動と呼ぶ．現在までの分子進化学的解析は，

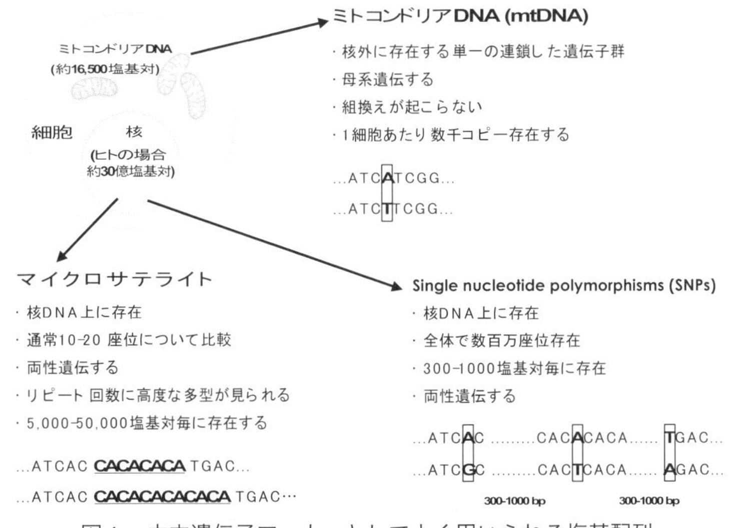

図１．中立遺伝子マーカーとしてよく用いられる塩基配列．

比較的容易に解析可能なため，中立進化する特定領域や遺伝子の塩基配列を指標として行われてきた．ミトコンドリアDNA中のコントロール領域が早くから遺伝マーカーとして用いられてきたが，分析技術の進展がより感度の高い解析を可能にしたため，生物の遺伝的差異を知る方法として，核DNAを用いることも視野に入ってきた．核DNAに含まれる情報量はミトコンドリアよりも圧倒的に多い．解析法も様々であるが，個体間で異なる1塩基多型であるSNP（Single nucleotide polymorphism）やマイクロサテライトが遺伝マーカーとしてよく用いられる．マイクロサテライトは，ゲノム上に存在する2－4塩基程度の長さの配列を基本とし，これが数回から100回ほど繰り返された構造で，ゲノム中に多数散在している．中立で共優性を示すことが多く，また，反復配列部分の長さ（反復回数）が個体ごとに大きく異なっており，この変異を利用して個体識別や系統識別などの集団遺伝学やDNA鑑定に利用される．これら3種の遺伝マーカーを用いた解析では，PCR法を利用するため，微量のDNA試料からでも，多くの遺伝的差異に関する情報を得ることができる．

3. 自然選択を受けて進化するタンパク質をコードする機能遺伝子

近年の統計学的解析手法の進歩は，自然選択の影響を受けて進化する遺伝子，すなわちタンパク質をコードする機能遺伝子を指標とした解析も可能にした．次世代シークエンサーなど塩基配列決定技術の進歩とともに，ヒト以外でも全ゲノム塩基配列が決定され，急速に情報の集積が進んでおり，次の段階としての遺伝子群やゲノム全体を比較する進化に関する研究も試みられている．このような分子進化学的研究から注目されている遺伝子領域の1つに，1936年にイギリスのPeter A. Gorerにより発見され，獲得免疫系において重要な自己・非自己を規定する機能をもつタンパク質をコードする機能遺伝子を数多く内包する主要組織適合遺伝子複合体（Major Histocompatibility Complex; MHC）がある．何度も輸血を受けた患者の血清中に存在する他人の白血球に対する凝集反応を起こす抗原として1952年にフランスのJean Daussetにより同定されたHLA（Human Leukocyte Antigen）がヒトのMHC内の遺伝子にコードされていたことが後に判明したため，ヒトMHCは現在でもHLAと呼ばれることが多い．生物進化の過程で，4.4－5.15億年前の2回の全ゲノム重複の後に，無脊椎動物と脊椎動物が分岐し，これとほぼ同時にMHC領域が現れたとされるが，現在までに確認された限りでは，有萼類以上の脊椎動物鋼にはMHCが存在するものの，最も原始的な脊椎動物である無顎類（ヤツメウナギ，メクラウナギ）では，MHCは同定されず，ALA（allogeneic leukocyte antigen）と呼ばれる異なる生体分子が同様の役割を果たしているとされている（Takaba et al. 2013）．したがって，より正確なMHCの登場時期は，脊椎動物誕生の少し後であると考えられる．

MHC領域は進化学的に保存されている遺伝子が数多く存在することや，多くの生物種でその塩基配列が決定され，豊富な情報が蓄積されていることから，ゲノムの動態研究を行う際の標的として非常に適した領域である．比較ゲノム解析よると，生物種間における基本的な遺伝子構造は大まかには保存されているが，MHCやその関連遺伝子は，それぞれの生活環境に適応するため，多くの変異がもたらされつつ形成されてきたことが示唆された．例えば，脊椎動物中でも魚類や鳥類では比較的単純な構造のMHCをもつのに対し，哺乳類のMHCでは3－4Mbp（3百万－4百万塩基対）の長い領域により複雑な構成を持っている．このように，生物の進化とともにMHCが複雑化した要因の一つに遺伝子重複があげられる．HLA（図2）を例に説明すると，この領域は6番染色体の短腕中に位置し，内包する遺伝子がコードするタンパク質の特性により，さらに3つの部分領域，クラスⅠ，Ⅱ，Ⅲ，に分けられる．クラスⅠ，Ⅱ領域にはMHC抗原分子をコードする遺伝子が，またこれらを繋ぐクラスⅢ領域には補体などをコードする遺伝子が存在する．また，クラスⅠ領域内のHLA-A，-B，-C遺伝子座（遺伝子の存在する場所，locus）やクラスⅡ領域でさらに分子種ごとに細分化されたHLA-DR，-DQ，-DP領域内のそれぞれでα鎖，β鎖をそれぞれコードするA遺伝子座，B遺伝子座は複数座位存在しており，これは遺伝子重複によりもたらされた結果であると考えられる．したがって，魚類や鳥類のもつ初期の基本セットとなる遺伝子座のみで構成されたMHCは，新しい種へと分岐して新たな環境に生息するようになる際に，そこでの新規のものも含めた病原体に対応していく

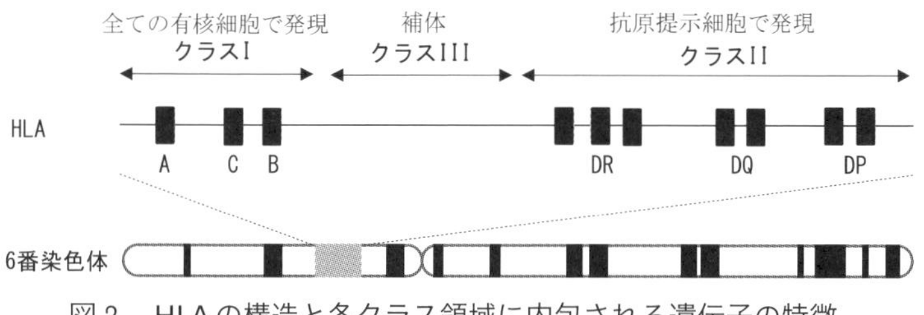

図2．HLAの構造と各クラス領域に内包される遺伝子の特徴．

ため，生存に有利なMHC遺伝子が選択され，重複により数を増やし，残存・固定され，より複雑な構成のMHCが形成されてきた．一方で，不要となったMHC遺伝子が偽遺伝子となり，さらに消滅したものもあったはずである．このような進化の過程での遺伝子座位数の増減から，Neiは，MHC遺伝子は，birth-and-death processにより進化すると述べている（Nei et al. 1997）．

4. MHC抗原とそれらをコードする遺伝子の構造

MHC抗原分子は，2つのタンパク質から構成され（ヘテロダイマー），クラスⅠ分子とクラスⅡ分子で構造や発現する細胞種が異なっている（Murphy et al. 2008）．また，外来性・内在性に関わらず，MHC抗原分子は非常に多くの非自己を認識する必要があり，このため非常に多様性に富んでいる．

クラスⅠ分子（図3）はほぼ全ての有核細胞で発現しており，大きなα鎖（H鎖，重鎖）と非MHCのβ2ミクログロブリンで構成される．α鎖には，α1，α2，α3の3つの球状ドメインと膜貫通ドメイン，細胞内ドメインが存在し，各ドメインはα鎖をコードする遺伝子中でそれぞれ異なるエクソンにコードされている．また，α1，α2ドメインの間に両端の閉じた溝（抗原結合溝）があり，この溝に自己由来のペプチドが結合している場合には免疫反応が起こらないが，癌に特異的なタンパク質や，ウイルス由来タンパク質など本来細胞内では生成されないタンパク質に由来するペプチドが結合した場合には，キラーT細胞（CD8+T細胞）を活性化し，この異常タンパク質を発現している細胞を排除する．つまり，少数の細胞を犠牲にすることで，生物個体を守っているのである．クラスⅠ分子の多型性（対立遺伝子ごとにコードするアミノ酸配列が異なること）は，抗原結合溝を形成するα1，α2ドメインに集中しているため，遺伝子レベルでは，エクソン2と3の塩基配列に多くの多型が存在する．

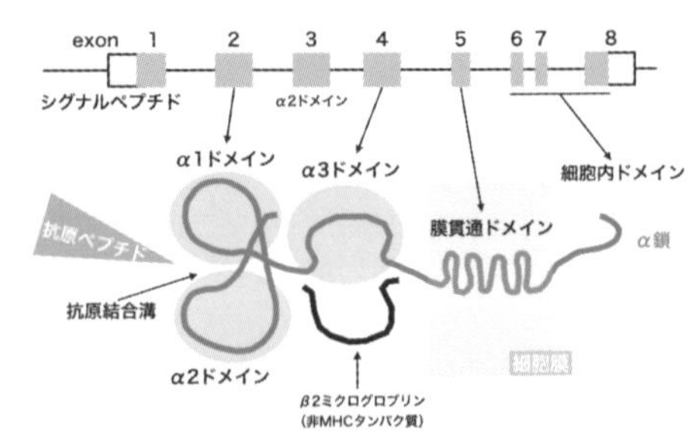

図3． MHCクラスⅠ分子とそれをコードする遺伝子の概略．

クラスⅡ分子（図4）は，抗原提示細胞（単球，マクロファージ，樹状細胞，B細胞）でのみ発現しており，ほぼ同形のα鎖とβ鎖の2量体として機能する．これらは，$\alpha1$もしくは$\beta1$，$\alpha2$もしくは$\beta2$の2つの球状ドメインと膜貫通ドメイン，細胞内ドメインで構成され，各ドメインはA遺伝子もしくはB遺伝子中で，それぞれ異なるエクソンにコードされている．クラスII分子では，α鎖とβ鎖の間，すなわち$\alpha1$ドメインと$\beta1$ドメインの間に両端が開いた形の抗原結合溝があり，ここに細胞外の非自己タンパク質に由来するペプチドが結合すると，これがヘルパーT細胞（CD4+T細胞）に提示され，B細胞による抗体産生が誘導され，体内に侵入した病原の排除が行われる．クラスII分子についても，抗原結合溝に特に高い多様性が見いだされているが，これは主に$\beta1$ドメインに依存しており，$\alpha1$ドメインの多様性はこれに比べて低い．したがって，遺伝子レベルでは，B遺伝子のエクソン2内の塩基配列でその多様性が非常に高くなっている．

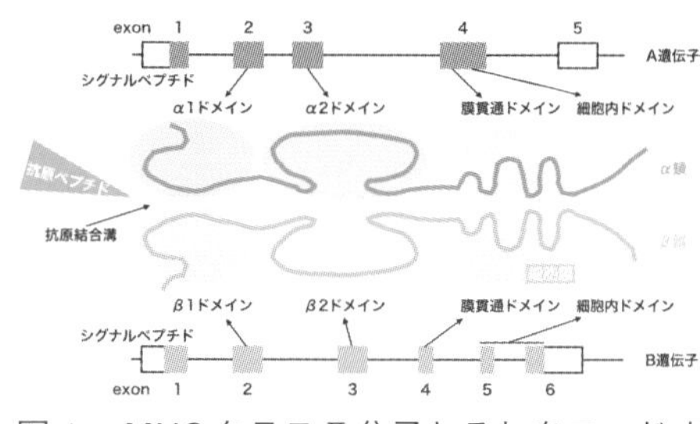

図4．MHCクラスII分子とそれをコードする遺伝子の概略．

5. MHC（HLA）の単離と多様性に関する研究

免疫機構に関与するタンパク質をコードする遺伝子が多数関与していることから，MHCに関する研究は，ヒトやモデル動物を対象として積極的に行われてきた．臓器移植の際に移植片が免疫機構により排除されないようにするため，ドナーとレシピエントの間でHLA型が一致もしくは高い相同性を保つ必要があるが，この適合検索の指標となる各遺伝子座毎の対立遺伝子候補が日本赤十字社により公表されており，この数だけでも27,000種類を超えている（表1）．しかし，実際にはこの指標となるもの以外にも多数のHLA対立遺伝子が存在し，現在でも新規の対立遺伝子が同定，報告され続けている．最新のHLA対立遺伝子数やその塩基配列情報の収集や公表は，HIG（the HLA Informatics Group）が中心的な役割を果たして行っており，IPD（Immuno polymorphism database）-IMGT（the International ImMuno GeneTics project）データベース（https://www.ebi.ac.uk/ipd/imgt/hla/）として公開されている．本稿執筆時点の最新情報は，2021年12月のも

表１．臓器移植の際に適合検索で使用するHLA.

クラスI								クラスII	
A遺伝子座		B遺伝子座位				C遺伝子座		DRB1遺伝子座	
対立遺伝子グループ番号	対立遺伝子数	対立遺伝子グループ番号	対立遺伝子数	対立遺伝子グループ番号	対立遺伝子数	対立遺伝子グループ番号	対立遺伝子数	対立遺伝子グループ番号	対立遺伝子数
*01	670	*07	710	*51	616	*01	385	*01	203
*02	1707	*08	440	*52	206	*02	377	*03	266
*03	694	*13	255	*53	115	*03	988	*04	508
*11	653	*14	187	*54	60	*04	808	*07	163
*23	195	*15	978	*55	196	*05	430	*08	160
*24	900	*18	380	*56	139	*06	546	*09	72
*25	113	*27	388	*57	245	*07	1706	*10	62
*26	358	*35	888	*58	201	*08	384	*11	480
*29	268	*37	155	*59	16	*12	543	*12	140
*30	294	*38	161	*67	14	*14	218	*13	485
*31	308	*39	326	*73	7	*15	411	*14	340
*32	260	*40	829	*78	17	*16	291	*15	312
*33	332	*41	110	*81	22	*17	117	*16	113
*34	50	*42	46	*82	14	*18	29		
*36	17	*44	783	*83	2				
*43	3	*45	49						
*66	63	*46	146						
*68	489	*47	24						
*69	16	*48	84						
*74	36	*49	223						
*80	14	*50	102						
合計	7440			合計	9134	合計	7233	合計	3304
								全体合計	27111

2021年10月に日本赤十字社により公表された資料による

ので，32,897種類（クラスⅠ対立遺伝子が24,009種類，クラスⅡ対立遺伝子が8,888種類）のHLA対立遺伝子が報告されている．両クラスの対立遺伝子ともに約70%が異なるアミノ酸配列をコードしており（非同義置換），また，約3.5%が機能可能なHLA分子をコードしていない（null対立遺伝子）．

MHCに関する研究は，ヒトやモデル動物以外でも行われている．哺乳類以外では，Bourletらが初めてニワトリのクラスⅡ遺伝子を単離した後，爬虫類，両生類，硬骨魚類，軟骨魚類から次々とMHCの相同領域や遺伝子が単離され，現在までに有蕚類以上の様々な生物でMHCに関する研究結果が報告されている（Bourlet et al. 1988）．

当初，HLAの塩基配列を元にこれらの動物のMHCを単離することが試みられたが，良好な結果が得られないことが多く，特に非哺乳類を対象とした研究は難航した．原因は後に判明したのであるが，ヒトと非哺乳類のMHC分子間のアミノ酸配列を比較しても，クラスⅠ分子のα鎖で20－35%，クラスⅡのα鎖で35%，β鎖で30－50%の相同性しか示さないため，アミノ酸配列やそれをコードする遺伝子の塩基配列の相同性を利用しての他種MHC遺伝子の探索は原理的に難しかった．MHC分子が機能するためには，アミノ酸配列そのものよりも立体構造の維持が重要であると考えられ，全体の相同性が低くても，構造維持に重要なアミノ酸残基は高度に保存されている．例えば，クラスⅠ分子のα鎖では，ジスルフィド結合にあずかるCys（システイン残基），α1ドメインの83番目もしくは86番目のN-グリコシド結合で糖鎖が結合するアミノ酸残基，α1ドメインとα2ドメイン中で抗原ペプチドの両端と相互作用する８ヶ所のアミノ酸残基（Tyr-7，Tyr-59，

Tyr/Arg-84，Thr-143，Lys-146，Trp-147，Tyr159，Tyr171）である．クラスII分子に関しても，ジスルフィド結合やN-グリコシド結合にあずかるアミノ酸残基が保存されているが，構造の相違から抗原ペプチドの両端と相互作用するアミノ酸はクラスI分子とは異なり，α鎖のAsn-62，Asn-69，β鎖のAsn-82，Trp-61である．

6. 食肉目動物のMHC多様性

ヒト以外の哺乳類でのMHCに関する研究も多く行われており，イヌやネコを含むため，これらの種を中心に食肉目動物でもMHCの多様性に関する知見が多く報告されている．イヌやネコのMHCは，ヒトのMHCであるHLAの相同遺伝子として同定されてきたため，それぞれDLA（Dog Leukocyte Antigen; DLA）やFLA（Feline Leukocyte Antigen; FLA）とも呼ばれる．しかし，これらのMHC間の比較でも大きな違いが見られる（図5）．

まずクラスI領域について，ヒトでは6番染色体上にまとめられているMHC領域であるが，イヌではクラスI領域中で2ヶ所に分断されており，18番染色体上にヒトのHLA-A, -Gおよび-Fに相当するMHC-A/G/F領域があり，ここに遺伝子座DLA-79が，12番染色体上のMHC-B/C領域にDLA-88，DLA-88L/12およびDLA-64が存在する．しかし，ヒトではHLA-Eが存在するMHC-E領域はイヌでは

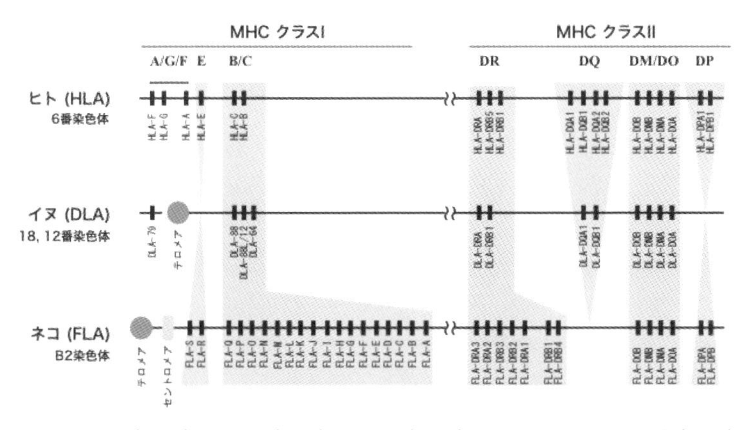

図5．ヒト（HLA），ネコ（FLA），イヌ（DLA）におけるMHC領域内の遺伝子構成比較（Miyamae et al. 2017; Yuhki et al. 2008）．

同定されておらず，存在しないと考えられている（Miyamae et al. 2017）．一方ネコでは，B2染色体上にMHC領域が存在しており，MHC-A/G/F領域を欠失しているが，MHC-E領域にFLA-SとFLA-Rの２遺伝子座が，またMHC-B/C領域にはFLA-AからFLA-Qの17もの遺伝子座が同定されている（Yuhki et al. 2008）．

クラスⅡ領域については，ヒトのHLA-DRA，-DRB1および-DRB5が位置するMHC-DR領域には，イヌではDLA-DRAと-DRB1の２遺伝子座が同定された．また，HLA-DQA1，-DQB1，-DQA2および-DQB2が位置するMHC-DQ領域には，イヌではDLA-DQA1と-DQB1の２遺伝子座が同定された．さらに，HLA-DOB，-DMB，-DMおよび-DOAが位置するMHC-DM/DO領域には，イヌでも同数であるDLA-DOB，-DMB，-DMA，および-DOAの４遺伝子座が同定された．しかし，ヒトにおいてHLA-DPA1および-DPB1が位置するMHC-DP領域は，イヌでは欠失している．ネコのクラスⅡ領域もクラスⅠと同様B2染色体上に存在する．MHC-DQ領域に相当する領域は，ネコでは欠失しており，また，MHC-DP領域にFLA-DPAと-DPBが同定されたものの，どちらも機能するタンパク質をコードしない偽遺伝子であった．一方で，MHC-DRに相当する領域は拡大しており，ヒトやイヌより多くの７－８遺伝子座（FLA-DRA1，-DRA2，-DRA3，-DRB1，-DRB2，-DRB3，-DRB４と８座位の場合はこれらに加えて-DRB5）が同定され，領域内の一連の対立遺伝子の組み合わせであるハプロタイプを比較すると，内包される遺伝子座数が各相同染色体間で異なるコピー数多型も見られた．

さらに，家畜や愛玩動物ばかりではなく，野生動物のMHCに関する研究もなされている．ここでは筆者の所属する研究室で行われた食肉目に属する野生動物を対象とした研究の中から，ブルガリアと日本に生息する種に関する研究成果の一部を紹介したい．

イタチ科動物（マダライタチ，ニホンイタチ，ニホンテン，ニホンアナグマ）

マダライタチ（*Vormela peregusna*）は，ヨーロッパ南東部から中国西部に分布する小型のイタチ科動物であり，ミトコンドリアDNAの塩基配列を指標とした解析では，本種のブルガリア集団に，最も祖先的な系統が含まれていることが示された（Mizumach et al. 2016）．また，個体数が減少しているため，2008年のIUCNレッドリストでは脆弱（VU）種に分類されている．そこで，ブルガリアのマダライタチの環境への適応を理解するために，様々な抗原の影響を受けて進化するMHCクラスⅡ*DRB*遺伝子の多様性と選択性を抗原結合部位（antigen binding site: ABS）をコードするexon 2を指標として調査した．ブルガリア産のマダライタチ10個体から，９種の*DRB*対立遺伝子（*Vope-DRB*s）が検出され，そのうち2種を全個体がもち，他は地理的に限られた範囲の個体だけに見られた．ベイズ法による分子系統樹では，全ての*Vope-DRB*はイタチ科の分岐群（クレード）に属し，3種がアナグマ属（*Meles*），テン属（*Martes*），マダライタチ属（*Vormela*）の対立遺伝子からなる基底グループに，その他は，様々なイタチ科動物の対立遺伝子で構成され，比較的遅く分岐したクレードに含まれた．さらに，*Vope-DRB*はイタチ科クレードの中で自種よりも他種の対立遺伝子とより近縁な関係を示す「種を越えた多型」（後述）を示し，本種の*DRB*遺伝子が，長期にわたり抗原の影響下での平衡選択のもとで進化してきたことが示唆された（Nishita et al. 2018）．また，近縁種間でのDRB対立遺伝子の比較のため，日本固有種のニホンイタチ（*Mustela itatsi*）とユーラシア大陸に生息するシベリアイタチ（*M. sibirica*）の間でDRB遺伝子の多様性を比較した（Nishita et al. 2015）．ニホンイタチ31個体から計24種ののDRB対立遺伝子を，シベリアイタチ21個体からは計17種のの対立遺伝子を同定した．ニホンイタチとシベリアイタチは約170万年前に分岐した種であるが，今でも多くのDRB対立遺伝子を共有しており（表2），系統的に近い関係にあることが機能遺伝子の類似性からも示唆される．また，これらの対立遺伝子の地理的な分布をみると（表3），解析した全個体がもつ対立遺伝子（*Muit-DRB*05*）や生息地の広範囲に分布するものと，一定範囲に限定された分布を示すものがあった．さらに得られた塩基配列から予想されるアミノ酸配列の比較から，ABSにおいてアミノ酸の変異を伴う非同義置換の確率が変異を伴わない同義置換の確率を上回り，ある新しい突然変異が有利に働くことを意味する正の自然選択選択がこれら2種のDRB遺伝子の進化に影響してきたことが示唆された．ベイズ法による分子系統樹（図6）では，ニホンイタチから得られた全ての

表2．ニホンイタチとシベリアイタチの間で同一塩基配列を示すDRB対立遺伝子．

ニホンイタチ	シベリアイタチ
*Muit-DRB*04*	*Musi-DRB*17*
*Muit-DRB*05*	*Musi-DRB*11*
*Muit-DRB*11*	*Musi-DRB*12*
*Muit-DRB*13*	*Musi-DRB*09*
*Muit-DRB*16*	*Musi-DRB*01*
*Muit-DRB*23*	*Musi-DRB*03*
*Muit-DRB*12* [a]	*Musi-DRB*10* [a]

a）機能可能なDR β鎖をコードしない偽遺伝子．
Nishita et al.（2015）より抜粋・改変．

表3．特徴的な分布を示すニホンイタチDRB対立遺伝子（*Muit-DRB*s）．

日本全域に分布する対立遺伝子	地域特異的に分布する対立遺伝子				
	岩手県	茨城県	石川県	岡山県	鹿児島県
*05（全個体共通）	*07	*15	*08	*06	*14
*16	*10				*19
*22	*18				

*表内には対立遺伝子番号のみを示した．
Nishita et al.（2015）より抜粋・改変．

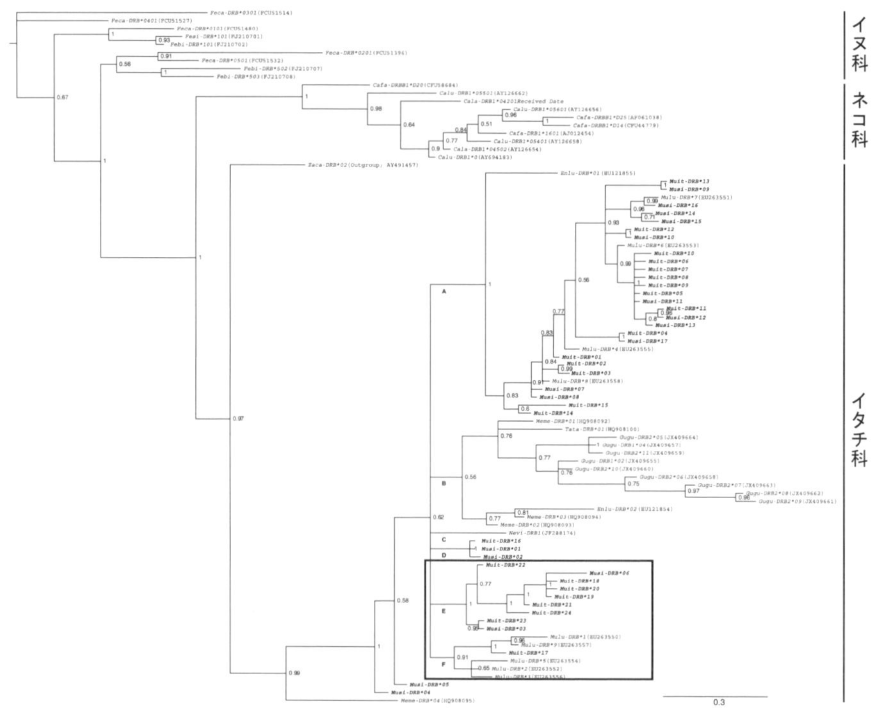

図 6．ベイズ法によるニホンイタチと他種の DRB 対立遺伝子の分子系統樹．
Nishita et al.（2015）より抜粋・改変．

DRB 対立遺伝子がイタチ科のクレードに含まれた．また，ニホンイタチの DRB 対立遺伝子間よりもより遺伝的に近縁である対立遺伝子が他種で見いだされた．例えば，図 7 にあるニホンイタチの DRB 対立遺伝子 *Muit-DRB*17* は，同種のものよりもヨーロッパミンク（*Mustela lutreora*）から得られた DRB 対立遺伝子である *Mulu-DRB*1* や *Mulu-DRB*9* とより近縁な関係にある．さらに上述したように，通常別種の動物間では相同遺伝子でもその塩基配列が異なることが多いが，ニホンイタチとシベリアイタチの間で 6 種類の DRB 対立遺伝子と 1 種類の偽遺伝子が同一の塩基配列をも

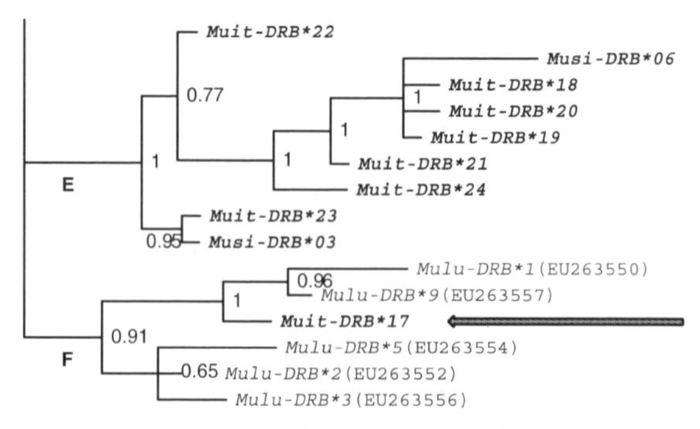

図 7．図 6 サブクレード E，F の拡大図．

つことが示された（表２）．これらの様な事象が前述のこれら事象は，種を越えた多型（Trans species polymorphism: TSP）と呼ばれ，異なる塩基配列をもつ対立遺伝子が，種などの集団のなかで一定の割合で維持される現象である平衡選択が起きたことを示唆している．この他にも，5個体のニホンアナグマから11種のDRB対立遺伝子と2種の偽遺伝子が（Abduriyim et al. 2017），26個体のニホンテンから17種のDRB対立遺伝子と4種の偽遺伝子を同定されており（Hosotani et al. 2020），これらのもつDRB対立遺伝子についても，正の自然選択と平衡選択を受けて進化してきたことが示唆された．以上研究結果から，日本に生息するイタチ科動物がもつDRB対立遺伝子の進化も，その多様性を維持するために，病原体駆動による平衡選択が作用してきたことが示唆される．

タヌキ（日本産を中心に極東(自然分布)と西ヨーロッパ(移入集団)を含めて解析)

タヌキ（*Nyctereutes procyonoides*）は日本を含む東アジアに生息しているが，ロシア西部や東ヨーロッパに持ち込まれ，そこに根付いた集団も存在する．タヌキのMHCの多様性を知るため，クラスIIのDRB遺伝子を指標として，その対立遺伝子多様性と進化に関する知見を得た．日本産（28個体）と極東ロシアの在来集団個体（4個体）および移入集団個体（ロシア西部4個体）の計36個体のDRB遺伝子内のエクソン2の塩基配列を決定したところ，23種類の対立遺伝子（*Nypr-DRB*s）が同定された．得られたタヌキDRB対立遺伝子のうちのいくつかのは，生息域の全域から見つかり，他の対立遺伝子は特定の地域にのみ分布していた．また，タヌキDRB対立遺伝子の塩基配列から想定されたアミノ酸配列を比較したところ，非同義置換率が同義置換率よりも高いことや，MEME法による統計的な解析により，この遺伝子が正の自然選択を受けて進化してきたことが示唆された．また，別の統計法によるTajima's *D*が正の値を示したため，タヌキDRB遺伝子が平衡選択を受けて進化してきたことが示唆された．以上の結果から，タヌキDRB遺伝子の多様性も，病原体による正の選択により多様性が維持されていることが示された．しかし，ベイズ法による分子系統樹では，MHC遺伝子としては稀であるが，平衡選択の指標であるTSPが見られず，イヌ科の大きなクレードの中でタヌキDRB対立遺伝子は単系統であることが示された．これは，タヌキDRB遺伝子が平衡選択の影響を受けていないのではなく，動物種としてのタヌキが進化の過程で他のイヌ科動物から早い時期に分岐し，さらに，近縁種が今日までに全て絶滅してしまったため，他種からの遺伝的な距離が非常に遠いことに起因していると考えられる（Bartocillo et al. 2020）．

図8．タヌキDRB遺伝子（*Nypr-DRB*s）のベイズ法による分子系統樹中での単系統性．
Baltocillo et al.（2020）より抜粋・改変．

イリオモテヤマネコとツシマヤマネコ

日本には，ヤマネコ（*Prionailurus bengalensis*）の島嶼個体群として，対馬にツシマヤマネコ（*P. b. euptilurus*）が，また，西表島にイリオモテヤマネコ（*P. b. iriomotensis*）が生息している．それぞれの生存数は100個体程度にまで減少しており，これらの保全のためには遺伝的多様性の把握も重要である．そこで，これらの集団においても多様性が高いと予想されるDRB遺伝子に基づく遺伝的多様性の解析を行ったところ，対馬と西表島のヤマネコからそれぞれ10種と4種のDRB対立遺伝子が同定された．分子系統解析の結果，両個体群から得られた

DRB対立遺伝子は，他のネコ科動物のものと密接に関連し，TSPも観察された．しかし，イエネコなど他のネコ科動物と比較して，両ヤマネコ集団のMHC領域の遺伝的多様性は低く，地理的隔離に伴う近親交配や遺伝的浮動が影響を及ぼしていると考えられた．その結果，絶滅の危機に瀕している2つの島嶼集団の，島に侵入した新しい病原体に対する抵抗力が低下していることが示され，十分な注意が必要な状況にあることが示唆された（Saka et al. 2017）．

7. おわりに

ここまでに紹介した研究結果から，多くの動物種において「MHCは病原が選択圧となり，正の自然選択や平衡選択の影響下で進化してきたため多様性に富む領域」との印象を与えたかもしれない．しかし，実際には程度の差はあるものの，生物集団が少数個体で構成されるようになると強い遺伝的浮動が起こり，遺伝的分化が促進され，最終的に種分化に至るというメカニズムの一端である創始者効果も同時に働いている．イリオモテヤマネコやツシマヤマネコの解析で見られた状況が良い例である．従って，たとえ平衡選択が多様性を保つ性質を持っていても，遺伝的浮動がより効果的に働く小規模な生物集団では，有効な作用をもたらすことができない．小さな集団の中では，対立遺伝子の種類が多いほど，各対立遺伝子が失われる確率が高くなる．逆にMHC内の遺伝子座で多数の対立遺伝子が長期間に渡って受け継がれてきている場合，その生物種や生物集団では，遺伝的多様性が大きく損なわれるような個体数の変動はなかったことが示唆される．MHCの多様性を解析することで，このような生物の環境への適応に関する情報も得ることが可能である．

引用文献

*Abduriyim S, Nishita Y, Kosintsev PA, Raichev E, Väinölä R, Kryukov AP, Abramov AV, Kaneko Y, Masuda, R: Diversity and evolution of MHC class II *DRB* gene in the Eurasian badger genus *Meles* (Mammalia, Mustelidae). Biol J Linn Soc 2017, 122: 258-273.

Bartocillo AMF, Nishita Y, Abramov AV, Masuda R: Molecular evolution of MHC class II *DRB* exon 2 in Japanese and Russian raccoon dogs. *Nyctereutes procyonoides*

(Carnivora: Canidae). Biol J Linn Soc 129: 61-73, 2020.

Bourlet Y, Béhar G, Guillemot F, Fréchin N, Billault A, Chaussé AM, Zoorob R, Auffray C: Isolation of a chicken major histo- compatibility complex class II (B-L) beta chain sequences: comparison with mammalian beta chains and expression in lymphoid organs. EMBO J. 7: 1031-1039, 1988.

Hosotani H, Nishita Y, Masuda R: Genetic diversity and evolution of the MHC class II *DRB* gene in the Japanese marten, *Martes melampus* (Carnivora: Mustelidae). Mammal Res 65: 573-582, 2020.

Miyamae J, Suzuki S, Katakura F, Uno S, Tanaka M, et al: Identification of novel polymorphisms and two distinct haplotype structures in dog leukocyte antigen class I genes: *DLA-88*, *DLA-12* and *DLA-64*. Immunogenetics 70: 237-255, 2017.

*Mizumachi K, Nishita Y, Spassov N, Raichev EG, Peeva S, Kaneko Y, Masuda R: Molecular phylogenetic status of the Bulgarian marbled polecat (*Vormela peregusna,* Mustelidae, Carnivora), revealed by Y chromosomal genes and mitochondrial DNA sequences. Biochem Syst Ecol 70: 99-107, 2016.

Murphy K, Travers P, Walport M: Janeway's Immunobiology 7th edition, Garland Science, New York, 2008.

Nei M, Gu X, Sitnikova T: Evolution by the birth-and-death process in multigene families of the vertebrate immune system. Proc Natl Acad Sci USA 94: 7799-7806, 1997.

Nishita Y, Abramov AV, Kosintsev PA, Lin L-K, Watanabe S, Yamazaki K, Kaneko Y, Masuda R: Genetic variation of the MHC class II *DRB* genes in the Japanese weasel, *Mustela itatsi*, endemic to Japan, compared with the Siberian weasel, *Mustela sibirica.* Tissue Antigens 86: 431-442, 2015.

*Nishita Y, Spassov N, Raichev EG, Peeva S, Kaneko Y, Masuda R: Genetic diversity of MHC class II *DRB* alleles in the marbled polecat, *Vormela peregusna*, in Bulgaria. Ethol Ecol Evol 31: 59-72, 2018.

Saka T, Nishita Y, Masuda R: Low genetic variation in the MHC class II *DRB* gene and MHC-linked microsatellites in endangered island populations of the leopard cat (*Prionailurus bengalensis*) in Japan. Immunogenetics 70: 115-124, 2017.

Takaba H, Imai T, Miki S, Morishita Y, Miyashita A, et al: A major allogenic leukocyte antigen in the agnathan hagfish. Sci Rep 3: 1716, 2013.

Yuhki N, Mullikin JC, Beck T, Stephens R, O'Brien SJ: Sequences, annotation and single nucleotide polymorphism of the major histocompatibility complex in the domestic cat. PLoS One 3: e2674, 2008.

9章

食肉類に寄生する条虫の巧妙な生活環

中尾 稔

寄生とは共生の一形態で，寄生者が宿主に取り付くことによって栄養摂取から成長・生殖・移動まですべてを宿主に委ねている状態を指す．宿主と寄生者の組み合わせによっては，寄生者による病原性が強く現れ，宿主はこれを排除するために免疫系で抵抗するが，その戦いに負けたり，逆に過剰な免疫応答がおこると宿主は衰弱し，病的状態から回復できなければ，死亡して寄生者と共倒れになる．しかし，そのように両者が好戦的な状態はお互いにとって生存上非常に不利なので，やがて進化の過程で寄生者は病原性を弱め，宿主は急激な排除よりは長期間寄生を許容するようになり，不顕性感染という宿主・寄生者の良好な関係性が生まれる．寄生者は特定の宿主にしか寄生できないスペシャリストになる場合と，広い宿主域をもつジェネラリストになる場合がある．

寄生虫という言葉は分類学の用語ではない．寄生虫として扱われる生物は原生生物から後生動物まで非常に多岐にわたり，寄生が広範囲の分類群で普遍的にみられる現象であることを示している．寄生虫の種類によって取り付く宿主の数が異なるが，通常１～３宿主性のものが多い．有性生殖が行われる成虫期の宿主を終宿主，幼生期の宿主を中間宿主という．単細胞の真核生物である原生生物には寄生性のものがあり，分裂して増殖することで宿主に悪影響を与えることがある．一方，寄生性の後生動物では，成虫や産出された虫卵，もしくは増殖した幼虫が宿主の寄生部位へ機械的障害を与えたり，虫体由来物質などが炎症反応を引き起こしたりする．

この章では，陸生の食肉類を終宿主とする条虫，いわゆる“サナダムシ”を対象にして，食物連鎖の中で展開される寄生虫の生存様式を解説する．

1. 条虫の基本構造

条虫（Eucestoda）とは扁形動物門（Platyhelminthes）に含まれる寄生虫である．あらゆる脊椎動物が特有の成虫を消化管に宿しており，未記載種や形態的に区別できない隠蔽種がいるので，膨大な種類数を含む分類群と考えられている．成虫の体制は左右相称で前後と背腹の区別があり，片節と呼ばれる繰り返し構造からなる．片節は数個から数千個連結して扁平で細長いリボン状の体となる（図1A，1C）．体長は終宿主の消化管の長さと概ね相関するようで，メートル単位で長くなる種類もいる．体前部の先端は頭節と呼ばれ，吸溝・吸盤・鉤など種によって特徴的な固着器を備えており，これで小腸粘膜と接着して腸の蠕動運動で脱落しないようになっている．

条虫は無体腔で，消化器・呼吸器・循環器などの臓器や骨格のように体を支える構造がない．筋肉は縦横に配置されており，原始的な神経系が制御して緩慢な伸縮運動をおこなう．外皮の細胞構造は宿主の小腸粘膜と類似しており，体表を介して養分を吸収する．排泄系（浸透圧調節）は原腎管と呼ばれる樹枝状の構造か

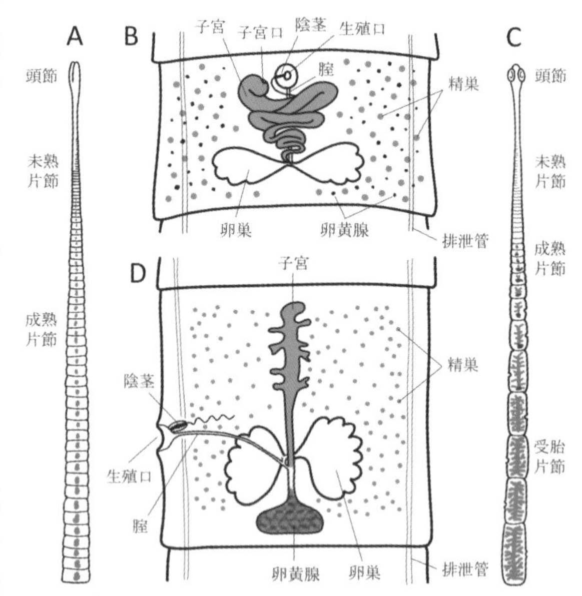

図1．条虫の体制（模式図）．A)裂頭条虫科の成虫全体．B)裂頭条虫科の成熟片節．C）テニア科の成虫全体．D）テニア科の成熟片節．

らなる．片節内に散在する炎細胞から老廃物が細管へ送り出され，細管はやがて太い排泄管となって体の両側を貫通し，排泄孔で外に開く．ミトコンドリア呼吸鎖は低酸素環境に適応するために独自な嫌気的なものになっている．条虫は雌雄同体で，片節のひとつひとつに雌雄の生殖器が出現する．体長が長い種類ではまるで虫卵の製造工場のようになる．体前部は未熟片節であるが，体後部へ向かうにつれて精巣や卵巣が徐々に完成して成熟片節（図１B，１D）となり，子宮内に虫卵が形成される．１個体の寄生でも受精卵が形成されるため，ひとつの片節もしくは隣接する片節同士での自家受精が可能である．裂頭条虫科の構成種では，各々の成熟片節に子宮口が開口し，受精卵は未発達の状態で産卵される．一方，テニア科など片節に子宮口がない種類では，受精卵は子宮内で発育を続け，役目を終えた精巣や卵巣は萎縮し，やがて成熟卵が充満した受胎片節（図１C）となる．最終的に受胎片節は連結部で切り離されて，虫卵を放出しながら宿主の糞便と共に外界に出る．

条虫の生活環の中で唯一宿主から離れる段階は環境中へ放出される虫卵である．虫卵が中間宿主へ到達する過程は偶然に左右されるので，無駄を見越して大量の虫卵が産出される．条虫の生活環は種ごとに様々な中間宿主が巻き込まれ，食物連鎖の上位の終宿主が下位の中間宿主を捕食することで維持されている．次に，食肉類に一般的にみられる裂頭条虫科とテニア科の条虫に焦点をあて，その生活環を説明する．

2. 裂頭条虫科とテニア科の生活環

裂頭条虫科は現在13属に分けられている（Scholz et al. 2019）．それらの終宿主はほとんど海生哺乳類だが，鳥類および陸生哺乳類のものが例外的にそれぞれ２属ずつある．陸生哺乳類には *Dibothriocephalus* 属と *Spirometra* 属の構成種が寄生する．これらの生活環は複雑で，その維持に２つの中間宿主を必要とする（図２A）．終宿主の便とともに外界に排出された未熟虫卵は水中で成熟虫卵へ発育する．成熟虫卵にはコラシジウム幼生が完成しており，その虫卵もしくは孵化したコラシジウム幼生が第一中間宿主のカイアシ類（Copepoda）に摂食されると，その血体腔で次の幼生であるプロセルコイドへ発育する．そのカイアシ類が第二中間宿主に摂食されると，プロセルコイドは皮下や筋肉や体腔で最終幼生のプレ

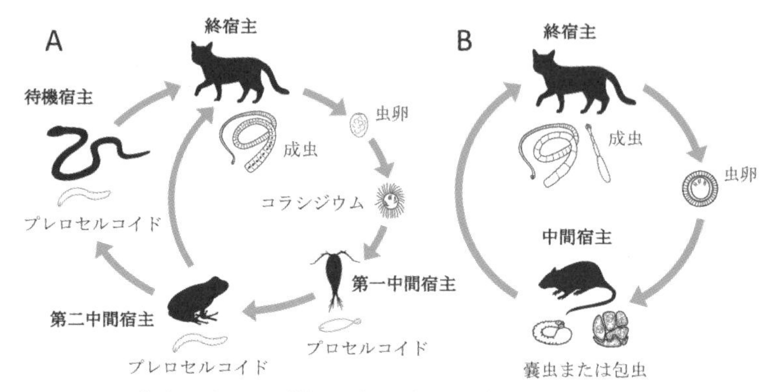

図2．条虫の生活環（模式図）．A）裂頭条虫科．B）テニア科．

ロセルコイド（図3A）へ発育する．このプレロセルコイドは成虫発育に不適な動物に摂食されると，プレロセルコイドのまま再び組織へ移行することがある．このような変則的な中間宿主を待機宿主という（図2A）．*Dibothriocephalus* 属の場合は淡水魚を第二中間宿主もしくは待機宿主とする．一方，*Spirometra* 属の第二中間宿主や待機宿主は両生類・爬虫類・鳥類・哺乳類と広範囲に及ぶ．食肉類が第二中間宿主や待機宿主を捕食すると，その小腸でプレロセルコイドは成虫へ発育する．

テニア科はテニア属・エキノコックス属・*Hydatigera* 属・*Versteria* 属の4属に分けられている（Nakao et al. 2013a）．いずれの構成種も陸生哺乳類が中間宿主となり，それらを捕食する食肉類が終宿主となる（図2B）．成熟虫卵が中間宿主に経口的に取り込まれると，孵化した六鉤幼虫が肝臓などの臓器へ侵入して嚢虫（図3B）と呼ばれる袋状の幼生へ発育する．嚢虫の内部には反転した頭節が通常1つ形成されるが，嚢虫が無性的に増殖する種類もいる．エキノコックス属では幼生は包虫（図3C）と呼ばれ，複雑な入れ子状の袋構造になっており，内部で多数の原頭節が無性的に増殖する．食肉類が嚢虫や包虫を宿した哺乳類を捕食すると，その小腸で頭節

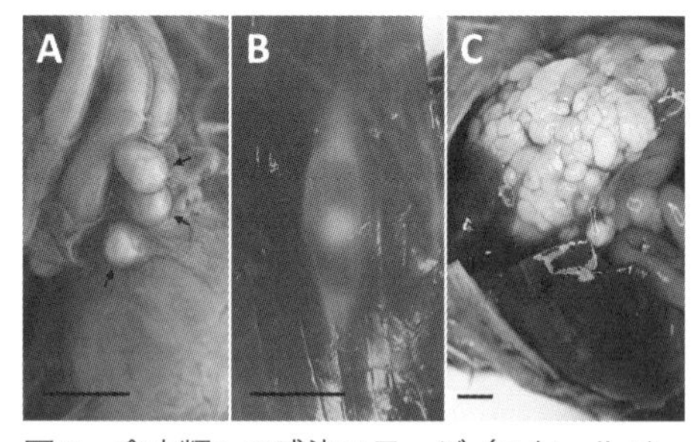

図3．食肉類への感染ステージ（スケールバー5mm）．A）プレロセルコイド（ベニザケ内臓漿膜面に寄生するヒグマ裂頭条虫の幼生）．B）嚢虫（ブタ筋肉に寄生する有鉤条虫の幼生）．C）包虫（エゾヤチネズミ肝臓に寄生する多包条虫の幼生）．

や原頭節は成虫へ発育する．テニア科は種類数が少なく，膨大な種類数を擁するヒメノレピス科と比較すると対照的である．ヒメノレピス科条虫は節足動物を中間宿主，哺乳類や鳥類を終宿主とするのに対して，テニア科条虫は哺乳類同士の捕食・被食関係で生活環が維持されている．中間宿主となる哺乳類の種類数の少なさとその高度な免疫系がテニア科の種分化を制限したのかもしれない．

それでは，個々の種類で具体的に終宿主と中間宿主との関わりをみてゆこう．

3. 日本海裂頭条虫

“熊のふんどし”という言葉がある．ヒグマが肛門から細長い白い紐，すなわち日本海裂頭条虫 *Dibothriocephalus nihonkaiensis* をぶら下げながら歩いている姿を形容したものである（佐々木ら 2019）．北海道では土産屋に定番の木彫りのヒグマが置かれており，この熊は必ず鮭を咥えている．まさにこれが日本海裂頭条虫の食肉類への感染経路である．この条虫の第2中間宿主はサケ属のサクラマスやシロザケなどで，筋肉内にプレロセルコイドが寄生している．ヒトもこれらの刺身を食べることで感染する．日本では魚を生食する文化は握り寿司が考案された江戸時代以降に一般化したと言われており，その頃から裂頭条虫症の発生は珍しくなかったようである．実際，下男の肛門から出た裂頭条虫を箸で巻き取っている様子を描いた浮世絵が残されている．

自然界での日本海裂頭条虫の終宿主はクマ科やイヌ科の食肉類であるが，実際の生活環は十分には解明されていない．中間宿主のサケ属魚類は川で生まれ，海に降って大型化し，産卵のときに生まれた川に戻るという遡河回遊をおこなう．サクラマスは孵化後のヤマメと呼ばれる淡水生活期が長く，この時期に第一中間宿主のケンミジンコ（*Cyclops* 属）を捕食して，プレロセルコイド幼生に感染すると考えられる．しかし，北海道の調査では，降海したばかりの幼魚期のサクラマスには幼生が存在せず，海洋での生活を経て河川に遡上した成魚からは幼生が容易に確認されている（粟倉ら 1985）．これは海で魚が感染したことを示しているが，海獣類には日本海裂頭条虫の成虫寄生は全くみられないので，寄生虫の主要な生活環が海で維持されているとは考えにくい．裂頭条虫科の分子系統解析においても日本海裂頭条虫は淡水のケンミジンコを第一中間宿主として陸生哺乳類を終宿主とするグループに属している（Waeschenbach et al. 2017）．日本のサクラマスにおける幼生寄生の謎を解明するためには待機宿主を想定する必要がある．現在の北海道はヒグマの生息数の減少によって日本海裂頭条虫の生活環が回りにくい場所だと考えられる．その生活環の中心は極東ロシアにあり，そこから外洋へ出る第二中間宿主の魚類がいて，日本へ回帰するサクラマスはそれらを捕食して待機宿主になっているのかもしれない．実際，極東ロシアではヒグマやツキノワグマが日本海裂頭条虫を高率に保有しており，感染率が50%に達するところがある（Muratov 1993）．

4. 広節裂頭条虫とヒグマ裂頭条虫

食肉類を主要な終宿主とする*Dibothriocephalus*属条虫には日本海裂頭条虫の他に広節裂頭条虫*Dibothriocephalus latus*とヒグマ裂頭条虫*Dibothriocephalus ursi*がある．

広節裂頭条虫は湖沼に生息するヨーロピアンパーチなどの純淡水魚を第二中間宿主としており，分布域はアルプス周辺（スイス・フランス・北イタリア）からバルト諸国やスカンジナビア半島を経てシベリアまでと広大である．北米や南米にも人為的移入による流行地があり，ヒト以外にイヌ科やネコ科の食肉類が自然界の終宿主となっている．アルゼンチンでは淡水湖で養殖されているサケ科のニジマスが広節裂頭条虫に感染している（Kuchta et al. 2019）．北欧では広節裂頭条虫症の患者に寄生虫性悪性貧血がみられることがある．貧血はこの条虫が虫体内に大量のビタミンB_{12}を取り込むことで引き起こされる．日本の症例では貧血がみられず，その要因として日本海裂頭条虫ではビタミンB_{12}の摂取率が低いと考えられている（矢崎・並木 1983）．

ヒグマ裂頭条虫はアラスカのコディアック島のヒグマから得られた成虫に基づいて記載された種である（Rausch 1954）．遡河回遊魚のベニザケが第二中間宿主であるが，プレロセルコイド幼生は内臓の漿膜面に被嚢しており（図3A），筋肉内で被嚢する日本海裂頭条虫や広節裂頭条虫とは明らかに寄生部位が異なる．ベニザケの内臓はヒトの可食部にはならないので，ヒトの寄生例はとても少ない．ヒグマ裂頭条虫の分布記録は北米の太平洋岸に限られているが，ベニザケの自然分布域を考慮すると，カムチャッカ半島など極東ロシアのヒグマに寄生例があっても不思議ではない．

5. マンソン裂頭条虫

Spirometra 属条虫は最近の DNA 系統解析では世界中に 6 種類以上いると考えられている（Kuchta et al. 2021）．日本にはマンソン裂頭条虫 *Spirometra mansoni* が分布している．この種はケンミジンコを第一中間宿主，両生類・爬虫類・哺乳類を第二中間宿主または待機宿主，ネコ科やイヌ科の食肉類を終宿主とし，ヒトは第二中間宿主や待機宿主の立場で感染環に巻き込まれる．すなわち，ヒトがカエルやヘビなどを生で食べると，この幼生は皮下や体腔へ侵入し，眼窩や脳へも移行する．幼生は10〜20cm の紐状で，伸縮しながら体内を動き回る．患者の発生はゲテモノ食いが広く見られるアジアで多い．また，ゲテモノ食いばかりでなく，ケンミジンコで汚染された飲料水を介する水系感染もあり得る．マンソン裂頭条虫は旧北区・東洋区・エチオピア区・オーストラリア区と広範囲に分布している．欧州には *Spirometra erinaceieuropaei*，エチオピア区には *Spirometra folium* が限局的に分布し，さらに新北区や新熱帯区には複数の隠蔽種から成る *Spirometra decipiens* complex がみられる（Kuchta et al. 2021）．この様にこの条虫は動物地理区と密接な関係があることから，ネコ科やイヌ科の食肉類と共種分化した可能性がある．

6. 猫条虫

猫条虫 *Hydatigera taeniaeformis* は人の生活圏に最も身近なテニア科条虫である．屋外へ出かける頻度の高い飼猫（イエネコ）には，長さ 1 cm ほどの黄白色の細長いものが肛門に付着したり，糞便に混ざることがあり，それは猫条虫の受胎片節であることが多い．受胎片節には多数の虫卵が詰まっており，虫卵はやがて中間宿主の住家性ネズミ（主に *Rattus* 属のドブネズミやクマネズミ）に経口摂取されると，その肝臓で袋状の嚢虫に発育する．嚢虫内部には長さ 5 〜10cm の巨大な幼生が 1 個体折りたたまれて格納されている．その幼生には完成した頭節があり，頭節後方には既に片節が形成されている．イエネコが感染ネズミを捕食すると，幼生は小腸で直ちに成虫へ発育する．猫条虫はイエネコや住家性ネズミと共に人為的に世界中へ拡散した．イエネコの起源は中東の砂漠などに生息していたリビアヤマネコである（Driscoll et al. 2007）．猫条虫はもともとイエネコの寄生虫ではなく，イエネコが家畜化された後に他のネコ科の食肉類から宿主転換したものと考えられている（Lavikainen et al. 2016）．農耕集落で貯蔵穀物の鼠害を防ぐためにイエネコが益獣として飼育されたことは，猫条虫・イエネコ・住家性ネズミの関係性を強固なものにしたに違いない．

1990年代に北海道でエゾヤチネズミから採集された猫条虫の幼生は，住家性ネズミに寄生している猫条虫のものと形態的にほとんど同じで区別がつかなかった．しかし，生物学的な性状，特に宿主特異性が異なっており（Iwaki et al. 1994），隠蔽種と考えられた．やがて，分子系統解析によって欧州のハタネズミ亜科の野ネズミから得られた猫条虫の幼生が北海道のエゾヤチネズミ由来のものと同一であることが判明した．猫条虫の分離株が世界中から集められて検討された結果，猫条虫は３つの系統群に分かれ，このうちネズミ科を主要な中間宿主とするものを狭義の猫条虫*H. taeniaeformis* sensu stricto，ハタネズミ亜科を主要な中間宿主とするものは*Hydatigera kamiyai*として新種記載された（Lavikainen et al. 2016）．残った一群は欧州に生息するヨーロッパヤマネコの野生種から得られたもので，*H. kamiyai*と近縁であった．*H. kamiyai*は欧州から西シベリアにかけて分布しており，北海道のものは人為的に移入されたものであると考えられた．狭義の猫条虫はイエネコと住家性ネズミの生活環に適応したことから世界中に分布を広げたが，*H. kamiyai*の場合は欧州や西シベリアの何処かでネコ科の野生種を終宿主とする生活環が保たれているかもしれない．

7. 単包条虫と多包条虫

テニア科条虫の中でもエキノコックス属は特殊で，その成虫と幼虫の形態は他の条虫類と隔絶している．成虫はとても小型で,片節は数個しか存在せず，包虫と呼ばれる幼生の内部では原頭節が無性的に増殖して数千から数万個になる．従って，食肉類が包虫を摂食すると成虫が多数寄生することになる．通常の条虫類は多数の片節があることで膨大な数の虫卵を産出できるが，エキノコックス属の場合は片節数の少なさを多数寄生で補っている．

エキノコックス属は9種から構成され（Nakao et al. 2013b），そのうち単包条虫*Echinococcus granulosus*と多包条虫*Echinococcus multilocularis*がヒトへの主要な病原体となる．ただし，形態では識別できない隠蔽種があるので，医療統計などでは単包条虫は広義の単包条虫*E. granulosus* sensu latoとして扱われており，ここでもそれに準ずる．両種ともイヌ科の食肉類を終宿主とし，中間宿主は単包条虫の場合はヒツジ・ウシ・ブタ・トナカイなど，多包条虫の場合はハタネズミ亜科の野ネズミである．ヒトは中間宿主の立場で感染環に巻き込まれる．中間宿主の組合せから，単包条虫の生活環は中型・大型の草食動物を群れで狩るオオカミが動かしていたのが原形で，やがて家畜化されたイヌへ移行していったと想像できる．草食動物の家畜化と牧畜の発展は単包条虫がヒトの社会へ組み込まれる原因となった．一方，キツネは単独生活者であり，その野ネズミを選択的に捕食する食性に適応したのが多包条虫である．イヌも多包条虫の好適宿主になるので，飼犬が感染した場合はヒトへの感染源としてとても重要である．しかし，自然界で多包条虫の生活環を担うのは野ネズミの捕食頻度が圧倒的に高いキツネである．

単包条虫は牧畜に依存して世界中の草原へ人為的に拡散したが，多包条虫はアカギツネとホッキョクギツネの分布と一致して北半球の寒冷地に局在している．ミトコンドリアDNAの多型を調べると，ヒツジを中間宿主として牧羊犬を終宿主とする狭義の単包条虫*E. granulosus* sensu strictoは，ヒツジが家畜化されたといわれる中東で多様で，他地域では世界共通のハプロタイプが主要なものとなって多様性が低下し，牧羊の発展とともに世界中へ拡散したことが裏付けられる（Nakao et al. 2013b）．一方，多包条虫の場合は，欧州型・アジア型・北米型の地域的なハプログループに分かれ，これは氷河期に宿主動物が待避地（refugia）に隔離されていたことを暗示している（Nakao et al. 2009, 2013b）．最近，カナダで欧州型の多包条虫が分布を広げており（Jenkins et al, 2012），これは人為的な移入と考えられている．北米ではアカギツネばかりでなく，野鼠を狩るコヨーテが終宿主として生活環に加わる（Catalano et al. 2012）．

日本ではエキノコックス症は多包条虫によるものが北海道で問題となっている．北海道の多包条虫は遺伝的多様性がとても低いことから，最近移入されたものと推察できる（Okamoto et al. 2007）．北海道への多包条虫の侵入は20世紀前半の養狐業の趨勢と関連している．カナダのプリンスエドワード島での銀狐（アカギツネの毛色変異）の飼育成功に端を発する養狐業は，やがて米国の毛皮業者によるアリューシャン列島でのキツネの放し飼いに発展した．日本政府もこれを真似して，千島列島中部の新知島などでホッキョクギツネやアカギツネの放し飼いを始め，特にホッキョクギツネは多包条虫の流行地であるコマンドル諸島から導入した．その結果，ほぼ無人の中部千島の島々で多包条虫が大流行したようで，キツネの包虫症さえ記録されている（石野 1941）．新知島のアカギツネは1920年代に毛皮生産と野鼠の駆除を目的として礼文島へ移入され，放し飼いにされた．その個体群は順調に増殖したが，やがて密猟によって崩壊した．1940年代以降になって住民にエキノコックス症の患者が多発し，疾病調査が実施された頃にはキツネではなく野犬が多数生息していた．しかし，野犬から多包条虫が発見されることはほとんどなく，イヌでは自然界での流行を支えることができなかったらしい．ヒトのエキノコックス症は潜伏期間がとても長いことから，患者発生と自然界での流行にはタイムラグがあったのである．一方，北海道本島では1960年代から根室・釧路地方で患者が発生し，1980年代に網走地方の飼育豚から包虫感染例が発見されたことを契機として，やがて全道が汚染地域であると判明した．多包条虫は根室・釧路地方を起点として全道に広がったのか，それとも全道各地に散在していたものが顕在化しただけなのか，全く不明である．ただし，キツネの毛皮バブルに沸いた1930年代は全道各地に600以上もの養狐場があり（農林省水産局 1939），そのなかには中部千島からキツネを搬入していたところがあったかもしれない．

欧州では多包条虫によるエキノコックス症は1980年代まではフランス・ドイツ・オーストリアに限局して発生していたが，最近では流行地が周辺国へ拡大しており，アカギツネの都市ギツネ化と相まって，患者の増加が懸念されている（Hofer et al. 2000）．都市でエキノコックス症が発生するという状況は北海道においても全く同様である．東欧ではエキノコックス症は単包条虫が主要な原因種であったが，最近では多包条虫も加わっている．最新の医療統計ではリトアニアとポーランドで両種による患者発生が顕著である（European Centre for Disease Prevention and Control 2020）．

8. テニア科条虫の希少種

宿主体内の寄生虫は形態的特徴に乏しく，成虫では生殖器の形やその配置が種を同定する際にとても重要になる．しかし，中間宿主動物やヒトから発見される幼生では生殖器がほとんど発達していないので，種同定が非常に困難である．最近ではDNA解析が寄生虫の分類に応用されるようになり，DNAバーコードさえ整備されていれば，幼生の同定は容易である．テニア科条虫の希少種についても幼生を調べることで，宿主域や生活環さらに近縁種の存在が明らかになりつつある．

Versteria mustelae はイタチ科の食肉類（主にイタチ属）を終宿主，ハタネズミ亜科のネズミ類を中間宿主として，北半球に広く分布している．この種はかつてテニア属に入れられていたが，分子系統ではエキノコックス属と姉妹群になり，成虫が小型で，大型のテニア属とは形態的に異なるので，*Versteria* 属を新設して，所属が変更された（Nakao et al. 2013a）．そのDNAバーコードが公開されると北米に近縁の未記載種が存在することが明らかになり，その嚢虫はネズミばかりでなく，類人猿やヒトへも寄生することが確認された（Lee et al. 2016）．北海道では *V. mustelae* が道東のイイズナやエゾヤチネズミから確認されている（Iwaki et al. 1995）．ミトコンドリアDNAのハプログループを調べると北海道のものは極東ロシアのものとほぼ同一であった．*V. mustelae* は本州のニホンイタチからも発見されており，北海道のものとは異なるハプログループに属していた．興味深いことに，北海道利尻島のムクゲネズミから発見された *V. mustelae* は本州のハプログループと同一であった（佐々木ら 2021）．利尻島には1930年代に札幌で飼育されていたニホンイタチが野鼠駆除の目的で移入され，定着している（犬飼 1949）．もともと北海道にはニホンイタチが生息していなかったが，1870年代に津軽海峡を航行する船舶を介して侵入したとされている（鈴木 2018）．従って，利尻島に導入されたニホンイタチは道内で繁殖したものではあるが本州から移入された国内外来種ということになる.ニホンイタチの北海道への侵入と共に本州の *V. mustelae* も北海道へ侵入し，さらに利尻島へまで移入されたのだろう．

Taenia martis もイタチ科の食肉類（主にテン属）を終宿主，ネズミ科の広範囲な種類を中間宿主として，北半球に広く分布している．ドイツやフランスにおいて少数例ではあるが，ヒトから得られた幼生がDNA解析で *T. martis* と同定されたことから，ヒトへも感染することが判明した（Deplazes et al. 2019）．日本では今まで *T. martis* の記録はなかったが，最近，北海道のエゾヤチネズミの腹腔からこの幼生が発見された（佐々木・中尾，未発表）．感染エゾヤチネズミの生息環境からエゾクロテンが終宿主と考えられた．

9. ヒトに寄生するテニア属条虫

テニア属はテニア科の中で最も種類数が多い分類群である．ほとんどの構成種が陸生食肉類の条虫であるが，例外的に有鉤条虫 *Taenia solium*・無鉤条虫 *Taenia saginata*・アジア条虫 *Taenia asiatica* の3種がヒトを終宿主とする（Ito et al. 2003）．有鉤条虫とアジア条虫はブタ，無鉤条虫はウシを中間宿主とし，これらの肉や内臓に含まれる嚢虫を経口摂取してヒトが感染する．有鉤条虫の場合，ヒトでも筋肉や脳で嚢虫が発育するため，かつては食人（cannibalism）によってヒトからヒトへの生活環が維持されていたと考えられる．

ヒトから排泄されるテニア科条虫の受胎片節には中間宿主に食べられるための合目的性がみられる．有鉤条虫の受胎片節には運動性がほとんどなく，糞便から離れることができないが，無鉤条虫の場合は激しい運動性をもち，糞便から逃げるように離脱する．また，この運動性によって排便時以外でも肛門から体外へ這い出して，患者に不快感を与える．有鉤条虫の中間宿主となるブタは雑食で食糞性（coprophagy）があり，途上国ではヒトの糞便がブタの飼料として与えられており，ヒトから出た受胎片節は直ちにブタに食べられることになる．一方，無鉤条虫の中間宿主は草食性のウシなので，糞から離れて草に付着したほうがウシに食べられやすくなる．

ヒトはアフリカ起原であることから，ヒトのテニア属条虫もアフリカ起原ではないかという仮説が寄生虫の形態に基づく系統解析から発表された（Hoberg et al. 2001）．すなわち，ヒトの条虫はアフリカのハイエナなどの食肉類の条虫と形態が類似していることから，ヒトの祖先種が食肉類の食べ残した獲物を漁ったり，横取りしていた際に食肉類の条虫がヒトへ宿主転換し，やがてヒトの条虫へ進化したのではないか，というシナリオである．この仮説を検証するため，エチオピアのブチハイエナから得られたテニア属条虫についてDNA系統解析を実施したことがある（Terefe et al. 2014）．ブチハイエナのテニア属条虫は形態的に *Taenia crocutae* と2種類の不明種に同定され，DNA解析は *T. crocutae* が無鉤条虫とアジア条虫に近縁であることを示した．すなわち，ヒトの条虫とハイエナの条虫が系統的な姉妹関係にあることが判明した．ただし，有鉤条虫はヒグマの条虫 *Taenia arctos* と姉妹群になり，アフリカとの関連性は低かった．この調査ではアフリカ産のテニア属条虫の種類数が十分ではなく，ヒトの条虫のアフリカ起原説に関して決定的な結論には至らなかった．しかし，宿主転換した場所はわからないものの，食肉類とその獲物となる哺乳類の間で維持されていた条虫の生活環へヒトの祖先種が腐肉漁りや狩りで介入して新たな条虫を進化させた可能性は高いと考えられた．

最後に無鉤条虫のエピソードをひとつ紹介しておこう．かつて中央シベリアの北極海沿岸部やサハリンの住民に無鉤条虫の感染がみられた．ただし，これらの地域は無鉤条虫の中間宿主であるウシが全く飼育されていなかった．その無鉤条虫は形態だけで同定されており，隠蔽種の可能性があったので，ロシアの寄生虫学者はNorthern *Taenia*と呼んでいた．ヒトの感染源はトナカイで，それも肉ではなく脳の生食によるものであった．これらの地域の原住民はトナカイを飼育しており，脳を好んで食べていたのである．このNorthern *Taenia*の歴史的な標本をDNA解析する機会があり，ヒトを終宿主とするテニア属条虫の第4番目の新種発見になるかと期待して調べたが，結果は残念ながら無鉤条虫だった(Konyaev et al. 2017)．無鉤条虫の生活環の原型はヒト・ウシではなく，ヒト・トナカイであったのかもしれない．

文献

粟倉輝彦，阪口清次，原　武史：サクラマスの寄生虫に関する研究—Ⅷ広節裂頭条虫のプレロセルコイドの寄生状況．北海道立水産孵化場研報 40: 57-67, 1985.

Catalano S, Lejeune M, Liccioli S, Verocai GG, Gesy KM, et al: *Echinococcus multilocularis* in urban coyotes, Alberta, Canada. Emerg Infect Dis 18: 1625-1628, 2012.

Deplazes P, Eichenberger RM, Grimm F: Wildlife-transmitted *Taenia* and *Versteria* cysticercosis and coenurosis in humans and other primates. Int J Parasitol Parasites Wildl 9: 342-358, 2019.

Driscoll CA, Menotti-Raymond M, Roca AL, Hupe K, Johnson WE, et al: The Near Eastern origin of cat domestication. Science 317: 519-523, 2007.

European Centre for Disease Prevention and Control. Echinococcosis. In ECDC, Annual epidemiological report for 2017, Stockholm, ECDC, 2020.

Hoberg EP, Alkire NL, de Queiroz A, Jones A : Out of Africa: Origins of the *Taenia* tapeworms in humans. Proc Biol Sci 268: 781-787, 2001.

Hofer S, Gloor S, Müller U, Mathis A, Hegglin D, et al: High prevalence of *Echinococcus multilocularis* in urban red foxes（*Vulpes vulpes*）and voles（*Arvicola terrestris*）in the city of Zürich, Switzerland. Parasitol 120: 135-142, 2000.

犬飼哲夫：野鼠駆除のため北海道近島へイタチ放飼とその成績．札幌博物学会会報

17: 56-59, 1949.
石野英：多房性包蟲の發育像に關する考察．家畜衛生協會報 9:115-228,1941.
Ito A, Nakao M, Wandra T : Human Taeniasis and cysticercosis in Asia. Lancet 362: 1918-1920, 2003.
Iwaki T, Abe N, Shibahara T, Oku Y, Kamiya M: New distribution record of *Taenia mustelae* Gmelin, 1790 (Cestoda) from the least weasel *Mustela nivalis* in Hokkaido, Japan. J Parasitol 81: 796, 1995.
Iwaki T, Nonaka N, Okamoto M, Oku Y, Kamiya M: Developmental and morphological characteristics of *Taenia taeniaeformis* (Batsch, 1786) in *Clethrionomys rufocanus bedfordiae* and *Rattus norvegicus* from different geographical locations. J Parasitol 80: 461-467, 1994.
Jenkins EJ, Peregrine AS, Hill JE, Somers C, Gesy K, Barnes B, et al: Detection of European strain of *Echinococcus multilocularis* in North America. Emerg Infect Dis 18: 1010-1012, 2012.
Konyaev VS, Nakao M, Ito A, Lavikainen A : History of *Taenia saginata* tapeworms in northern Russia. Emerg Infect Dis 23: 2030-2037, 2017.
Kuchta R, Kołodziej-Sobocińska M, Brabec J, Młocicki D, Sałamatin R, Scholz T: Sparganosis (Spirometra) in Europe in the molecular era. Clin Infect Dis 72: 882-890, 2021.
Kuchta R, Radačovská A, Bazsalovicsová E, Viozzi G, Semenas L, Arbetman M, et al: Host switching of zoonotic broad fish tapeworm (*Dibothriocephalus latus*) *to salmonids, Patagonia. Emerg Infect Dis 25: 2156-2158, 2019.*
Lavikainen A, Iwaki T, Haukisalmi V, Konyaev SV, Casiraghi M, et al: Reappraisal of *Hydatigera taeniaeformis* (Batsch, 1786) (Cestoda: Taeniidae) sensu lato with description of *Hydatigera kamiyai* n. sp. Int J Parasitol 46: 361-374, 2016.
Lee LM, Wallace RS, Clyde VL, Gendron-Fitzpatrick A, Sibley SD, et al: Definitive hosts of *Versteria* tapeworms (Cestoda: Taeniidae) causing fatal infection in North America. Emerg Infect Dis 22: 707-710, 2016.
Muratov IV: Predatory terrestrial mammals - the definitive hosts of *Diphyllobothrium klebanovskii* (in Russian). Med Parazitol Mar-Apr (2) :3-5,1993.
Nakao M, Lavikainen A, Iwaki T, Haukisalmi V, Konyaev S, et al: Molecular phylogeny of the genus *Taenia* (Cestoda: Taeniidae): Proposals for the resurrection of *Hydatigera* Lamarck, 1816 and the creation of a new genus *Versteria*. Int J Parasitol 43: 427-437, 2013a.
Nakao M, Lavikainen A, Yanagida T, Ito A: Phylogenetic systematics of the genus *Echinococcus* (Cestoda: Taeniidae). Int. J. Parasitol. 43: 1017-1029, 2013b.
Nakao M, Xiao N, Okamoto M, Yanagida T, Sako Y, Ito A: Geographic pattern of genetic variation in the fox tapeworm *Echinococcus multilocularis*. Parasitol Int 58: 384-389, 2009.
農林省水産局編：本邦養狐業ノ趨勢．杉田屋印刷所，東京，1939, pp.138.

Okamoto M, Oku Y, Kurosawa T, Kamiya M: Genetic uniformity of *Echinococcus multilocularis* collected from different intermediate host species in Hokkaido, Japan. J Vet Med Sci 69: 159-163, 2007.

Rausch R: Studies on the helminth fauna of Alaska. XXI. Taxonomy, morphological variation, and ecology of *Diphyllobothrium ursi* n. sp. provis. on Kodiak Island. J Parasitol 40: 540-563, 1954.

佐々木瑞希，石名坂豪，能勢峰，浅川満彦，中尾稔：北海道斜里町のヒグマ腸管より検出された日本海裂頭条虫. Jpn J Zoo Wildl Med 24: 123-126, 2019.

佐々木瑞希，新倉（座本）綾，佐藤雅彦，塩崎彬，中尾稔：利尻島初記録のテニア科条虫 *Versteria mustelae*（Gmelin,1790）. 利尻研究 40: 87-90, 2021.

Scholz T, Kuchta R, Brabec J: Broad tapeworms（Diphyllobothriidae）, parasites of wildlife and humans: Recent progress and future challenges. Int J Parasitol Parasites Wildl 9: 359-369, 2019.

鈴木聡：ニホンイタチ. 増田隆一編，日本の食肉類―生態系の頂点に立つ哺乳類―, 135-153. 東京大学出版会，東京，2018, pp.135-153.

Terefe Y, Hailemariam Z, Menkir S, Nakao M, Lavikainen A, et al: Phylogenetic characterisation of *Taenia* tapeworms in spotted hyenas and reconsideration of the "Out of Africa" hypothesis of *Taenia* in humans. Int J Parasitol 44: 533-541, 2014.

Waeschenbach A, Brabec J, Scholz T, Littlewood DTJ, Kuchta R: The catholic taste of broad tapeworms - multiple routes to human infection. Int J Parasitol 47: 831-843, 2017.

矢崎康幸，並木正義：広節裂頭条虫症のビタミンB_{12}代謝―^{57}Co-ビタミンB_{12}-内因子，^{58}Co-ビタミンBB_{12}を用いた検討―. 日本消化器病学会雑誌80: 2202-2207, 1983.

■においってどう採取するのか？ どうやって分析する？

金子 弥生

におい成分分析用のサンプルは，動物の臭腺から直接採取する．フンや尿の中にも，分泌したにおい成分が含まれているため，成分を検出できる可能性はあるが，野外で採取した糞や尿は，その場所ににおいづけした個体が1頭なのか複数個体であるのかを確認することができない．したがって，野生動物の研究では基本的には対象動物の捕獲を行う．このため，におい成分の研究では，捕獲技術と保定技術をもっているチームにおいて可能ということになる．アナグマのにおい成分の分析を企画し，地域間比較の対象として地域を選ぶ時に，実は，この技術を問題なく行うことのできる体制のある地域を選ぶ必要がある．ブルガリアは，Raichev博士が捕獲技術に慣れておられるので，安心してお願いすることができた．それでも，アナグマの保定やサンプリングの技術については，サンプル採取の前にRaichev博士とPeeva博士に，イギリス・オックスフォード大学のNewman博士とBuesching博士の率いるWythamのアナグマプロジェクトの捕獲調査に1週間参加していただいた．

さらに，取得したサンプルは，分析ラボのある日本まで国際便で空輸する必要がある（図1）．冷凍条件で運搬せねばならないため，特殊な空輸便を予約し，運搬中に温度上昇が生じていないかをモニタリングするためのロガーも同封することにした．必要となる検疫やサンプル持ち出しの手続きを空港で終えて，サンプルが日本の検疫も終えて無事に届いたという連絡を，運搬会社からもらうときには，どの地域の時もいつもほっとしたものである．

ラボ作業となるガスクロマトグラフィー・マススペクトル（GCMS）分析は，私自身では行わずに，外部の会社に分析委託した（図2）．サンプルのついた綿ボールと，野外での動物の採取時に偶然紛れ込んだかもしれない化学物質（たとえば採取者のハンドクリームの香料など）を見分けるためのコントロールとして，におい成分を採取したアナグマ周辺の空気に触れた綿ボールの2種類を，1セットとしてそれぞれ分析機器にかけて，アナグマのにおい成分の化学物質を特定する（図3）．分析会社には，見本となる化学物質のライブラリーが豊富に揃っており，分析結果を3週間ほどで出してくれた．

図1．ヨーロッパから冷凍空輸したにおいサンプル．箱の中に温度ロガーもいれて，箱の入り口までドライアイスを満杯に詰め，発送準備完了となる．アナグマのにおい成分の国際輸送は，まるで映画のシーンのような光景である．

図2．ガスクロマトグラフィーを行った株式会社大同分析リサーチ・小菅園子研究員．機器類の種類やその他のツールによって結果が影響を受ける可能性があるため，常に同じ方法で行う．

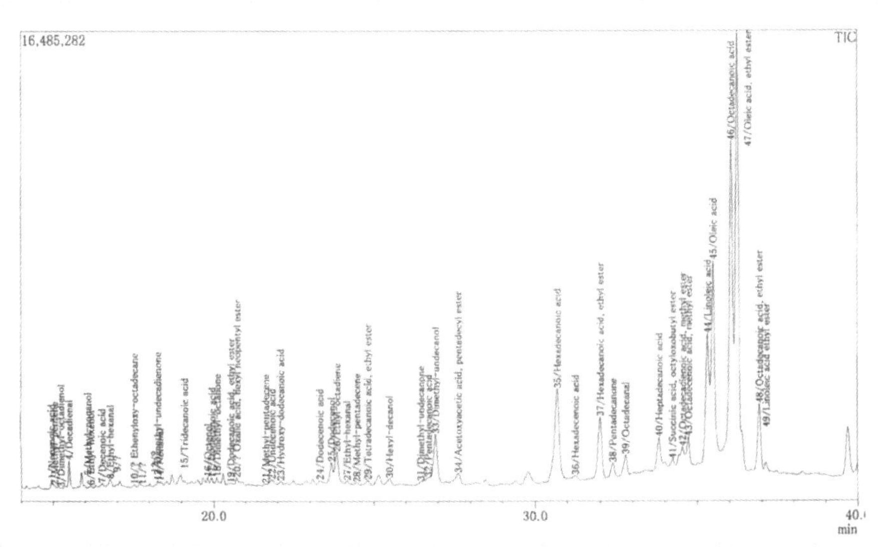

図3．2011年にはじめておこなったガスクロマトグラフィー分析によるニホンアナグマのにおい成分の図（2011年3月，メス個体）．イギリスへメールで結果送付したのが東日本大震災直後の3月24日だったため，Bueschinq博士から「サムライ精神」と称えられた．

■“糞ってなに？” どうやって分析 どんな機器を使うの？

天池 庸介

●糞とは？

そもそも糞とは何なのか.一般的に食べ物が体内で消化・吸収され,最終的に残りかすとなって排泄されたものが糞である.しかし,実際には糞に含まれるのはそれだけではない.ヒトの場合,その構成要素の80%は水分とされている.残りの20%が固形物で,未消化物,腸内細菌,腸壁細胞がそれぞれ同程度(各1/3)含まれている.この腸壁細胞には,通常の細胞と同様に,核やミトコンドリアがあり,それらのDNAが含まれている.つまり,糞を調べることで,その動物を捕獲しなくても,DNA情報を得ることが可能となる.

●どのように分析するのか？

糞に含まれるDNAを分析する手法は,基本的に「DNA抽出」,「PCR」,「電気泳動」の3ステップを経て行われる(図1).

1.DNA抽出

DNA抽出方法にはいくつか種類があるが,現在では簡便なシリカ膜スピンカラム法が最も一般的である.この方法は,遠心分離機(後述)を用いてDNAをシリカ膜フィルターに結合させ,洗浄し,保存液に溶出するという流れで行われる.実際に一回の抽出に用いる糞の量は,0.3g前後(大豆一粒分)で,腸壁細胞が多く含まれる糞表面部分を用いると効率がよい.

2.PCR

糞に含まれる落とし主のDNAは極めて微量で,かつ食べた物や腸内細菌等のDNAも含まれるため,落とし主のDNAを選択的に増幅する必要がある.具体的には,DNA合成酵素やプライマーなどの試薬をDNA抽出液に加え,DNAの変性(denaturation),結合(annealing),伸長(extension)の3ステップを繰り返すことにより,特定のDNA領域を大量に複製することができる.これをポリメラーゼ連鎖反応(Polymerase

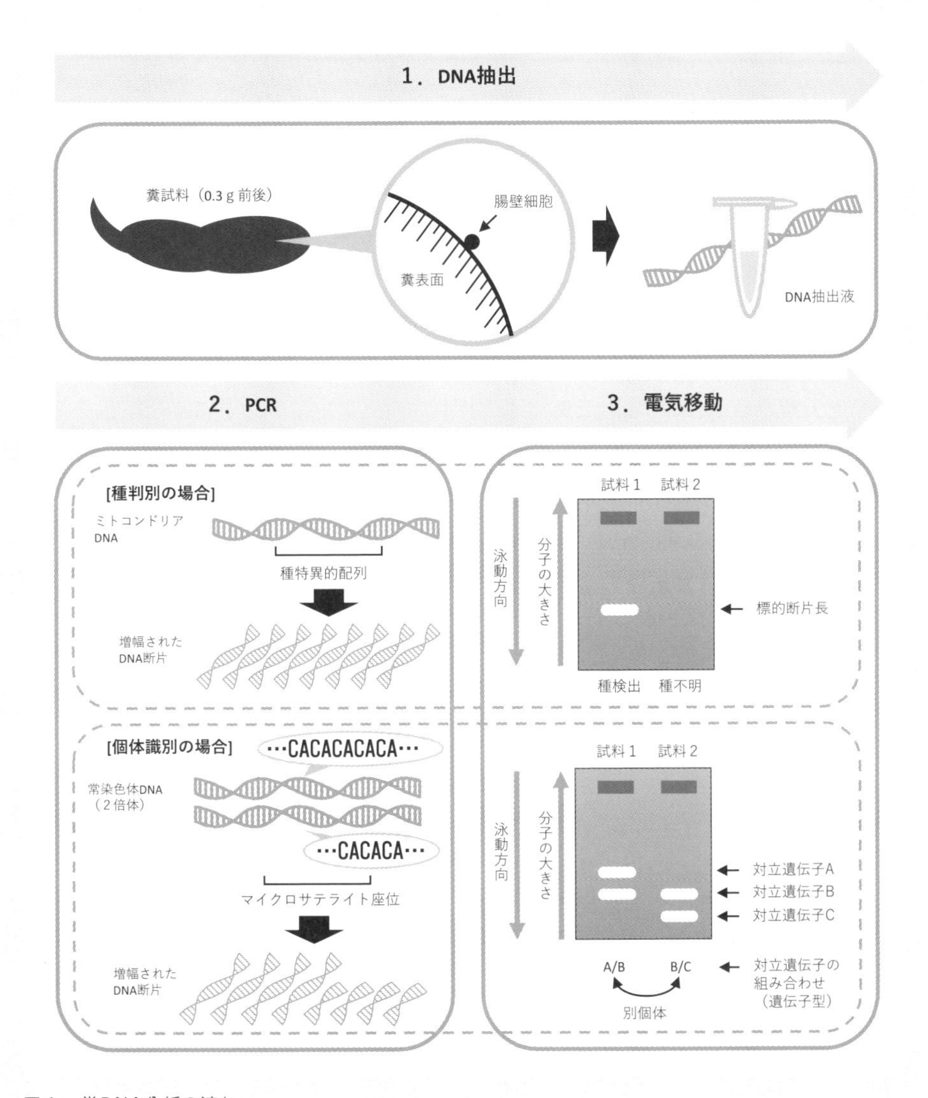

図1. 糞DNA分析の流れ

Chain Reaction: PCR)という.温度制御にはサーマルサイクラー(後述)という機器が使用される.増幅するDNA領域は,分析目的によって異なる.種判別の場合,種間で変異がみられるミトコンドリアDNAの種特異的配列を増幅する.個体識別の場合では,核DNAのマイクロサテライト(数塩基の繰り返し配列)を増幅する.この方法は,法医学分野においてはSTR(Short Tandem Repeat)法としても知られ,犯罪捜査における個人識別にも用いられている.2倍体である哺乳類の場合は,一つのマイクロサテライト座位当たり2つの対立遺伝子(アレル)を持っている.その反復回数や組み合わせは個体によって異なり,PCRを行った際に2種類の異なる長さのDNA断片が増幅される(1種類のみの場合もある).プライマーの働きは,このような特定のDNA領域を検出することである.なお,核DNAは,ミトコンドリアDNAに比べ,1細胞あたりに含まれるコピー数が極めて少ないため,一般的に種判別よりも個体識別の方が分析成功率は低い.

3.電気泳動

PCRによって増幅されたDNA断片は,そのままでは肉眼で確認することは出来ない.そこで,電気泳動を行い,DNAを可視化する.原理としては,立体網目構造を持つ媒体に電気を流すことによって帯電したDNAが移動し,分子ふるい効果(*1)を利用してDNAを分離させるというものである.種判別の場合,ゲル電気泳動および染色を行い,標的DNA断片の有無を肉眼で確認し,種を判定する.一方,個体識別の場合では,分子の大きさによって対立遺伝子の種類を同定し,その組み合わせ(遺伝子型)によって個体を識別する.ただし,実際には,より高い分解能をもつキャピラリー電気泳動装置(後述)を使用して,対立遺伝子の分子サイズをデジタルデータとして読み取る.

●分析に使用する機器

・遠心分離機

遠心力を利用して試料を分離させるための装置.スピンカラム法を用いたDNA抽出では,試薬をフィルター透過させるために必要なアイテムである.大きさは手のひらサイズものから洗濯機サイズのものまであるが,DNA抽出用には卓上タイプの遠心分離機(図2)で事は足りる.

図2. 遠心分離機(卓上タイプ).

・サーマルサイクラー

PCRを行うための装置.技術が誕生した当初は,3つの恒温水槽を用意し,手動で試料を移し替えるという非常に手間のかかるものであったが,現在ではペルチェ効果(*2)を利用した金属板の採用により小型化され,かつ全自動化を実現している.最近は、タッチパネル式が主流で、スマートフォンを操作する感覚で、温度条件等を入力することが可能である(図3).

図3．タッチパネル搭載のサーマルサイクラー.

・電気泳動装置

核酸(DNAおよびRNA)やタンパク質等を分離させるための装置.通常のDNA分離には,"アガロース(*3)ゲル電気泳動"が用いられ,そのシステムはシンプルかつ安価なのが特徴である(図4).しかし,分解能は低い.一方,"キャピラリー(毛細管)電気泳動"では,分離媒体に分子ふるい効果を持つポリマー(高分子)溶液が使用され,試料に予め付加された蛍光標識を検出器で読み取ることで,1塩基単位で断片長を測定することが可能である.同様の原理で,DNAの配列決定にも使用される.ただし,非常に高価で,複数の研究室で共同運用されていることが多い.

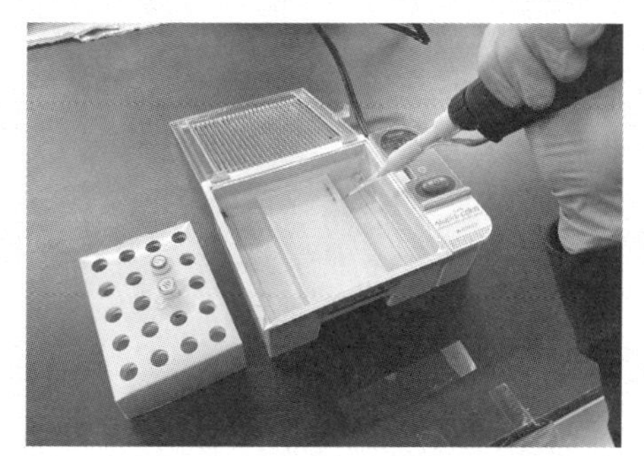

図4．アガロースゲル電気泳動装置.緩衝液に浸してあるアガロースゲルのウェル(穴)にサンプルを注入し,電気泳動を開始する.

*1 分子の大きさ(断片長)によって移動速度に差が生じる効果.分子が大きいほど移動速度は遅くなる.
*2 異なる金属を接合したものに電流を流すことで吸熱・放熱が起きる現象.
*3 寒天を高純度に精製したもの.

MHCって？ どうやって分析

西田 義憲

MHCはMajor Histocompatibility Complexの略称で，日本語では主要組織適合遺伝子複合体と呼ばれる．硬い顎を持つ有咢（がく）類とそれ以降に進化した脊椎動物が持つ遺伝子領域で，獲得免疫に必要なタンパク質をコードする遺伝子を多数含み，ヒトの場合は第6染色体上に存在する．発見当初はMHCに由来する糖タンパク質は白血球でのみ発現していると考えられたため，ヒトのMHCはHLA（Human Leukocyte Antigen; ヒト白血球抗原），イヌやネコなど身近な動物のものもそれぞれDLA（Dog Leukocyte Antigen）やFLA（Feline Leukocyte Antigen）とも呼ばれる．MHC内では，さらに構造や機能の類似性が高いタンパク質をコードする遺伝子同士が近傍に集まり，クラスI，クラスII，クラスIII　の3領域を構成している（図1）．ウイルスや細菌などの寄生者（非自己）は，宿主（自己）となるヒトなどに寄生し，排除されないようにするため，刻々とその遺伝情報を変化させ，多様性を蓄積してきた．これに対して，宿主側もMHC内に起こる突然変異を蓄積し，その多様性を高めて寄生者に対抗してきた．この結果，MHCは最も高い多型性（個人差）を示す遺伝子領域となり，例えばヒトHLA内の各対立遺伝子座に対応する遺伝子は合計で3万種以上同定されている．そのため，細胞表面に発現するMHC由来タンパク質も非常に多様性に富んでおり，高い精度で非自己を認識し，これを排除する免疫応答が可能である．一方で，骨髄や

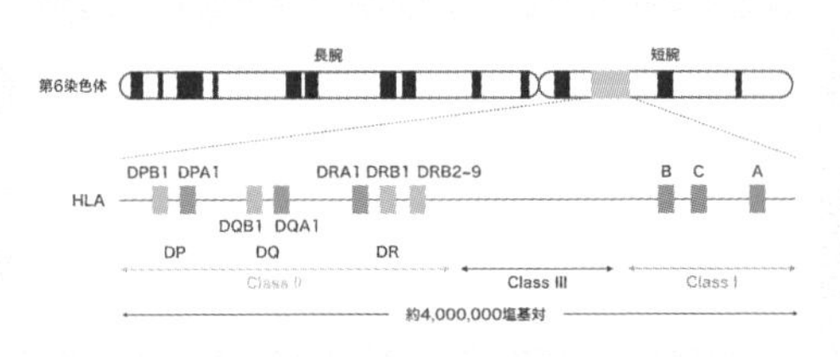

図１．HLAの染色体上での位置と内包する主要遺伝子座
*Class II内のDP、DQ、DRは機能分子名

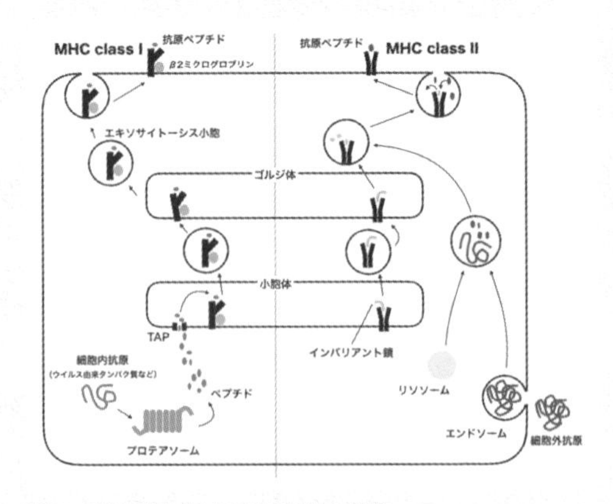

図2．MHC分子による抗原提示機構

臓器の移植では,ドナーがレシピエントからの移植片を非自己として認識する可能性が高まり,治療効果に大きく影響している.

●MHC class Iと細胞内抗原ペプチド　MHCクラスI分子は重鎖とβ2ミクログロブリン(非MHC)のヘテロダイマーからなり,ほぼすべての有核細胞で発現している.細胞内抗原(細胞内で合成された感染したウイルス由来のタンパク質など)は,プロテアソームでペプチドに分解され,小胞体膜に存在する抗原処理関連トランスポーター(TAP: Transporter associated with antigen processing)を通過して小胞体内に入り,そこでMHCクラスI分子と結合する.この複合体がゴルジ体を経由して細胞表面に提示される(図2)と,細胞傷害性T細胞がこれを認識して活性化し,病原に感染した異常細胞を攻撃し,排除するよう働く.(細胞性免疫)

●MHC class IIと細胞外抗原ペプチド　樹状細胞,マクロファージ,B細胞は抗原提示細胞と呼ばれ,α鎖とβ鎖のヘテロダイマーで構成されるMHCクラスII分子と前述のクラスI分子の両者を発現している.細胞外の抗原(細菌,寄生虫,毒素を含む可溶性タンパク質等)は,エンドサイトーシスやファゴサイトーシスによって小胞(エンドソーム)に包まれて細胞内に取り込まれる.この小胞がタンパク質分解酵素を含むリソソームと融合すると内包する抗原が分解され,細胞外抗原由来のペプチドが生成される.新生MHCクラスII分子は小胞体に移動し,ここでインバリアント鎖(蓋)と抗原ペプチドを交換し,小胞輸送により細胞表面へ運ばれる(図2).この複合体がヘルパーT細胞に提示されることで,B細胞による抗体産生が誘導される.(液性免疫)

●HLA型の分析法　HLA型の分析は,以前は抗体に対する細胞傷害性の有無で判別を行うLCT(Lymphocyte Cytotoxicity Test)法が用いられていたが,PCR(Polymerase Chain Reaction)法の開発により遺伝子検査法が発達し,多型部分を特異的に切断する制限酵素を用い,切断の可否により遺伝子型を判定するRFLP(Restriction Fragment Length Polymorphism)法やPCR産物を変性・一本鎖化し,電気泳動で塩基配列の違いによるDNA鎖の形態的な差異を検出することで遺伝子型を判別するSSCP(Single Strand Conformation Polymorphism)法のほか,多型部分に特異的なプライマーを用いたPCRでの増幅の有無を検出することにより遺伝子型を判定するSSP(Sequence Specific Primer)法が用いられるようになった.さらに,より多数の検体や複数の多型領域を同時に検出するため,PCR-SSO(PCR-Sequence Specific Oligonucleotide)法が開発された.この方法では,予め既知の各MHC対立遺伝子多型を区別できる短鎖DNAを化学合成して検査プレートなどに結合しておき,被験者から得たDNAを用いたPCRの産物とハイブリダイズするか否かで被験者の持つHLA型を判定する.また,今日では,一度により多くの解析を可能にする次世代DNAシークエンサーも利用され始めている.

■寄生虫に名前をつける

中尾 稔

リンネが開発した生物を階層的なグループに分類する方法は,生物名(学名)を属名と種小名で列記する二名法と一緒に生命科学の根幹となっている.それでは,生物名が与えられる“種”とは何だろう.古典的な分類学者は目に見える外部形態で種を比較したが,より客観的に種を識別するために生物学的種概念が定義された.種はその集団の中では互いに交配するが,他の集団とは交配できない,すなわち種は生殖隔離の有無で識別できる,というのがこの概念である.しかし,性をもたない生物にはこの概念は適用できない.そこで,共通祖先からの系譜に基づく系統学的種概念が登場した.これは系統樹の中で独立した分岐群(クレード)を種と認めようとする考え方で,今日ではDNAの塩基配列が容易に読めるので,この概念が頻繁に利用されている.しかし,あらゆる生物に当てはめられる万能な種概念はないので,分類学者は自分の専門の生物を形態・系統・生物地理・生態など様々な観点から総合的に検討し,ある個体群に独立性があれば,新種として記載する.寄生虫の分類では寄生虫の生物学的な特徴に加えて,宿主の情報がとても重要で,寄生虫の生活環を維持するために複数の宿主が必要な場合は,様々な宿主の自然史を調べることになる.

今まで様々な寄生虫を分類してきたが,一番苦労したのはエキノコックス属の条虫だった.20年ほど前にチベットスナギツネとクチグロナキウサギで生活環が維持されているエキノコックス属の未記載種を発見した.系統学的種概念と生態学的種概念に基づいて新種記載したが,形態学的種概念しか認めない条虫分類の老大家はこれを否定した.チベットスナギツネはクチグロナキウサギを選択的に捕食し,両者はチベット高原にしか生息しないので,この条虫の地理的・生態的隔離は万全であった.分子系統樹でも他の種と隔絶したクレードになるので,大家が否定しても一般的な基準では大変“良い種”で,今では*Echinococcus shiquicus*という名前で誰もが認める種となった(図1).

その後，エキノコックス属構成種の系統関係を全て明らかにするために仕事を進めて出会ったのが，“悪い種”だった．それは，単包条虫*Echinococcus granulosus*のラクダ・ブタ系統（G6/G7），ヘラジカ系統（G8），トナカイ系統（G10）で，当時のエキノコックス分類は形態学的種概念に基づいていたので，隠蔽種の存在が認められず，中間宿主が異なる単包条虫はその動物名を宛てて系統名で呼ばれていた．分子系統で整理すると，G6/G7とG10はほぼ同一のクレードで，G8はその姉妹関係にあったが，その遺伝的相違はとても小さなものだった．そこで，全ての系統を同一のクレードとみなし，かつてカナダのトナカイから記載された単包条虫の亜種を種へ昇格させて，全ての系統に*Echinococcus canadensis*という名前を与えた．*E. canadensis*はオオカミやイヌが終宿主となり，家畜が中間宿主として含まれるので，種分化の途上で人為的な撹乱を強く受けた種だと思われる．生態学的種概念を重視する研究者はラクダ・ブタ系統を別種にしたいが，系統学的種概念はそれを支持しないので，今でも種名の混乱が続いている．

種分化の途上にある種，すなわち“悪い種”が存在するのは生物進化の観点から当然のことである．かつて，ダーウィンは種に関する混乱を「もともと分けられないものを分けようとするからこんなことになるのだ」と述べており，それは遺伝的な違いを詳しく調べることができるようになった現代においても核心をついている．

図1．チベットスナギツネから発見した*Echinococcus shiquicus*（スケール0.5mm）．

知られざる食肉目動物の多様な世界

～東欧と日本～

文化からの多様な世界

10章

ブルガリアの狩猟文化と動物の文化的利用

Stanislava Peeva, Evgeniy Raichev
（翻訳　金子弥生・増田隆一）

1. 狩猟の歴史

ブルガリアのロドピ山脈で見つかった彫刻が施された石英質の武器，またはヴァルナ市の近くの「石の武器庫」から発掘された矢じりは，考古学者を驚かせた．それらが作成されたのは15万年から20万年前にさかのぼる．かつて洞窟バチョキロに住んでいた古代人の食卓の遺物から，約４万年前の旧石器時代の献立が，狩猟した動物で構成されていたことが推測された．洞窟の遺物やブルガリアで最古の古墳集落から，最古の人々が主に狩猟と釣りに従事し，バイソン，シチメンチョウ，ホラアナグマ，シカ，野生のウマ，イノシシ，野生のヤギなどが狩猟の対象となっていたことが明らかとなった．このことから，トラキア人（コラム９参照）は無類のハンターといえる．

過去には，ブルガリアの平原と丘陵地帯は，何世紀も前は森で覆われていて，狩猟の対象となる動物が豊かであったと考えられている．彼らにとって，狩猟は単なる生活手段ではなく，狩猟を通して若い人々に将来の戦士に必要なスキルを訓練した．狩猟は彼らの感覚を研ぎ澄まし，敏捷性を発達させ，勇気を育んだことだろう．トラキア人はベンディダと呼ばれる狩猟の女神を崇拝した．その像も発掘されており，ベンディダはキツネの毛皮の帽子とブーツやコートを着ており，狩猟犬を伴っていた．これは，キツネが人々にとって神話上の重要性をもっていたことを示唆する．

トラキアの遺跡から発見された黄金の宝物には，シカ，ノロジカ，ヤギ，野生のウシが表現されているものが数多く見られる．4 世紀にこれらの土地に定住し始めたスラブ人は，罠による狩猟を好んだ．ブルガリアの 3 番目の住人である原ブルガリア人は，弓矢で大きな野生動物を狩ることによって戦闘技術を練習した遊牧民であった．彼らは馬の鞍の下に動物の肉を置き乾燥させた．ブルガリアの高官は，大型捕食者であるオオカミとオオヤマネコの皮に身を包み，優越性と強さを示した．トルコの奴隷制支配の時期（訳注：オスマン帝国による支配期14世紀末〜19世紀）には，まだオオヤマネコとビーバーが生息しており，森は大型の野生動物が豊かであった．ブルガリアの農民達は日ごろから森で動物の狩りも行っていたが，時にはトルコの封建領主が狩猟に出かけるときの案内をすることも強いられた．

2. 現代の狩猟活動

今日では狩猟は生計を立てる方法ではないが，人類の文明の発展とともに狩猟も発展し，現在では文化的な現象になっている（Blüchel, 2009）．狩猟が文学，造形美術，映画のインスピレーションとなっている例はたくさんある．最近の見解は，狩猟は自然にとって役立つものでなければならないということである．ハンターは，野生動物と最も頻繁に接触する立場であり，動物の個体数と環境の変化を最初に感じることになる．真の生態学的思考は経験豊富で年配のハンターの意見に見出され，若い生態学者のそれとはかなり異なる．ハンターは，森林保護，狩猟動物の飼育，再導入，動物の自然界への順応，生息地の侵害の防止などのすべての活動を管理している．現行の狩猟は人間によって改変された環境で実施されることがほとんどである．そして狩猟活動は基本的に，狩猟動物を保護するための法律に沿った特定の計画によって行われている（SG, 2002）．

食肉目動物の狩猟には，特別な技術，大勢の人々の役割分担，ジャッカル，キツネ，オオカミなどの匂いを追う猟犬の訓練が必要である．ブルガリアでは，食肉目動物の狩猟中に有蹄類，ノウサギ，鳥類の狩猟は禁止されている．一方で，有蹄類の狩猟中には食肉目動物を狩猟することが許可されている．

最も一般的な方法は，大勢の人々が獲物を追跡して，狩猟エリアを囲むことである．別の狩猟法として，食肉目動物を餌に引き付ける方法がある．これは，捕食者の狩りに特化している年配のハンターが行う方法である．これらの2つの方法により，狩猟保護区では特定の食肉目動物の数が管理されている．個別の狩猟も行われ，最も経験豊富なハンターには特別な許可が発行される．この場合，笛が使用され，ハンターは負傷したウサギの鳴き声，アヒルの鳴き声などを模倣する．一部のハンターは，口だけでネズミの鳴き声を模倣することができる．ハンターは野原の端や森の端に身を隠して，彼らの前に引き寄せられた動物が出現するのを待つことになる．この方法には，極度の忍耐力，狩猟する地域についての知識，そしてうまく音を発する技術が必要である．ジャッカルとキツネは，ウサギの鳴き声に反応することが最も多く，アナグマやイシテンが反応することはあまりない．この方法では，野良犬も引き付けられることがある（Obretenov et al. 2004）．

追跡による狩猟は，多くの人々の組織だった連携が必要である．1つめの重要な条件は，捕食者が集中して利用する場所を知ることである．ほとんどの場合は，古いブドウ園，野原に低木が生い茂った渓谷，ゴミ投棄場の周りの地域である．2つめの条件は，参加者が静かに担当配置につくことである．狩猟動物の道の近くに持ち場を取ることになる．3つめの条件は，猟犬が捕食者のみを追いかけるように訓練すること．ただし，これはなかなか難しいことであり，追跡による狩猟が有蹄類のあまりいない開放的な地域で行われている理由である．冬の終わりの時期は，妊娠中のシカを追跡から保護するために，この狩猟方法は森林生息地では禁止されている．追跡による狩猟は，大勢の人々のコミュニケーションや興味深い話や議論を伴うものである．1月に実施され，雪の降る中で最も効果的な狩猟である．

狩猟の3番目の方法として，餌を使う方法が集落の近くで最も頻繁に行われている．餌は，廃屋，特別に配置されたトラックや待避壕のような隠れ場の近くに配置され，距離は25～30m．最初の夜は，ハンターは隠れ場に行かず，食肉目動物が置かれた餌を食い尽くすまで数日待つことになる．この方法では，捕食者が数晩連続して出現しない可能性があるため，多くの忍耐が必要である．隠れ場前の広場全体が見える月明かりの下で狩猟が行われる．

使用が禁止されている道具，装置，および狩猟方法は以下の通りである．
－猟具として許可されていない銃器，弓，いし弓
－無差別な（非選択的な）狩猟または殺害に使用される場合は，わな，ネット，トリモチおよび落とし穴（わな）
－有毒または中毒物質，およびそのような物質を含んだ餌
－電気音響再生装置および人工光源，標的を照らす装置
－鏡やその他の目をくらます物
－殺傷や気絶させる可能性のある電気器具
－寄せ餌として使用される生きた動物
－爆発物，毒ガス，煙を出すこと
－電気変換器と一体となった暗視装置，画像拡大鏡
－自動車
－航空機
－猛禽類，グレイハウンド

3. 食肉目動物とヒト

食肉目動物は，特に摂食行動において，自然界で重要な役割を果たしている．中型食肉目であるキツネ，ジャッカル，ヤマネコ，イシテンの主食がネズミ類であるため，彼らは農林業に有益である．ノウサギ，シカ，キジ，ヤマウズラなどは，中型食肉目の主食ではない．オオカミは主に大きな有蹄類を捕食する．その際，動物の中から病気の個体や幼獣などを捕まえる．したがって，被食者の個体群維持に影響を与えることなしに，採食の終わった場所から別の場所に移動する．つまり，食肉目動物は草食性動物の個体数を調整しており，ひいては生態系を維持している．

しかし，狩猟活動が頻繁に行われている地域では，捕食性の哺乳類が過剰に生息していると，狩猟可能となる動物種に偏りが生じることがある．これは，狩猟動物の数を増やすというハンターの目標と矛盾している．選択的な狩猟と動物の利用を計画的に行うことは，狩猟活動によって人間が捕食者の役割を引き受けていることと同じ効果となり，生態系を望ましい方向に導くよう狩猟動物数を調整しようとしている．

したがって，ある程度の捕食者の数の管理は必要である．オオカミは，フェンスで囲まれた狩猟エリアに入って深刻なダメージを与えることがある．キツネとイシテンは，放たれたキジとヤマウズラの一部を食べる．放鳥後の最初の数日，鳥は新しいなじみのない環境に入るため，餌や水がある場所や隠れ家をまだ知らないため，容易に捕食者の獲物になってしまう．

別の問題として，食肉目動物がエキノコックス症や他の疾病を伝播することがあげられる．ジャッカルとオオカミはエキノコックス症を引き起こす単包条虫 *Echinococcus granulosus* の媒介者になる．一方，キツネは本寄生虫を伝染させることはないが，西ヨーロッパでは別のエキノコックス症の原因である危険な多包条虫 *E. multilocularis* の宿主となり人に伝播させる．また，ブルガリアでは，キツネ，アナグマ，その他の食肉目動物から狂犬病が伝播することがある．

また，野犬や野良猫も深刻な問題を引き起こしている．野犬は群れをつくり，オオカミのように狩りをする．さらに，彼らは人間を恐れず，より図々しい攻撃をする．

野良猫は狩猟鳥に害を及ぼし，若いノウサギを捕まえることもよくある．さらに，ヨーロッパヤマネコと交雑する．その結果として生じる雑種は，野良猫とともに，ヨーロッパヤマネコをその在来の生息地から消滅させることになる．ブルガリアの狩猟と保護に関する法律では，集落の外では有害な狩猟動物としての野犬と野良猫の駆除を奨励している．

4. 食肉目動物とブルガリアの文化

狩猟対象であることとは別に，大型捕食者はいくつかの民族伝承や信仰に関連している．特に，クマとオオカミに対する人々の恐れから生じたと考えられる．したがって，大きな捕食者を倒すことは，その恐怖に打ち勝つためであった．しかし，恐れはその崇拝にもつながる．これらの賛美は一年の特定の日に行われ，特定の宗教とは関係がない．

多くの神話や習慣を通して，クマがブルガリアの文化や信念と結びついていることが示される．関連するお祝いの１つに，古いスラブ民族にルーツがある「ベアデー」がある．それは11月30日に祝われ，聖アンドリューによって後援されている．たとえ話の１つには，聖アンドリューは山地で生計を立てていた１人の隠者であったと述べられている．しかし，クマは彼の唯一の牛を食べてしまった．激怒した聖人はクマを捕まえ，その牛の代わりに鋤に引き具でつないだ．彼はクマを正義のために制圧したことになる．そのため，聖アンドリューはクマとその支配者として崇拝されている．この日は，クマからの保護のためにも崇められている．昼間の時間が長くなり始めるので，翌年の繁殖とも関連している．さらに３月25日も，Blagovets というクマに関連する休日である．この日に行われる慣習には再生の意味がある．春に初めて川で水浴びをする前に，あえてクマと争いたい人はいない．両方の休日は，動物の生物学的特徴や行動に関連している．聖アンドリューの日である11月中旬にクマは冬眠に入り，３月25日ころに目覚める．

ブルガリアの民俗神話における「オオカミの休日」は，11月から３月（地域によって異なる）の秋冬シーズンの３，５，７，９，または10日間に訪れ，オオカミが尊敬される．これらの休日の中で最も危険な日は最後の日であると考えられている．オオカミが人間や家畜にとって危険であると認識され，オオカミの休日が続く期間に行われる儀式が前もって決められる．そのため，オオカミから人や家畜を保護するために多くの儀式が行われ，多くの禁止事項が守られる．これらの休暇中，オオカミという呼称は禁忌で，言うことは許されない．その他の禁止事項は，主に女性の家事に関連することである．オオカミの歯に例えられるため，羊毛と鋭利なもの（例えば，ナイフ，はさみ，櫛，針など）を同時には使用できない．はさみは，オオカミの顎が閉じたままになるように模して刃を閉じたまましまい，使ってはならない．休日の前夜には，子供に見つけられないように，しっかりと縛って隠す必要がある．これは，折りたたみナイフや同様のすべての刃物にも当てはまる．

この期間中は，衣服（特に男性用）を縫うべきではないと考えられている．そのような衣服を着ている男性はオオカミに食べられるからだ．オオカミの日に夫の上着に当て布を縫い付けた女性についてのよく知られた民話がある．この男が後に森にまきを取りに行ったとき，彼はオオカミに襲われ，オオカミは彼の肩から当て布を引き裂いて持ち去ったという．この期間中，暖炉に掛かっているチェーンもロックする必要がある．灰を暖炉から出すことは許されない（オオカミは炭を食べたり舐めたりして繁殖すると考えられている）．日没後の外出は避ける必要がある．オオカミに関連するそのような休日は，セルビアでも知られている．

引用・参考文献

Blüchel K: Die Jagd. Konemann, 654pp., 2009（in Germany）.
Obretenov A, Rusev D, Yanakiev P: Right to Hunt. Nova Zvezda, Sofia, 323pp., 2004.（in Bulgarian）.
SG: Law for hunting and protection of the game. State Gazette, 78 of 26 September, 2000（in Bulgarian）.

11章

ヨーロッパと日本のヒグマとクマ文化

増田隆一

1. はじめに

本章では，食肉目の中でもヒグマ（*Ursus arctos*）に注目して，ヒトの文化との関係について考えたい．ヒグマは，日本列島では北海道にのみ生息する．一方，海外では，ユーラシア北部および北米大陸にかけて広く分布している．このように，ヒグマは，野生哺乳類の中でも極めて広い分布域をもっている．よって，ヒグマは，古来よりヒトと出会い，文化の中にとけ込み，ヒトの精神活動においても重要な役割を果たしてきた．一方，ヒトとクマの文化的関係には，地域によって共通性と多様性が見られる．ユーラシアの東西において，その共通性と独自性を以下に概観してみたい．

2. ヒグマの分布

食肉目の中でもクマ科Ursidaeは最も大型のグループである．クマ科には8種が含まれるが，その中の1種がヒグマ（図1）である．体サイズについて，最も大きい種はホッキョクグマ（*U. maritimus*），2番目に大きいのがヒグマである．

ヒグマの主な生息環境は，ユーラシアと北米の亜寒帯の森林である．食肉目ではあるが，食性は雑食性であるため環境への適応力が高いことが，分布域が広いことの理由の１つである．日本列島では北海道に生息するが，ヨーロッパには比較的広く分布する．カラーグラビア20ページで紹介したように，かつてヨーロッパには，ヒグマに近縁でより大型のホラアナグマ（*U. spelaeus*）が分布していたが，今から約２万年前には絶滅したと考えられている．2020年には，北極海にあるロシア領リャーホフスキー諸島の永久凍土から，皮膚や組織が残るホラアナグマの全身が発見されたと報道された．つまり，ケナガマンモス（*Mammuthus primigenius*）と同時代に生息していたことになるが，かれらの絶滅理由は未だ謎に包まれている．一方，ヒグマは，同時代を生き延び，現在まで種をつないでいる．食性の幅が広いことや適度な体サイズが有効にはたらいたのかもしれない．

図１．ブルガリアのヒグマ．北海道のヒグマと比べ遺伝的には大きく異なるが，外見上は，両者間で明確な違いは見当たらない．スタラザゴラ動物園にて．2014年９月，筆者撮影．

次に，日本ではあまり紹介されていないヨーロッパのヒグマの分布状況を見ていきたい．序章では，最終氷期以降のヨーロッパにおける温暖化に伴い，ヒグマや他の動植物の分布域が北上したことを紹介した．氷期の逃避所であった地中海沿岸からスカンジナビアまで移動した頃には（もちろん１世代のみではなく，世代を重ねてのことである），ヒグマの分布域はほぼヨーロッパ全域に達していたものと考えられる．さらに，東欧や中央ユーラシアからの移動も考えられる．しかし，その後，人間活動による森林の伐採や狩猟により個体数が減少し，現在では図２に示すように，その分布は分断化されている（Kaczensky 2018）．ヨーロッパでは10ほどの地域集団に分けられているが，さらに東方であるためこの図には示されていないロシア集団を含めて，互いに接している地域集団間ではある程度の個体の往来がある．そのうえで，以下に，IUCN（国際自然保護連合）から報告さているヨーロッパの各地域集団における推定個体数と分布面積（Kaczensky 2018），ならびに，推定個体数を分布面積で単純に割った値である個体群密度を順に列挙した．

・スカンジナビア集団：2,825頭，466,700km²，0.006頭／km²

・フィンランド－カレリア集団：
1,660頭，381,500km²，
0.004頭／km²
・バルチック集団：700頭，
50,400km²，0.014頭／km²
・カンタブリア集団：
321－335頭，7,700km²，
0.042－0.044頭／kmm²
・ピレネー集団：
30頭，17,200km²，
0.002頭／km²
・アルプス集団：
49－69頭，12,200km²，
0.004－0.006頭／km²
・アペニン集団：
45－69頭，6,400km²，
0.007－0.011頭／km²

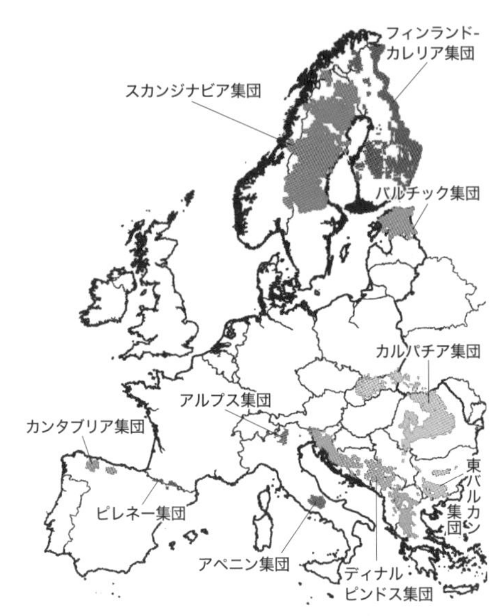

図2．現在のヨーロッパにおけるヒグマの分布．各地域集団の分布状況は，本文を参照のこと．IUCN Red List による（Kaczensky 2018）．

・ディナル－ピンドス集団：3,940頭，115,300km²，0.034頭／km²
・カルパチア集団：7,630頭，122,600km²，0.062頭／km²
・東バルカン集団：468－665頭，39,000km²，0.012－0.017頭／km²

上記の分布状況を見ると，スカンジナビア集団やフィンランド－カレリア集団での分布域は広いが，個体群密度が低い．イベリア半島におけるピレネー集団，イタリア半島のアペニン集団，アルプス集団では個体数も個体群密度も比較的低い．それに対して，バルカン半島のアドリア海側に位置するディナル－ピンドス集団，バルカン半島北部のカルパチア集団，東バルカン集団の個体数と個体群密度は比較的高い．ヨーロッパ全体では，個体数や個体群密度に東高西低の傾向が見られる．さらに，西欧ではヒグマが絶滅した国々も多いのが現状である．

一方，日本ではどうであろうか？　北海道環境生活部自然環境局（2022）によると，北海道の山林には広くヒグマが生息し，その推定全個体数の中央値は11,700頭である．この推定個体数を北海道の面積83,450km²で単純に割ると，個体群密度は0.140頭／km²と算出される．あくまでも推定値ではあるが，北海道におけるヒグマの密度は，ヨーロッパのどこの地域集団よりも高い値を示している．

たとえば，東バルカン集団と比べた場合，北海道集団はほぼ10倍である．北海道の面積は，ヨーロッパ大陸の西側に浮かぶアイルランド島の面積（84,420km²）に近い．このような狭い北海道に１万頭以上のヒグマが高密度に生息できるのは，ヒグマにとって豊富な餌資源に恵まれた自然環境が北海道に存在し，かつ，人による狩猟圧が少ないことによるものであると考えられる．

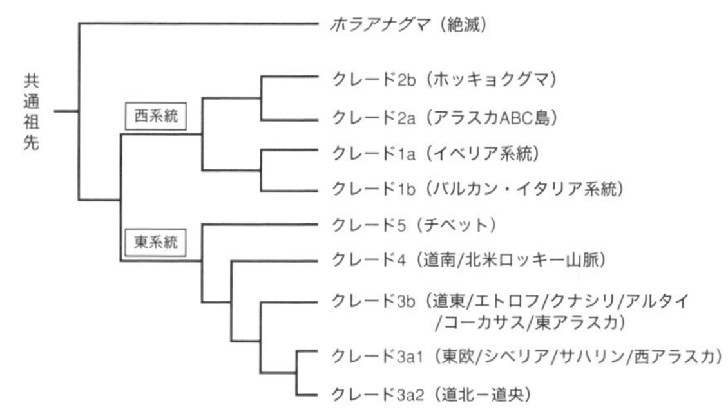

図３．北半球のヒグマに関する系統関係．これまでに報告されたミトコンドリアDNA情報に基づき作成された．クレードは遺伝的な系統を意味する．

これまで北半球のヒグマから報告されたミトコンドリアDNAの分子系統的な情報を統合し，図３に示した．クレードは，遺伝的に類似したグループを示し，ヨーロッパにはクレード１a，１b，３a１が地理的に分かれて分布する．一方，北海道にはクレード３a２，３b，４が分布している．

3. 日本におけるヒグマ文化

1 アイヌ文化におけるクマ送り儀礼

さて，ここからはユーラシアの東西におけるヒグマと文化の関係を比較してみよう．すでに述べたように，日本列島では北海道にヒグマが分布する．北海道の北に位置するサハリン，そして対岸の大陸である沿海地方，南千島のクナシリ島，エトロフ島にもヒグマは生息する．これらの地域において，古来よりヒグマはヒトの文化と深い関係にあった．その最も重要な関係を示すものは，アイヌ文化における「クマ送り儀礼」である．これまで，クマ送り儀礼は，文化人類学や考古学の分野において様々に研究されてきた（例えば，宇田川 1989；天野 2003；宇田川 編 2004）．

アイヌ文化において，ヒグマは山の神（キムンカムイ）と考えられてきた．アイヌの人たちは，春から秋にかけて山中でヒグマを捕獲した際には，ヒグマの魂を山に送り返す儀式を行ったうえで，その肉と毛皮を利用していた．その儀式がクマ送り儀礼である．クマ送り儀礼には，「オプニレ」と「イオマンテ」という2つの形式がある（宇田川 1989）．オプニレでは，ヒグマを捕獲した山中において儀礼を行う．ヤナギの木などに削りかけをつけた「イナウ」を横たわるヒグマの周囲に立て，神への祈りである「カムイノミ」を行い，ヒグマの霊を山へ送り返す．この儀礼をさらに丁重に行うためには，死んだクマをコタン（村）へ持ち帰り，カムイノミを挙行する．これは「カムイ・オプニレ」とよばれる．オプニレは，狩場で行う「狩猟型クマ送り」である．

一方，春先に冬眠から覚めた成獣のメスグマは，冬眠中に出産した仔グマを連れていることがある．その母グマが山中で捕らえられた際には，狩猟型クマ送りであるオプニレが行われる．一方，母グマといっしょにいた仔グマは生け捕りにされ，コタンに持ち帰り，木でできた檻（ペペレセツ）の中で餌を与えられ飼育される．そして，その年（または翌年）の秋には，飼育された仔グマを檻から出して，コタンにおいてクマ儀礼に供される．これがイオマンテであり，狩猟型クマ送りに対して「飼育型クマ送り」と呼ばれている．まだ，カメラがない時代に，イオマンテの様子は蝦夷島奇観とよばれる絵画にも描かれている（図4）．狩猟型クマ送りであるオプニレは，当然のことながら，ヒグマが偶然に捕獲された時にしかできない，いわば，開催日時を事前に決めることができない少人数による儀礼

A

B

図4．アイヌ文化における飼育型クマ送り儀礼「イオマンテ」．蝦夷島奇観より（村上島之丞［允］による，寛政12年［1800年］，北海道大学附属図書館所蔵）．A：イヨマンテの図（レコードID 0D023440000000048）．仔グマはコタンに作られた木製の檻（ペペレセツ）の中で飼育される，B：カモイノミの図（レコードID 0D023440000000052）．山の神（カムイ）であるヒグマの魂を山に返す祈りを捧げる．

である．それに対し，イオマンテは，コタンで仔グマを飼育している人たちが，儀礼を挙行する期日と場所を事前に決めることができる儀礼である．よって，多くの人が参加するイオマンテを行うことによって，人々は互いの絆をより強めることができるため，この儀礼は，アイヌ文化の発展のために重要な役割を担ってきたものと考えられている．

2クマ送り儀礼の起源，分布，その意義

ヒグマを対象とした儀礼は，ヒグマが分布するユーラシア北部や北米において行われてきたことが知られている．それが諸民族の間でどのようにして発展したのか，文化間の伝達なのか，または，各地において独立して起こったのかについては，現在も議論が続いている．飼育型クマ送り儀礼は，北海道だけではなく，サハリンならびにアムール川流域の極東諸民族においても行われてきたものであり，この地域間での互いの文化的交流により伝達と発展がもたらされた可能性がある（宇田川 1989；天野 2003）．

さて，私は思いがけずも，飼育型クマ送り儀礼の成立過程を考えるうえで，大変重要な研究に立ち会うことができた．それは，考古学研究者の北海道大学総合博物館・天野哲也博士らとの共同研究であった．北海道の北端に位置する礼文島における，オホーツク文化期の竪穴住居遺跡から出土したヒグマ骨の古代DNA分析を行った．オホーツク文化とは，約5世紀から13世紀（この時期については考古学者間でも意見の相違がある）にサハリン南部から北海道オホーツク海沿岸にかけて漁労を中心として発展した文化である．住居跡には，ヒグマや海獣の頭骨が集められた骨塚が形成され，出土した頭骨に穿孔された（穴が開けられること）ものも含まれているため，そこで動物儀礼を行ったと推定される．オホーツク文化の人々には，ヒグマに対する深い執着があったものと考えられている．一方，同時期の北海道の南部（渡島半島など）では，本州の弥生文化の影響を受けた続縄文文化，その後は擦文文化が発達した．

礼文島出土ヒグマ骨のミトコンドリアDNA分析の結果，仔グマ骨の遺伝子タイプが，北海道南部に分布するタイプ（図3のクレード4）に含まれることが判明した．さらに，考古学研究者によりその仔グマ群は，歯の年輪分析に基づき1歳未満で秋に死亡していたことが明らかとなっていた．それに対し，礼文島出土の成獣ヒグマ骨は，北海道本島北部の遺伝子タイプ（クレード3a2）を有し，春に死亡したものであった．礼文島では，過去も現在も，ヒグマは自然分布してい

なかったと考えられる．よって，この分析結果は，オホーツク文化圏に入る礼文島と北海道本島の北部域との間で，成獣グマを用いた儀礼が行われていたことを示している．さらに興味深いことは，オホーツク文化期と続縄文文化期の人々が，仔グマに対する価値観を共有しており，仔グマを使って２つの異文化間の交流を行っていたことが示唆されたことである（Masuda et al. 2001；増田ほか 2002）．おそらく，続縄文の人々が北海道南部で仔グマを捕獲し，生きたまま礼文島へ運び，献上したものと思われる．または，礼文島で生活していたオホーツク文化の人々が北海道南部を訪れ，続縄文の人々から仔グマを受け取ったのかもしれない．どちらであるかは今後の課題である．

私は，当初，古いヒグマの遺伝的特徴を調べるという目的で分析を開始したのである．しかし，分析結果を考古学分野の研究者と議論することにより，予想以上の考察に展開し，飼育型クマ送り儀礼の起源に関する興味深い成果を得ることができた．さらに，私たちはロシアとの共同研究として，サハリンのヒグマについてDNA分析を行ったところ，礼文島出土ヒグマ骨のタイプは，礼文島の北に位置するサハリン由来（クレード３a１）ではなく，北海道本島由来（クレード３a２およびクレード４）であることが明らかとなった（Mizumachi et al. 2021）．

このように，飼育型クマ送り儀礼が，すでにオホーツク文化において行われ，さらに続縄文文化との交流にも重要な役割を担っていたことが示された．そして，この儀礼と，その後のアイヌ文化や他の諸民族の文化との関連性については，民族学，考古学，文化人類学において現在も議論されている．いずれにしても，ヒグマが北海道を含む極東域における文化の交流や形成過程において重要な役割を担ってきたことは注目すべきことである．

では，なぜヒグマを対象に儀礼が行われてきたのか？　ヒグマは家畜でもないのに，他の動物とは異なる扱いを受けてきた特別な存在といえる．すでに述べたように，アイヌ文化のイオマンテでは，ヒグマは神として畏敬の念をもって扱われてきた．一方，ヒグマは狩猟の対象になってきたことも事実である．この畏敬と狩猟の間の矛盾を克服するために，クマ儀礼が発達したのではないかと，天野（2020）は述べている．つまり，ヒグマは神の世界からヒトの世界へ降りてきて狩猟される．そして，ヒトはヒグマの肉や毛皮をいただき，ヒグマの再来を願いながら，償いの気持ちを込めてその魂を天（または山々）へ送り返すという儀式を行うようになったのではないかと考えるのである．

4. ヨーロッパにおけるクマと文化

1 飼育されたヒグマ

さて，ユーラシア北部の様々な地域において，ヒグマに関する儀礼や行事が行われてきたことが知られている．天野（2008）は，その地域をユーラシアを結ぶヒグマの文化ベルトとよんだ．また，北米においてもクマ儀礼は報告されているが，本節では，前節の極東に対して，ヨーロッパを中心とする西ユーラシアを対象にする．

ユーラシア西部においては，イオマンテのような飼育型クマ送りの報告がない．一方，ロシアの西シベリアでは，ハンティの人々によって現在でもクマ送りが行われているが，その形式は狩猟型クマ送りである（谷本 2006）．これとアイヌ文化における飼育型クマ送りであるイオマンテとの共通点の1つは，頭蓋尊崇である．遠隔地において両者が独立して発達した儀礼であっても，ヒグマの頭骨を祭場に安置するという共通の行為は，今後，クマを対象とした儀礼がなぜ発達したかという起源を考えるうえで重要なポイントの1つにあるであろう．

時代は前後するが，ヨーロッパでクマが飼育されていた記録がある．それは，ローマ時代，クマ同士を戦わせたり，剣闘士とクマを戦わせる闘技会が行われていたが（ブルンナー 2010），そのためにクマが飼育されていた．イタリア・ローマのコロッセウムでも闘技会が行われ，その地下には，クマを含む大型獣を飼育していた集団飼育場の跡が残されている（前田 2020）．当時は，イタリア周辺にも多くのヒグマが分布していたと思われる．しかし，本章で前述したように，現在のイタリアでは，アペニン山脈に数十頭のヒグマが分布しているのみである．

また，ブルガリア，ルーマニアなどの東欧では，ウルサリとよばれるクマ使いがヒグマを飼い慣らし，街に出てクマに踊りをさせるなどの大道芸が行われていた．ブルガリアでは，動物愛護の観点から現在では，このような行為は行われていないという（シャブウオスキ 2020）（5章参照）．このようなクマ使いの大道芸は，東欧のみではなく，南アジア，中東，ロシアにおいても行われてきた．この大道芸をクマ踊り，ダンシング・ベアということもある．私自身，クマ踊りを見たことはないが，ロシアにおいて，これまでに一度だけ，人とともに歩いているヒグマに出会ったことがある．それは1999年夏にサンクトペテルブルクを訪問したときのことであったが，街中の公園で仔グマが飼い主とともに歩いていた．その動物は，最初，大きなイヌではないかと思ったが，近づいてみると何とヒグマであった（図５）．クマの口には噛みつかないように口輪がかけられ，逃げないように首輪にしっかりと紐がかけられていた．しばらく眺めていると，周囲にいた親子がお金を払い，子供がクマといっしょに写真を撮ってもらっていた．この時は，特に何かの芸を行っていたわけでもない．これがクマ踊りに使われるクマであったかどうかはわからない．後にも先にも，私がヨーロッパの街中でヒグマを見かけたのはこの時だけである．

図５．ロシア・サンクトペテルブルクの公園で見かけた飼育された仔グマ（ヒグマ）．首輪からつながる紐を中央の人が持っている．向かって右手に座っている人は犬を抱いている．1999年８月，筆者撮影．

2 東欧音楽の中のクマ

前節で述べたように，東欧ではヒグマと人々の生活との歴史的な関連性が感じられる．芸術面では，赤羽（2020）が述べているように，東欧のクラシック音楽にクマが登場する．まずは，ハンガリー生まれの作曲家ベーラ・バルトーク（1881〜1945年）の曲「ハンガリーの風景（1931年）」である．バルトークは，ハンガリー各地で民謡を収集し，ハンガリーの様々な風景を描いたようなピアノ曲を管弦楽に編曲した．その構成は，第一曲「トランシルバニアの夕べ」，第二曲「熊踊り」，第三曲「メロディ」，第四曲「ほろ酔い」，第五曲「豚飼いの踊り」．その中の第二曲「熊踊り」とは，クマ使いに連れられたクマが踊っている様子を表したものだと思われる．クマの足音や動きを真似て，種々の管楽器の低音が響く．前節で述べたように，現在ではクマ踊りを実際に見ることは困難であるが，踊るクマの姿を思い浮かべながら，あらためてこの曲を聞くと，さらに東欧の歴史を感じることができるのではないだろうか．

また，ロシア生まれの作曲家イーゴリ・ストラヴィンスキー（1882〜1971年）のバレエ音楽「ペトルーシュカ（1991年）」にもクマの踊りが出てくる．この物語は，ロシア版のピノキオともいわれており，おがくずでできたわら人形の主人公が命を吹き込まれて，人間的な感情を抱くというものである．このバレエでは，第一場「謝肉祭の市」，第二部「ペトルーシュカの部屋」，第三部「ムーア人の部屋」，そして第四部（終幕）においていくつかの場面が出てくる．第四部の中の一場面として「熊を連れた農夫の踊り」が演じられる．このように，東欧では，ヒグマの存在が，クマ踊り，謝肉祭，音楽など歴史，文化，芸術へと様々に結びついている．その特徴は，ヒグマが静的な魂ではなく，現実的に活動する動的な存在としてとらえられている点であるように思われる．

3 儀礼の中のヒグマ

次に，東欧の音楽の中に出てくるクマに関連した謝肉祭や祭りの現状はどうであろうか？　ヨーロッパ各地ではクマに扮した仮装パレードのような祭りが行われている．これらの起源は，クマを崇拝する儀礼であると思われるが，その後，ヨーロッパで広まったキリスト教の影響も受けて発展してきた側面も考えられている．

ルーマニアの町では正月に，実物のヒグマの頭部を含めた毛皮をまとった人々が街を練り歩くというクマ祭りが行われる．前述したように，ルーマニアは昔からクマ使いによるクマ踊りが盛んであった国である．初春に行われる謝肉祭にも似ているという（赤羽 2020）．バルトークやストラビンスキーの曲にも出てくるクマ踊りにつながるものではないだろか．私は，実際には見たことはないが，新聞記事やウェブサイトでこのクマ祭りを知った．いつか，是非，ルーマニアを訪れ，このクマ祭りを見学したいものである．前述したように，ルーマニアに位置するカルパチア山脈には，現在も数千頭のヒグマが生息する．おそらく，古来より，人々はヒグマと接する機会が多く，その周辺で歴史的に狩猟されてきたヒグマの毛皮が祭りに使われているものと思われる．

さらに，東欧のハンガリー，チェコ，西欧・南欧のベルギー，ドイツ，フランス，スペイン，イタリアなどの国々において，謝肉祭に際してクマや動物を仮装したパレードが行われるとのことである（赤羽 2020）．

フランスとスペインにまたがるピレネー山脈には，現在，30頭程のヒグマが生息するのみである．しかし，ピレネー山脈周辺の村々には，クマ祭につながる仮面を使った仮装祭（フランス語圏ではマスカラード）や謝肉祭（スペイン語ではカルナヴァル）が見られる．地域によって行事の様式に多様性が見られるが，主な共通点は，動物を模した仮面または奇妙な仮面や衣装を身につけ，腰には大きなカウベル（放牧されたウシの首に付ける大きな金属製の鈴）を取り付けて大きな音を出しながら，街を練り歩くことである．場所によっては，黒い墨を周囲の人に塗りつけることもある（蔵持・出口 1994；ラジュー 2006；天野 2008；石田 2017）．このような祭りでは，ヒグマに対する畏敬の念は希薄で，クマは人によって克服される自然として捉えられており，東部ユーラシアにおけるヒグマが神であるという観念とは異なるのではないかと考えられている（天野 2008）．

5. ブルガリアにおけるクマと文化

1 ヒグマの系統

私たちが共同研究を行っているブルガリでは，バルカン山脈や南部のロドピ山脈にヒグマが分布している．本章の図2では，そのヒグマ個体群を東バルカン集団とよんでいる．その北にはルーマニアのカルパチア集団が分布し，両集団の間でミトコンドリアDNAタイプの違いが知られている（Taberlet & Bouvet 1994; Hirata et al. 2013）．すなわち，カルパチア集団およびその以北のヒグマはクレード3a1をもつのに対し，東バルカン集団はクレード1bである（図3の系統樹参照）．しかし，Hirata et al.（2013）がバルカン山脈のヒグマを分析したところ，クレード1bとクレード3a1を見出した．これは，1980年代に，保護対策のためにルーマニアのヒグマをブルガリアのバルカン山脈へ放獣されたことがある（Ministry of Environment and Waters 2007）ため，両系統が混在している可能性がある．一方，カルパチア集団のヒグマが東バルカン集団へ自然に移動していることも報告されている．いずれにしても，ブルガリアは，両系統のコンタクトゾーンである．

上記をさらに検討するため，当研究室の修士院生であった水町海斗さんは，ブルガリアの遺跡から出土した古代ヒグマのミトコンドリアDNA分析を行った（Mizumachi et al. 2020）．その結果，分析したすべての個体がクレード1bを有していた．これは，元来，ブルガリアはクレード1bの分布域であることを示している．

ブルガリアにおける考古学的な遺跡からヒグマの骨が出土するのだが，儀礼を行った形跡は今のところ報告されていない．それらの骨は，おそらく古代の人たちに食されたヒグマのものと考えられている．または，コラムにも記したように，ブルガリアはトラキア文化の後に，ローマ帝国の支配を受けており，各地からローマ都市の遺跡が発掘されている（カラーグラビア28ページ参照）．また，本章で前述したように，現在の東バルカン集団のヒグマ個体数は数百頭と推定されている．ローマ時代にも，ブルガリアはヒグマの生息域になっていたと思われるので，もしかすると，出土ヒグマ骨は，ブルガリア内のローマ都市で闘技会に使われたクマに由来するのかもしれない．

2 クケリの儀礼

ブルガリアの博物館では，時々，毛皮でできた奇妙な仮面や長い毛の着ぐるみに出会うことがある（図6）．それは，クケリ（kukeri）またはスルヴァカリ（survakari）とよばれる儀礼に使われる衣装の1つである．クケリでは，仮面および毛皮などの衣装を着るとともに，腰に大きなカウベルをつけた人々が，集落の中をパレードする（図7－9）．クケリは，早春の謝肉祭（元来は肉食を断つ期間の前に行われる祭り）に行われる．クケリとなった人々は，

図7．クケリの祭りで着飾った少年．空想的な仮面，頭部の尖った飾り，伝統的な刺しゅうを施した衣装，腰にぶらさがった大きなカウベルが特徴である．ブルガリア，バルカン山脈南麓のトゥリア村（Turia）にて，2022年3月，Radka Makedonskaさん撮影，Stanislava Peeva准教授協力．

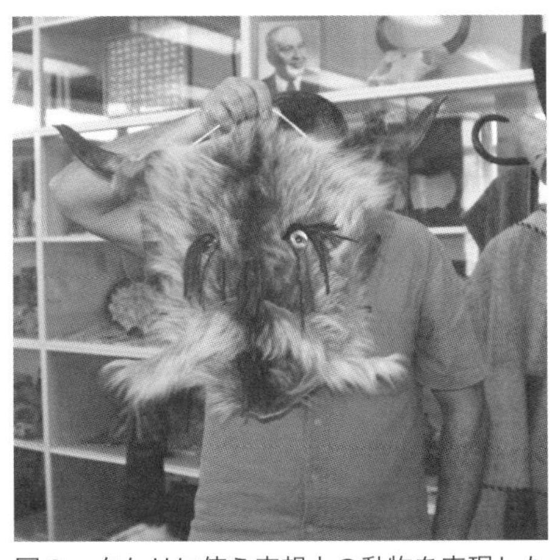

図6．クケリに使う空想上の動物を表現した仮面．ヤギの毛皮と角でできている．仮面を持っているのはEvgeniy Raichev教授．2010年6月，トラキア大学歴史資料室にて，筆者撮影．

図８．毎年新年に行われるクケリの祭りでは，図１のように仮面を被り着飾った人々の行列が街を練り歩く．ブルガリア，バルカン山脈南麓のトゥリア村（Turia）にて，2022年３月，R. Makedonska さん撮影，S. Peeva 准教授協力．

図９．体毛の長いヤギの毛で作られた衣装を身につけたクケリ．長く尖った頭部とやはり腰につけた大きなカウベルが特徴的である．写っているクケリは，ブルガリア南西部山間部に位置するラズログ市（Razlog）からのゲストとして，トゥリア村（Turia）のクケリ祭りに参加した．2022年３月，R. Makedonska さん撮影，S. Peeva 准教授協力．

仮装祭中，カウベルを鳴らしながら歩き，悪霊を追い払い，農作物の豊作および人々の健康・幸福を願う（Creed 2011; 星野ほか 2015; 金原 2021）．これは前述したピレネー山脈の仮装祭と共通した点である．クケリが頭につけている空想上の動物を表現した仮面や尖った帽子は，天にいる精霊とのやりとりを願ってのもののだろうか？　また，ミシュコバ（2021）によると，クマの衣装をつけたクケリも登場するが，地域によってクマの役割は異なる．ある地域では，クマは他のクケリに倒される役の場合がある一方，クマが人を踏みつけるまねをすることにより健康をもたらすという地域もあるという．やはり，クケリとクマとの間には，精神的な関連性があると思われる．

クケリの起源は，トラキア文化（コラム09：260ページ参照）におけるオルフェウス教（オルペウス教）であるという考え方がある．オルフェウス教とは，紀元前６－５世紀頃の古代ギリシャに起源をもつ宗教で，その創始者はオルフェウスである．また，人々における不滅の霊魂と輪廻転生を教義とし，善行を重ね肉食しない菜食が霊魂の救済に結びつくと考える（Fol 1988；金原2021）．オルフェウス教は本来エジプト起源であり，古代ギリシャのピタゴラス派の戒律と一致する，と紀元前５世紀の歴史家ヘロドトス は著書「歴史」の中で述べている（ヘロドトス 2007）．

また，渡邉（2006）は，ヨーロッパの神話や伝承とクマについて考察している．その中で，ヘロドトスの「歴史」に記されている神話も引用している．その神話では，ゲダイ（現在のブルガリア北東部）にいた神霊ザルモクシスは，ギリシャでピュタゴラスに仕え，その後に自由の身となり，故郷のトラキアに戻ると地域の有力者を招き，自分自身をはじめ客たちやその子孫たちも死滅することなく，永遠の生を受け，すべての幸福を得ることができる場所に行くという教えを説く．その後，ザルモクシスは地下に部屋をつくり，そこに3年間こもって暮らし，4年目になってトラキア人の前に姿をあらわしたため，心配していた人々は彼の教えを信じるようになったということである（ヘロドトス 2007）．このように一時的に異界で過ごし俗世に戻ってきた神霊ザルモクシスの姿を，渡邉（2006）は，冬眠から春に目覚めるクマに重ね合わせることができると考える．このように，オルフェウス教といった宗教およびクマを連想させる神話が，現代のブルガリアにおけるクケリという儀礼やトラキア地方につながっていると考え方は極めて興味深い．

引用文献

赤羽正春：熊神伝説．図書刊行会，2020，276pp.
天野哲也：クマ祭りの起源．雄山閣，2003，174pp.
天野哲也：ユーラシアを結ぶヒグマの文化ベルト．「池谷和信，林良博 編：ヒトと動物の関係学 第4巻 野生と環境」，岩波書店，2008，pp.45-68.
天野哲也：クマ信仰・儀礼はなぜヒグマで顕著なのか．「増田隆一 編：ヒグマ学への招待－自然と文化で考える」，北海道大学出版会，2020，pp.133-156.
ブルンナー ベルント（Brunner B）（伊達淳 訳）：熊－人類との「共存」の歴史．白水社，2010，242pp.
Creed GW: Masquerade and Postsocialism-Ritual and Cultural Dispossession in Bulgaria. Indiana University Press, 2011, 254pp.
Fol A: Thracian Orphism. Bulgarian Historical Review 3: 57-71, 1988.
ヘロドトス（松平千秋 訳）：歴史　上中下．岩波文庫，2007.
*Hirata D, Mano T, Abramov AV, Baryshnikov GF, Kosintsev PA, Vorobiev AA, Raichev EG, Tsunoda H, Kaneko Y, Murata K, Fukui D, Masuda R: Molecular phylogeography of the brown bear（*Ursus arctos*）in northeastern Asia based on analyses of complete mitochondrial DNA sequences. Mol Biol Evol 30: 1644-1652, 2013.
北海道環境生活部自然環境局：北海道ヒグマ管理計画（第2期）本文・資料編. 2022年4月4日最終更新版

（https://www.pref.hokkaido.lg.jp/ks/skn/higuma/higuma.html）
星野紘，齋藤公子，赤羽正春 編：神々と精霊の国－西シベリアの民族と芸能．図書刊行会，2015，362pp.
石田エリ：アルツァが村にやってきた．翼の王国（ANAグループ機内誌）2017年12月号（No. 528）：92-104.
Kaczensky P: IUCN Red List Mapping for the Regional Assessment of the Brown Bear（*Ursus arctos*）in Europe（published in June 2018）（https://www.iucnredlist.org/species/pdf/144339998/attachment）
金原保夫：トラキアの考古学．同成社，2021，346pp.
蔵持不三也，出口雅敏：熊のカルナヴァル－ピレネー地方民俗ノートより．早稲田大学人間科学研究 7: 153-165，1994.
ラジュー ジャン ドミニク（Lajoux JD）：ヒグマの民俗．「天野哲也，増田隆一，間野勉 編：ヒグマ学入門－自然史・文化・現代社会」，北海道大学出版会，2006，pp.173-196.
前田菜穂子：ヒグマの生活史－飼育と観察記録からの探求．「増田隆一 編：ヒグマ学への招待」，北海道大学出版会，2020，pp.285-301.
Masuda R, Amano T, Ono H: Ancient DNA analysis of brown bear（*Ursus arctos*）remains from the archeological site of Rebun Island, Hokkaido, Japan. Zool Sci 18: 741-751, 2001.
増田隆一，天野哲也，小野裕子：古代DNA分析による礼文島香深井A遺跡出土ヒグマ遺存体の起源－オホーツク文化における飼育型クマ送り儀礼の成立と異文化交流．動物考古学 19: 1-14，2002.
Ministry of Environment and Waters: Action plan for the brown bear in Bulgaria, Sofia, 2007, 85 pp.
ミシュコバ イグリカ（Mishkova I）：ブルガリアの仮装の奇祭．ナショナルジオグラフィック（日本語版）2021年10月号（27巻10号）：92-115.
*Mizumachi K, Spassov N, Kostov D, Raichev EG, Peeva S, Hirata D, Nishita Y, Kaneko Y, Masuda R: Mitochondrial haplogrouping of the ancient brown bears（*Ursus arctos*）in Bulgaria, revealed by the APLP method. Mamm Res 65: 413-421, 2020.
Mizumachi K, Gorbunov SV, Vasilevski AA, Amano T, Ono H, Kosintsev PA, Hirata D, Nishita Y, Masuda R: Phylogenetic relationships of ancient brown bears（*Ursus arctos*）on Sakhalin Island, revealed by APLP and PCR-direct sequencing analyses of mitochondrial DNA. Mamm Res 66: 95-102, 2021.
シャブウオスキ ヴィトルト（Szablowski W）（芝田文乃 訳）：踊る熊たち－冷戦後の体制転換にもがく人々．白水社，2021，295pp.
Taberlet P, Bouvet J: Mitochondrial DNA polymorphism, phylogeography, and conservation genetics of the brown bear *Ursus arctos* in Europe. Proc Biol Sci. 255:195-200, 1994.
谷本一之：クマと人間の儀礼的関係．「天野哲也，増田隆一，間野勉 編：ヒグマ学

入門－自然史・文化・現代社会」，北海道大学出版会，2006，pp.137-147.
宇田川洋：イオマンテの考古学．東京大学出版会，1989，124pp.
宇田川洋 編：クマとフクロウのイオマンテ－アイヌの民族考古学－．同成社，2004，236pp.
渡邉浩司：クマをめぐる神話・伝承－アーサー王伝承を例に．「天野哲也，増田隆一，間野勉 編：ヒグマ学入門－自然史・文化・現代社会」，北海道大学出版会，2006，pp.161-172.

12章

ブルガリアの家畜

増田隆一

本書では，野生の食肉目動物の多様性やその研究について語られてきたが，この章ではブルガリアに特有な家畜について紹介する．

家畜は，野生動物に「人間にとっての有用性」という人為的な選択圧がかけられ，過去約１万年の間に世界各地で樹立され，多様な品種がつくられてきた．家畜化の歴史は人間の移動や文化の変遷と深く関係しているため，家畜の分布に関する生物地理学的特徴の解明は，畜産を含む文化的交流を考えるうえでも重要な情報をもたらす．一方，野生動物に由来して人と共に暮らす家畜の分布拡大は，家畜と野生動物との間，および，野生動物と人間との間の感染症の伝播という疫学的に深刻な媒介（間接伝播）の課題も含んでいる．世界的に流行するインフルエンザはその１例である．

ブルガリアでは歴史的にも酪農が盛んに行われており，街の郊外には豊かな自然が残され，牧歌的な農場が広がっている（カラーグラビア25，29ページ，序章図７参照）．そこで見かける家畜は，ウシ，ウマ，ヒツジ，ヤギ，ブタなどである（Nikolov 2013参照）．その中から，本章では，ブルガリアに固有な東バルカンブタと伝説のトラキアウマについて紹介したい．

1. ブルガリアに固有な東バルカンブタ

1 東バルカンブタとの出会い

世界的に広く飼育されている家畜としてブタ（豚）があげられる．ブタの原種は，野生のイノシシ（*Sus scrofa*）である．ブタは人間活動における使役に利用されるというよりも，主に食肉供給源として飼育されてきた．世界の三大食肉供給源は，ウシ，ニワトリ，そしてブタといわれている．

イノシシは，ウシやウマの原種と比べると，体格が小型で，食性が雑食性で，飼育が容易であることが，ブタへの家畜化を促進させた大きな理由の１つである．イノシシの分布は，ユーラシアおよびアフリカ北部にまで及ぶため，ブタへの家畜化は，アジアおよびヨーロッパなど複数箇所で独立に進んだと考えられている．

黒澤ほか（2009）によると，最古のブタ出土骨は，中国での１万年以上前の遺跡からのものである．また，トルコ南部では，約9,000年前のブタ骨が出土している．しかし，形態に基づいてイノシシとブタを区別することはその類似性のため難しいことが多く，断片的な出土骨からの識別はさらに困難である．一方，家畜化されたブタが，漢代の中国から古代ローマに輸出されていたという．このように，洋の東西において家畜化とその交流が進んだと考えられ，現代のブタも遺伝的に分析すると，アジア系品種と欧米系品種に分かれる（黒澤ほか 2009）．

現在，一般に広く飼育されているブタの品種は，ヨークシャーやバークシャーなどである一方，世界には国や地域に固有な品種も知られている．その１つが，バルカン半島に位置するブルガリアに固有な「東バルカンブタ」（英名 East Balkan Swine，EBS）である（図１）．

図１．上：野外で水浴びする東バルカンブタの群れ．下：エサを与えている方は，東バルカンブタ協会の創設者 Kulyo Kulev さん．ブルガリア東部に位置するヴェセリノヴォ村の K. Kulev さんの農場にて．2018年10月，筆者撮影．

私たちが共同研究を行ってきたトラキア大学農学部 Evgeniy Raichev 准教授らのグループは，主に野生哺乳類の生態学に取り組んでいる．そのため，共同研究が始まった時には，家畜に関する研究計画はなかった．しかし，研究交流が進む過程において，彼らから，同農学部でブタの研究に取り組んでいる Valentin Doichev 准教授を紹介されたことをきっかけに，東バルカンブタの共同研究を進めることになった．さらに，ブルガリアにおいてこの品種の系統維持・保存を進めている東バルカンブタ協会代表Radostina Donevaさんとも研究交流していくことになった.

2 東バルカンブタとは何か

東バルカンブタについては，日本国内ではこれまで紹介されていないだろうと思っていた．しかし，文献を探している過程で，馬路＆馬路（2012，2020）が，ブルガリアの東バルカンブタ農場を訪問し，その飼育や解体の詳細なようす，ならびに，栄養学的情報について紹介されていることを知った．その著書には，ブルガリアおよび欧州の肉の食文化や畜産についてわかりやすく語られており，特に食文化に興味のある方々に一読をお勧めする.

東バルカンブタの飼育様式の特徴は，自然豊かな山林において半放し飼い状態で放牧されることである．私たちは，東バルカンブタ協会の創設者で，Donevaさんの父親であるKulyo Kulevさんの農場を訪ねた（図1，2）．この農場は，ブルガリアの東部，シューメン州スミャドヴォ市ヴェセリノヴォ村にあり，スタラザゴラから車で数時間かかる．山林に囲まれ，のどかな農村を歩いていると，農家で育った私には懐かしい気持ちになる.

Kulevさん，Donevaさんの案内で，さっそく東バルカンブタを見せていただくことになった．村の後方にある山林にKulevさんが入っていき，しばらくすると，東バルカンブタの群れを連れて，山林の入り口にある小川に集まってきた．Kulevさんは時々大きな声を出し，集まってきた東バルカンブタに飼料として穀物を与えている．小川にやって来たブタは水浴びを始めるため，澄んだ水もすぐに泥水になるが，かれらは喜んで体を浸しているように見える（図1）.

東バルカンブタは，給餌されたもの以外にも野外で自由に食しており，農作物にたとえるならば，まさに「有機栽培されたブタ」である．ブルガリアでは広葉樹が繁茂し，そこに豊富に実るドングリも東バルカンブタの栄養源になっている．また，ネズミ類もこれを好んで食べるので個体数が多く，さらにそのネズミを

図2．ブルガリア東部のヴェセリノヴォ村におけるKulyo Kulevさんの動物舎．その壁は，ブロックと土でできている．後方に見える山林に東バルカンブタが放牧されている．2018年10月，筆者撮影.

食べる多様な食肉目が維持されていることも納得できる．

東バルカンブタが飼育されている地域は，ブルガリア東部にのみ限定され，東バルカンブタ協会と各農場の努力によってその系統が保存されてきた．東バルカンブタの肉質は良好で栄養価も高く，同じくドングリを食するスペインの固有品種イベリコブタと同様に，ブルガリアでは高級食材として扱われている（図３）．

図３．東バルカンブタを使った肉料理．イチジク，リンゴクリーム，ラベンダーソースでの味付け．ブタを形取っているものは，圧縮したマッシュポテトにイカスミで色付けし，焼き上げたもの．有機食材のレストランにて．2018年10月，筆者撮影．

また，黒澤ほか（2009）によると，東南アジアの山岳地や南アジアの低地において，イノシシ型在来ブタが飼育されている．放牧飼育もされており，イノシシとの遺伝的交流があったのではないかと考えられている．私の経験では，タイ北部山岳地帯において動物の共同調査をした際に，現地の山岳民族の方々の高床式住居に宿泊させていただいたことがあるが，ブタが庭で放し飼いにされていた．高床式住居の床下や周辺において，餌として，人が食べ残した残飯が与えられていた．ブタは自由に出歩くことができるので，野外の動植物を自由に食すことができる．しかし，確実に餌を確保できる民家の周辺から離れることはないのであろう．

さて，イベリコブタなど地中海周辺域の種々の固有ブタ品種では，遺伝的多様性や系統解析が報告されているが，東バルカンブタの起源や家畜化の歴史は十分に明らかにされていない．ブルガリアはバルカン半島上に位置し，東は黒海，西は地中海に挟まれ，北にはドナウ川とヨーロッパ大陸，南にはトルコが位置し，肥沃な三日月地帯とヨーロッパを結ぶ経路上にある．このような地理的条件に位置するブルガリアでは，歴史上，トラキア文化（本章のトラキアウマ，および，コラム09：260ページ参照）が発達し，東西文化の十字路となってきたため，東バルカンブタの由来は，東洋と西洋間の人の移動や文化の変遷と深い関連性があると推測される．さらに，詳細は後述するが，森林に生息する野生のイノシシが，東バルカンブタと遺伝的に交雑している可能性がある．一方，現在，アフリカ豚熱（ASFウイルスによる感染症）の影響により個体数の減少が報告され，野生イノシシを介した病原体の伝播拡大も懸念される．

3 東バルカンブタの外観的特徴

東バルカンブタの皮膚は灰色または茶褐色で，全身黒色の剛毛をもっている（図4，5）．首から臀部にかけての背中には，クシ状でたてがみのような体毛が生えている．頭部はほっそりし，ずんぐりむっくりした体形で，四肢は短くて筋肉質である．3歳の成獣では，体重130～148kg，体長103～115cm，肩高71～74cmと報告されている．人工飼料に加え，野外のドングリ類，キノコ類，香草類，ベリー類，植物根，ミミズ類，カタツムリ類を食べている（Marchev et al. 2018）．そのうえ，野外で自由に生活しているため，肉質は高級とされており，筋肉内に脂肪分が多く分布する「サシの入った霜降り肉」である（図3）．

図4．約100年前の東バルカンブタと餌を与える農夫．その姿からブルガリアの伝統的な衣装がうかがえる．Hlebarov（1921）より．東バルカンブタ協会R. Donevaさん協力．

図5．東バルカンブタの母子．左に見える母ブタの形態は，東バルカンブタの典型的な特徴を示している．東バルカンブタ協会R. Donevaさん提供．

4 遺伝的特徴と多様性に関する共同研究

私たちの共同研究において，東バルカンブタ集団の遺伝的特徴を調べた結果，このブタ集団には，アジア型とヨーロッパ型が混合していることが示された．その詳細を見ていこう．

図6は，ブルガリア東部における様々な農場で飼育されている東バルカンブタの個体から，母系遺伝するミトコンドリアDNAの塩基配列と遺伝子タイプを決定し，既報の家畜ブタおよび野生イノシシの遺伝子タイプとの系統関係を示したものである（Hirata et al. 2015）．その結果，東バルカンブタ54頭から13種類のミトコンドリアDNAタイプを見出した．既報のブタ品種のタイプも含めて比較すると，アジアグループとヨーロッパグループの2系統に分かれるが，東バルカ

ンブタは，これら両系統に含まれる遺伝子タイプにより構成されていた．これは，東バルカンブタの確立や系統維持の際に，アジア由来のブタとヨーロッパ由来のブタの交雑があったことを示している．さらに，東バルカンブタと野生イノシシとの間に共有される遺伝子タイプがあること，ならびに，ヨーロッパグループ内では東バルカンブタがもつタイプとイノシシのタイプが近縁であること，が示された．これは，東バルカンブタと野生イノシシとの間で交雑が起きていることの証拠といえる．一方，父系遺伝するY染色体DNAのタイプは，調べた個体すべてが，ヨーロッパ型を有していた（Hirata et al. 2015）．

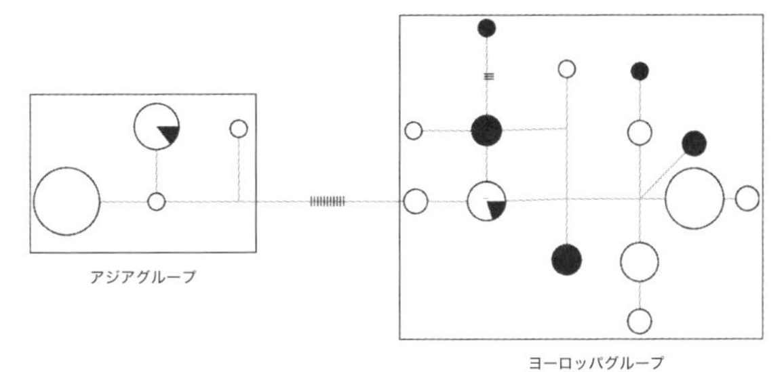

図6．東バルカンブタ（白丸）と野生イノシシ（黒丸）のミトコンドリアDNAタイプ間のネットワーク関係．丸の大きさは頻度を表す．丸の間の線，および，交点と丸の間の線は塩基配列1個の違いを表す．既報の一般的なブタ品種のミトコンドリアDNAも加えて考慮すると，アジアグループとヨーロッパグループに分かれる．その間の線上に示したスラッシュ群は，12個の塩基の違いを示す．Hirata et al.（2015）より．

さらに，東バルカンブタ協会と各農場からの全面的な協力を受け，ブルガリア東部の7つの村における農場11か所で飼育されている東バルカンブタ198頭について，両親から遺伝する21のマイクロサテライト座位（コラム06：194ページ参照）をマーカーにして集団遺伝学的解析を行った（Ishikawa et al. 2021）．その結果，集団（農場）間では遺伝的特徴が明確であった．さらに，地理的に近い農場の集団どうしは，系統的に近い傾向にあることが判明した（図7）．これは，近い農場間で個体の人為的もしくは放牧による比較的自由な交配が行われていることを示している．一方，各集団内における遺伝的多様性が見られ，かつ，集団間では遺伝的分化しており，近交化を阻止する努力が

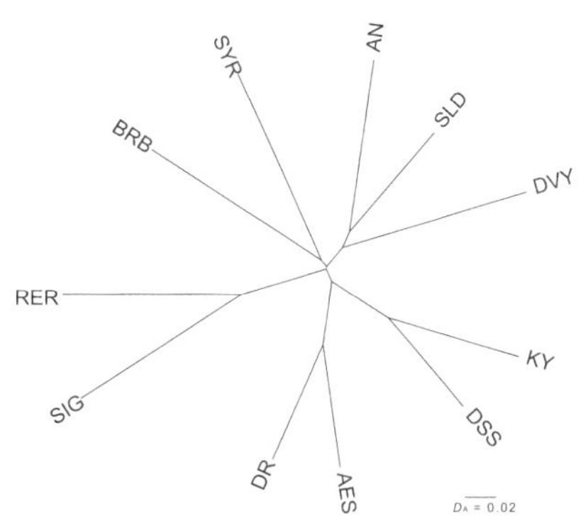

図7．東バルカンブタの11集団（農場）間の遺伝的関係．各個体のマイクロサテライトDNA遺伝子型から集団間のNeiの遺伝距離（D_A）を算出し，ネットワーク関係を示した．アルファベットの記号は農場名を示す．Ishikawa et al.（2021）より．

なされていると考えられた．

5 東バルカンブタの未来

図８．スミャドヴォ市街のアパートの壁画．東バルカンブタは，町のシンボルとなっている．今にも飛び出してきそうである．2018年10月，筆者撮影．

私たちの生活で避けることができない「食」について，近年では，様々なファーストフードが発達している．ファーストフードに使用される肉も，短期間，大量，安価に得られるものに注目が集まる．

そのファーストフードに対するものとして「スローフード」がある．これは，地域ごとに風味の異なる伝統食のことである．一般的に，スローフードを得るためには，ファーストフードとは対照的に，長期間，少量，高価格になる傾向があり，現代では，ファーストフードに押され気味である．東バルカンブタとその料理は，まさにブルガリアにおけるスローフードの代表的なものである．この伝統的な食材である家畜を守るために，東バルカンブタ協会と農場のある地域が一体となり，その品種の保存，生産者の保護，消費者への啓蒙がなされている（図８）．

一方，それを飼育する農場の所在がブルガリア東部に限られ，東バルカンブタ協会によると，飼育個体数も300頭あまりである．飼育舎を使用する場合，電気消費量が多く，十分に採算が取れないとのこと．また，アフリカブタ熱（ASF）などの感染症の危険性とも隣り合わせである．このように，今後の成り行きには不確定なものがあるが，ブルガリアに特有な東バルカンブタの維持保存の努力が継続されることが望まれる．

2. ブルガリアに特有のトラキアウマ

1 トラキア文化と伝説のウマ

ウマは，三大食肉供給源には含まれず，食肉用よりは使役用として家畜化された．その家畜化の地域は，ウシ，ブタ，ヒツジ，ヤギなどの主要農用動物の家畜化地であるアジア西部とは離れた，南東欧の中の黒海北岸のウクライナ周辺およびドナウ川流域の草原地帯であると考えられている．紀元前4000年頃には，人と物資の運搬用に使われていた（野澤 2009）．

ブルガリアのトラキア文化（コラム09：260ページ参照）では，多くの古墳が作られ，現在それらの考古学的な研究が進められている．その中で特徴的なことは，遺跡内部の壁画，出土する陶器，金属の馬具などに騎兵を乗せたウマが描かれていることである．金原（2021）によると，トラキア地方は，ウマの飼育に適した環境にあり，軍馬の産地として知られている．さらに，トラキア人にとって，ウマは軍事のみではなく，信仰や宗教面においても不可欠なものであったと考えられている．この地域に見られるトラキア古墳（コラム09：261ページ参照）などの遺跡からはウマの全身骨格が出土している．それも，ウマが人とともに埋葬されていることがあり，トラキア文化において，すでに，人とウマの間に重要な関係が築かれていたことがうかがい知れる（図９）．

一方，このようなトラキア文化に見られるウマは「トラキアウマ」と呼ばれ，貴重な存在であったと考えられる．しかし，いったいどのようなウマであったのか，そして，現代のウマとどのような関連性があるのかについては，未だに謎である．トラキアウマは「伝説のウマ」なのである．

そこで，共同研究として出土骨の遺伝的特徴を分析し，トラキアウマの特徴を

明らかにしようという研究に取り組んでいる．

A

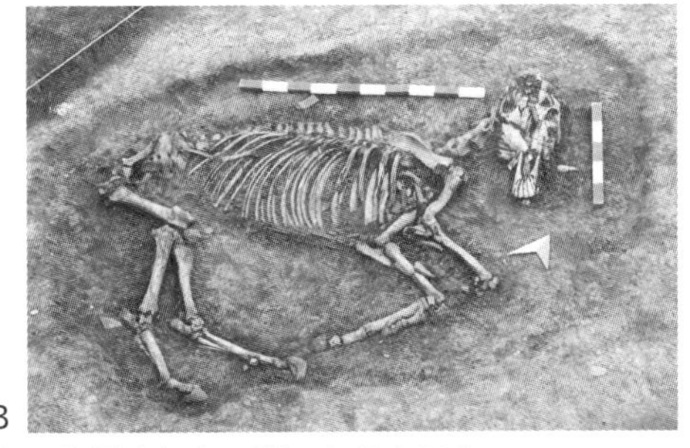
B

図９．A，スヴェシュタリ遺跡から発掘された２頭のトラキアウマ．
B，クレポスト遺跡から発掘されたトラキアウマ．
トラキア大学 Dimitar Kostov 准教授撮影・提供．

❷トラキアウマの形態学的特徴

共同研究者であるブルガリア国立自然史博物館Nikolai Spassov館長らにより報告されているトラキアウマ出土骨の形態学的分析結果（Spassov et al. 2018）に基づいて，その特徴を紹介しよう．

まず，脚はほっそりとしていて，これは現代の東欧のウマと類似している．肩高（前足の地面の接着面から肩の高さ）にはばらつきがあるが，125cmから150cmほどで，標準の家畜ウマとしては，小型から中型のサイズである．また，骨格から推定して，頑丈でしっかりした筋肉，長い頭部，頑強な首，短く垂直に伸びたたてがみをもっていたと考えられる．これらは，比較的原始的なウマの形態ともいえる．現代のウマの品種と比べるとアラブに近いが，もう少しがっしりしていて，肩高が低い．

このようにトラキアウマの体格は，騎乗して狩猟生活に使うことに適していたと考えられる．ほとんどのトラキアウマでは，現代の品種であるアラブほどの肩高，しなやかさ，走る能力までには特殊化されていなかった．一方で，トラキアウマの中でも優れたものでは，アラブ品種の域に達していたことは注目すべきことである（Spassov et al. 2018）．

❸トラキアウマの遺伝的特徴

ブルガリアにおける紀元前4世紀から前1世紀のトラキア文化遺跡から出土したトラキアウマについて，ブルガリア国立自然史博物館およびトラキア大学に保管されている標本を用いて，ミトコンドリアDNAを調べることとなった．共同研究者のトラキア大学獣医解剖学教室のDimitar Kostov准教授は，現生動物の解剖学に加え，発掘された動物骨の分類・同定を行う動物考古学にも取り組んでいる（図10）．

図10．トラキア大学獣医解剖学研究室にてトラキアウマの標本を調べるDimitar Kostov准教授（中央），Diyana Vladova准教授（向かって左），Evgeniy Raichev教授（右）．2016年3月，筆者撮影．

埋蔵状態にもよるが，出土骨の

DNAを抽出し分析ができるときがある．その努力の結果，幸運にも出土骨からのDNA分析に成功し，いくつかのミトコンドリア遺伝子タイプに分類することができた．予備的な結果であるが，これまで世界から報告されている遺伝子タイプと比較したところ，トラキアウマに特有的なタイプというものはなく，既報の現代ウマのタイプのどれかに含まれていた．そのタイプの頻度に基づくと，トラキアウマは中央アジアよりも，南欧のタイプにより関係が深い傾向がある．詳細なデータは今後論文発表する予定である．

なお，トラキアの遺跡からはブタの骨も出土する．これらのブタ出土骨についても，同様に古代DNA分析を進めることにより，本章で紹介した東バルカンブタの渡来時期を解明する手がかりになるかもしれない．

4 ブルガリアにおける現代のウマ

トラキアウマは，第Ⅲ部のコラムに解説したトラキア文化になくてはならない動物である．トラキアウマの系統やウマに対する考え方は，現在，ブルガリアにおいて盛んに行われているウマの飼養に受け継がれてきたのではないだろうか．

現代のブルガリアに特有なウマの品種として，東ブルガリアウマ（Eastbulgarian horse）（図11），カラカチャンウマ（Karakachan horse）などが知られ，品種の保存が進められている．一方，忍耐強いロバが，現在でも農耕用や運搬用に使用されている．伝統的な馬具を使って，ロバがゆっくりと農道を歩く姿を時々見かけることもある（図12）．

また，トラキアウマをシンボルとするトラキア大学（はじめに，および，コラ

図11．現代のブルガリアの品種，東ブルガリアウマ．トラキア大学 Radka Vlaeva 助教提供．

図12．運搬用に使われているロバ（メス）．タイヤ以外は，古来の伝統的な馬具が用いられていると思われる．ブルガリア，スタラザゴラ郊外の農道にて．2014年9月，筆者撮影．

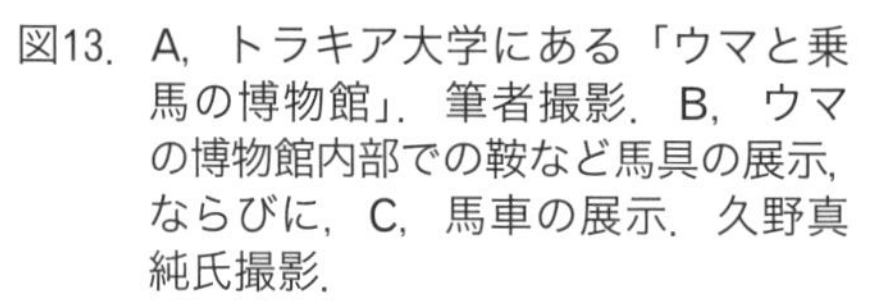

図13. A, トラキア大学にある「ウマと乗馬の博物館」. 筆者撮影. B, ウマの博物館内部での鞍など馬具の展示, ならびに, C, 馬車の展示. 久野真純氏撮影.

ム09：261ページ参照）には「ウマと乗馬の博物館」が設置されている（図13）. 内部には，ブルガリアで伝統的に作製・使用されてきた馬車や馬具が展示され，現代のブルガリアにおいてもウマは重要な家畜であることがわかる．

3. 共同研究・学生交流

トラキア大学との共同研究として，ブルガリアを訪問する際には，北海道大学の大学院生も同行し，研究交流を行ってきた．それは，「はじめに」の写真で示されているように，多くの学生を対象とした講堂でのセミナーであったり，研究室での成果報告会である．互いの共通語は英語で，セミナー前にはどちらの学生も緊張しているが，セミナーやその後の交流会を通して，すぐに打ち解け

図14. トラキア大学での実験風景. 向かって左から2人目は，DNA分析方法を説明するする石川恵太さん・北海道大学大学院修士課程院生（当時）. 2018年10月，筆者撮影.

ていく．心配はいらない．

また，トラキア大学において，DNA分析方法を具体的に説明しながら，デモンストレーションを行ってきた（図14）．同様に食性分析や野外調査の手法については，コラム「食性分析」や第13章「留学経験」において，久野真純氏が紹介している．共同研究においては，研究を進展させることに加え，互いに，分析技術や分析法を具体的に紹介したり，伝授することも貴重な交流となる．

引用文献

*Hirata D, Doichev VD, Raichev EG, Palova NA, Nakev JL, Yordanov YM, Kaneko Y, Masuda, R: Genetic variation of the East Balkan Swine（*Sus scrofa*）in Bulgaria, revealed by mitochondrial DNA and Y chromosomal DNA. Anim Genet 46: 209-212, 2015.

Hlebarov GS: The East Balkan Swine. Bulgarian Agricultural Society, 1921, 146pp.（in Bulgarian）

*Ishikawa K, Doneva R., Raichev EG, Peeva S, Doichev VD, Amaike Y, Nishita Y, Kaneko Y, Masuda R: Population genetic structure and diversity of the East Balkan Swine（*Sus scrofa*）in Bulgaria, revealed by mitochondrial DNA and microsatellite analyses. Anim Sci J 92: e13630, 2021.（DOI: 10.1111/asj.13630）

金原保夫：トラキアの考古学．同成社，2021，346pp.

黒澤弥悦，田中和明，田中一栄：ブタ－多源的家畜化と系統・地域文化．在来家畜研究会 編，アジアの在来家畜－家畜の起源と系統史．名古屋大学出版会，2009，pp.215-251.

馬路泰蔵，馬路明子：ミルクを食べる　肉を食べる－ブルガリア食文化ノート．風媒社，2012，171pp.

馬路泰蔵，馬路明子：いのちを味わう－これからの食をみすえて．風媒社，2020，147pp.

Marchev J, Doneva RK, Dimitrova D: Suínos dos Balcãs de Leste -- uma raça suína autóctone Búlgara（East Balkan swine -- utochthonous Bulgarian pig breed）. Archivos de Zootecnia 67: 61-65, 2018.（Doi:10.21071/az.v67iSupplement.3574）

Nikolov V（ed）: Livestock Breedings in the Republic of Bulgaria, 4th edition, Prisma Ltd, Sofia, 225 pp., 2013.

野澤　謙：ウマ－日本在来馬の由来．在来家畜研究会 編，アジアの在来家畜－家畜の起源と系統史．名古屋大学出版会，2009，pp.187-214.

Spassov N, Iliev N, Hristova L, Ivanov V: Typology of Thracian horses according to osteological analysis of skeleton remains and depictions from the antiquity. Histrolia Naturalis Bulgaria 25: 15-24, 2018.

13章

ブルガリアにおける研究留学

久野真純

1. 最初のブルガリア渡航

初めてブルガリアへ渡ったのは修士1年（2012年）の11月である．東京農工大学と北海道大学とトラキア大学の姉妹校提携更新のために訪れた金子先生，増田先生，それから平田大祐さん（当時，北海道大学・遺伝的多様性研究室の修士学生）に伴い，ブルガリアを訪れた．飛行機が首都ソフィアに近づくと上空から旧社会主義国家らしい集団アパートの街並みが見えた．ソフィアに到着後，金子先生と私はしばらく街歩きを楽しんだ．ソフィアはブルガリア西部，ヴィトシャ山麓にある標高550mの高原都市で（図1），近代的な建物，伝

図1．ブルガリアの地図．4章，本章，およびコラム「ブルガリアの学生との関わり」に登場する地名を示す．ブルガリアの形はライオンに似ていると言われる（北西部を尻尾，北東部を横顔，南西部を後脚，南東部を前脚に見立てる）．

統的な教会，それから古代遺跡が混在する興味深い街である．緑と白の配色が印象的な東方正教会アレクサンドル・ネフスキー大聖堂（カラーグラビア「ブルガリアの伝統的な街並みと村落」）や地下鉄駅改札からすぐに現れるセルディカ遺跡，荘厳な旧共産党本部などを見物し，辺りが暗くなるまで街を散策した．翌朝，迎えに来てくれたEvgeniy Raichev先生とともにトラキア大学のあるスタラ・ザゴラへ向かった．

トラキア大学では，狩猟者であり剥製師でもあるRaichev先生が管理する学内の自然史博物館や民族農学博物館を見学した．そして，捕獲されたキンイロジャッカル（*Canis aureus*）の死体の解体，および胃内容物収集を見学した（図2）．当時，ムナジロテン（*Martes foina*）の胃内容物データを扱った研究を進めていたため，そうした過程を見るのは勉強になった．ジャッカルは中型犬にそっくりの大きさなので，まるでイヌの毛皮が剥がされ筋肉だけになっていく姿を目の当たりにするようで，非常に衝撃的でもあった．その後は学内で，「ムナジロテンの胃内容物解析に関する研究」(Hisano et al. 2013；4章参照）のプレゼンテーションを行い，トラキア大学の教員や学生との学術的な交流を深めた．

図2．上：ユーラシアカワウソの足跡．テンと同じくイタチ科のため5つの指球（指の肉球）が足跡に見られる（イヌ科やネコ科は4つ）．カワウソの水かきが指球の間に見られる線からわかる．2013年7月，ブルガリア東部プリモルスコ・ロポタモ自然保護区の河畔林にて．スレドナ・ゴラ丘陵周辺のダム湖でも同様の足跡が見られた．下：ユーラシアカワウソの糞．2012年11月，スレドナ・ゴラ丘陵周辺のダム湖にて．糞内容物として甲殻類の破片が見られる．いずれも筆者撮影．大きさの参考に，レンズキャップ（直径約5 cm）を置いている．

続いて，スタラ・ザゴラ周辺の農地や大学に近いスレドナ・ゴラ丘陵のフィールド（標高400－700m）を見せてもらった（カラーグラビア「食肉目の生息環境」参照）．ドングリの実るヨーロッパナラガシワ(*Quercus Pubescens*)やハンガリアナラ（*Q. frainetto*：ともにブナ科），オリエンタルシデ（*Carpinus orientalis*：

カバノキ科）が優占する雑木林に農地が隣接する．農地ではスピノサスモモ（*Prunus spinosa*）やセイヨウサンザシ（*Crataegus monogyna*：ともにバラ科）といった低木から成るヘッジロー（自然植生による農地の生け垣林）が見られた．自然と人間が共存する東欧の里山といった風景であり（4章の図6），そこはムナジロテンをはじめ，ヨーロッパアナグマ（*Meles meles*），アカギツネ（*Vulpes vulpes*），ジャッカルにとって好ましい生息地となっている．実際にそこでジャッカルやキツネの足跡や，スピノサスモモの果実を食べた糞が見つかった．そのほか，スレドナ・ゴラ丘陵付近のダム湖畔のフィールドを視察し，ユーラシアカワウソ（*Lutra lutra*）の糞や足跡をたくさん見ることができた（図2）．日本では亜種のニホンカワウソ（*L. l. nippon*；ただし固有種*L. nippon*との説もある）が絶滅しているため新鮮で，そうした動物が人里近くに生息しているのを感じ取れたことは感慨深いものであった．ちなみに，カワウソの糞（図2）は主に魚類や甲殻類（エビ・カニ類）の残骸が含まれるため生臭く腐った魚介類の匂いがする．そのためキツネやムナジロテンの糞との区別は容易である．当時所属していた食肉目動物保護学研究室におけるモットー『野生動物を守ること＝生息地を知ること』にもあるように，動物がどのような暮らしをしているのかという観点からフィールドを見るのはいつも興味深い．次の年の夏にどのような研究調査をしようかと考えを巡らせ，わくわくした気持ちを胸に10日間のブルガリア訪問を終えた．

2. ブルガリアでの研究滞在とフィールドワーク

1 研究滞在

2013年5月，私はムナジロテンの食性に関するフィールドデータ取得のため再度ブルガリアへ渡った．トラキア大学では，最近できたばかりという学生寮8号棟の部屋を使わせてもらえた．ときどき水が止まることもあったが，部屋は広くてきれいで快適に過ごすことができた．食材はキャンパス内の小さな売店で，ある程度のものは揃えられた．しかしキッチンや冷蔵庫がなかったので，新鮮な肉をあまり買えず，加工肉（缶や乾燥肉，ハムなど）や卵ばかり食べていた覚えがある．また，当時，どの寮棟にも洗濯機がなく，料金は高いがお金を払えばキャンパス内で洗濯はできたが，現地の学生は帰省するときに洗濯物を溜め込んで持ち帰っていた．寮の部屋は７階で，窓から隣の村の景色がよく見えた．夕方になると夕焼けと村の夜景が合わさって幻想的だった（カラーグラビア「食肉目の生息環境」）．

滞在中，トラキア大学のスタッフによる紹介で「ImpactE トレーニング」という，ブルガリア在住の外国人を対象としたキャリア形成ワークショップに参加したことがあった．トラキア大学からは，私とレバノンからの正規留学生が参加し，そのほかの受講者はインド，セルビアからなど，20名ほどのブルガリアで働く社会人であった．そこでは，イギリス・ダラム大学からの講師による英語での講義と屋内・屋外における参加型アクティビティが行われた．キャリア形成に向けたハイレベルな英語講義についていけず，ほとんど発言できなかったのを覚えている．一緒に参加したレバノンの留学生から「英語もできない，ブルガリア語もできない，きみはどうやっていくつもりだ」と厳しい言葉を浴びせられ，焦った．屋外でのソーシャルアクティビティやその後の交流会は楽しめたが，これから研究を始めるにあたって，もっと語学を頑張ろうという決意を新たにしたワークショップだった．

2 山岳地でのフィールドワーク

前年のフィールド視察から，ブルガリアでは意外にも多くの野生動物が人里近くに暮らしていることがわかった．とくにムナジロテンの生息域は人間居住区にまで及ぶため，私はブルガリアにおける野生動物の都市侵出や人間生活との関わりに興味がわいた．そこで，修士論文第２章のテーマ（Hisano et al. 2016）としてムナジロテンの自然生息地（山岳森林）と都市（集落市街地）における食性を比較し，本種の都市適応を食性の観点から考察することにした．研究成果は４章で述べるが，ここではまず，山岳地でのフィールドワークについて述べよう．

５月～８月にかけて行ったフィールドワークでは，主にスタラ・ザゴラ地域周辺の集落内（ムナジロテンの都市生息地）とバルカン山脈（森林生息地）（４章の図８）でムナジロテンの糞を採集した．はじめは，Raichev 先生や，助教の Stanislava Peeva さん（後に Raichev 先生のもとで博士号を取得），農学部生態学科３年生の Stoyko Lefterov さんや Jivko Dimitrov さん（当時 Raichev 先生の弟子として剥製制作技術を学んでいた）に調査地を案内してもらいながら，フィールドの感覚を掴んでいった．バルカン山脈の調査地は，トラキア大学から車で１時間半ほどの距離である．スタラ・ザゴラ市の北，スレドナ・ゴラ丘陵を超えると農地平原が広がり，バラ祭りで有名なカザンラク市を通過する（図1）．そこからさらに北へ移動すると，バルカン山脈のシプカ峠へと繋がる道につきあたるので，そこを登って行く．調査地の標高は800〜1400mほどで，ちょうど日本の中部地方の山地と似た湿潤大陸性気候帯（冷温帯）にあたり，山麓はハンガリアナラなど，中腹より上はヨーロッパブナ（*Fagus sylvatica*）の純林に覆われる（カラーグラビア「食肉目の生息環境」）．そうした山あいの林道を歩くことで糞を探した．狩猟者でもあるRaichev先生は，どこに食肉目の糞が落ちているか，巣穴があるかを熟知されていた．そのため多いときには1日で20〜30個もの糞を集めたこともあった．周辺に落ちていた枝2本を私が箸のようにして糞を拾っていると，「ジャパニーズ・テクニックだ！」とRaichev先生は冗談をおっしゃった（注1）．調査地域を通してよく見かけた糞はムナジロテン，キツネ，ジャッカルの3種である．ジャッカルの糞は中大型犬の糞のように大きいため容易に判別が付くが，キツネとテンの糞はやはりサイズが似通うこともあり，ここでも東京農工大学の先輩，星野莉紗さんから教わったニオイによる判別方法が役に立った（4章参照）．一方，Raichev先生はベテランで，見た目だけで一瞬に判別されるので驚いた．

バルカン山脈には多様な生物が生息しており，カラフルな爬虫類，両生類やクワガタムシを見かけることもあった（カラーグラビア「ブルガリアの生物多様性」）．山頂付近は開放的な高原草地が広がり（図3），そこではいろいろな蝶を見ることができた（カラーグラビア「ブルガリアの生物多様性」）．昆虫採集から標本作

図3．左：バルカン山脈・シプカ峠の頂上に立つブズルジャ記念碑．右：バルカン山脈の山林を走るブルガリア国鉄の列車．ブルガリア中南部の都市ディミトロヴグラトから，スタラ・ザゴラ，バルカン山脈を挟んでヴェリコ・タルノヴォ，ルーマニアとの国境都市ルセへと繋がる．一度，プレヴェンまで移動する際に乗車した（コラム「ブルガリアの学生との関わり」参照）．車両は旧ソ連製（БДЖ・クラスEMB32-17）で古く，速度は非常に遅い．車両内のトイレは床部が吹き抜けで，走行中の列車から線路上に用を足すことになる．いずれも2013年5月，筆者撮影．

りまでも行うRaichev先生は，調査中大きな捕虫網を常に持ち歩いていた．私も昆虫採集が趣味であったため，Raichev先生と意気投合し，ブルガリアの蝶の種類を教えてもらった．また，山頂には「ブズルジャ記念碑」（1981年建設）という，大きな円盤型の建造物が建っていた（図３）．これはブルガリア共産党の栄光をたたえるために造られたものであるが，中は現在は荒れ果てていた．帰国後，東京の書店で廃墟・廃屋の写真集で紹介されているのを見かけ，日本では廃墟として有名な地となっていることを知った（日本語で紹介されたウェブサイトやブログもいくつかある）．そのほか，バルカン山脈の調査地周辺は，主要都市同士を結ぶブルガリア国鉄が走っていたり（図３），砂金がとれる清流があったり，お金持ち向けのリゾートホテルや高級レストランがあったりなど，観光地的な側面も見られた．

注１：糞を採集する際は，感染症対策など状況に応じた服装や装備（手袋やフェイスマスク，採集用具など）が必要である．

❸集落でのフィールドワーク

バルカン山脈のような山奥だけでなく，ムナジロテンは低地の人間居住区にも普通に生息する．トラキア大学のキャンパス内でもムナジロテンの糞を見つけることができ，はじめの頃はキャンパス内で糞採集することもあった．トラキア大学の周辺には２つの村（ボゴミロヴォ村，マルカ・ヴェレヤ村：カラーグラビア「ブルガリアの伝統的な街並みと村落」参照）が徒歩30分ほどのところにあり，慣れてくるとそれらの集落へよく１人で調査に行った．集落内を散策し，地元の住民と交流する機会もあった．集落内外にはロマ（ジプシー）という移動型民族も生活していて，荷馬車で移動する姿をよく見かけた．スタラ・ザゴラの郊外の村ではアジア人を初めて見る人も多く，はじめのうちは奇怪に見られることもあった．それでも，こちらから「Здрасти！（ズドラスティ！）」とか，「Здравей！（ズドラヴェイ！）」（いずれもブルガリア語で，こんにちは！）と挨拶するだけで，すんなり受け入れてもらうことができた．とくに，「от Япония（オットヤポーニヤ＝日本から来ました）」とか，「от Тракийски университет（オット トラキィスキー ウニヴェルスィテット＝トラキア大学から来ました）」と伝えると関心を持ってくれて，「Какво правиш？（カクヴォ プラヴィシ？＝ここで何をしているの？）」とよく聞かれた．集めている糞を見せながら，「Аз търся белки（アズ タルスャ ベウキ＝ムナジロテンを探しています）」と答えると納得し，どこそこでテンを見たなど情報を教えてくれる人もいた．

テン類を含む多くの食肉目動物は，縄張りの誇示や個体間のコミュニケーションのために糞のニオイを用いたマーキング行為を行うことが知られている．自然の生息地では，林道脇や石の上など目立つところに糞を見かけることが多いが（コラム「どうやって糞を発見するの？」参照），集落内で糞がよく見つかるのは，次のような場所である．

図４．ムナジロテンの糞がよく見つかる集落内民家の塀．写真右上：塀の上や車道脇に排泄されるムナジロテンの糞（写真はコンクリート基質上）．内容物としてクワの実の種子が確認できる．矢印は糞が落ちていた地点の目安を示す．いずれもボゴミロヴォ村にて．2013年５月，筆者撮影．

・民家の塀の上

塀で囲まれた民家で糞をよく見かける（図４）．塀の上は高くて目立つためだろうか，よく糞があった．各家の庭には，ムナジロテンが好んで食べるサクランボ，クワ，ブドウなど果樹が多く植えられていて，塀はそうした果樹のすぐ下に位置することが多かったためかもしれない．もしくはテンが猫のように塀をつたって移動するためなのかもしれない．

・車道脇

山岳地で林道脇によく排糞されるように，集落内の車道脇にもよく糞が落ちていた．林道で探すときよりも糞がさらに目立つため，容易に見つけられる．

・墓地

ボゴミロヴォ村には集落外れに墓地がある（図５）．糞は墓地の周りの囲いの上で見つかることが多かった，これは民家の塀のようにテンが糞をしたくなる条件が整っているのかもしれない．さらに墓地は雑木林と隣接しているため，テンの隠れ家やねぐらに近いのかもしれない．近年，ヨーロッパではこうした自然緑地が残された墓地や教会のサンクチュ

図５．ボゴミロヴォ村郊外にある墓地の風景．草むらに囲まれ，自然植生（雑木林）に隣接していることがわかる．2013年５月，筆者撮影．

アリ（聖域＝自然保護区）としての機能が注目されている（Skórka et al. 2018）．都市のなかで自然の植生が守られ，多くの生物にとってのレフュージア（退避地）になることで，高い生物多様性が育まれていると言われる．これは日本における社寺林が都市緑地・生物生息地としての役割を果たしている（真鍋ほか 2007）という考え方と類似する．

・廃墟や廃屋の中

ブルガリアには廃墟や廃屋がいたるところに見られる（図６）．利用されなくなったり，人が住まなくなって放棄されたり，撤去されることなくそのままの状態となっている．そのほか，建設途中のまま放棄された建物も多く見られた．そうしたひと気のない囲まれた場所をムナジロテンがねぐらとして利用しているのか，廃墟や廃屋の中にテンの糞がよく落ちていた．その他のヨーロッパ地域でも，廃墟や廃屋はムナジロテンにとって好ましい環境を提供することが知られている．例えば，イタリアでは廃屋の密度が高い環境をムナジロテンが好んで選択している（Sacchi & Meriggi 1995）．ムナジロテンの都市生息地である放棄された建造物は，茂みや樹洞，倒木などを提供する自然緑地の代替として機能している，という見解もある．

図６．集落内で見られる廃屋の外観一例（写真上）と，廃屋内部の様子（写真下）．ムナジロテンの糞がいくつか見つかったため，ねぐらや隠れ家として使用している可能性がある．いずれもボゴミロヴォ村にて．2013年５月，筆者撮影．

・屋根裏の中

ある日，マルカ・ヴェレヤ村に住むRaichev先生の知人から，自宅の屋根裏をムナジロテンがねぐらとして使っているという情報が入り，見に行ったことがあった．はしごを登って狭い入り口から屋根裏に入ると，ホコリまみれの倉庫のような空間に，ものすごい量のテンの糞があちこちにあった．ホウキとチリトリで屋根裏を掃除するように掃き，その日は苦労せずに糞をたくさん採集することができた．ただ，乾燥しきった古い糞も含まれていたため，解析には真新しいもののみを用いることにした．ムナジロテンによる住宅屋根裏の利用は他の東欧各国でも確認されており（例えば，Posłuszny et al. 2007），ヨーロッパにおける都市型の生息地の例として知られている．

今までの話は糞が見つかりやすいスポット（環境）についてのことであったが，集落市街地，山岳地の両調査地におけるムナジロテンの糞の「置き場（基質）」に関しては，Stanislava さんの論文によって定量的にまとめられた．例えば，集落市街地ではコンクリート基質や石盤の上で糞が見つかることが多く，また階段や屋根上，ベンチの上などでも見つかることもある（Peeva 2015）．私は見たことがなかったが，ポイ捨てされたゴミ袋やタバコ箱の上など，人工物に糞がされることもあるようである．いずれにしても，やはり目立つ場所である．

4 研究室での糞分析

以上のようなポイントを Raichev 先生から教わったり，自分で発見していくうちに，糞を効率良く採集できるコツがわかってきた．5月～7月にかけて，山岳地では133個，集落では177個の合計310個，解析に使用できなかった糞（他種の糞との区別が困難なものや，排糞時期の特定が難しい古いもの）を含めると400個近くの糞を集めることができた．集落へは午前中に糞の採集に行き，お昼を大学の食堂で食べ，その日の午後に研究室で糞の分析を行うのが日課だった．山岳地での調査は1日がかりになるので，集めた糞はひとまず研究室の冷凍庫に入れて保存し，後日分析を行った．糞分析の主な作業内容は，糞の中身である未消化の食べ物部位を取り出し，種や分類群の同定を行い，それぞれの食物の頻度や重量を記録することである（糞分析の方法・詳細についてはコラム「食性分析の方法」参照）．これにより，ムナジロテンがいつ，どこで，どんなものを食べたか，ということを数値データ化して表すことができる．糞分析の手法はブルガリアへ来る前年，先輩の星野さんの研究（4章）をお手伝いする過程で丁寧に教わっていたため，ブルガリアでは1人で難なくこなすことができた．採集した糞の量が多く溜まってきたときはさすがに大変で，Stanislava さんに作業を手伝ってもらうこともあった．

「ムナジロテンの食性を山岳地と集落で比較する」というシンプルな研究目的であったが，研究計画時に予想したことや，フィールドで糞採集中には知り得もしなかったことが，データやグラフになって数値化・視覚化されてくるとはっきり見えてくることに面白みを感じた．この糞サンプルに基づく研究成果については4章「テンの食性と多様性」で述べる．

5 テンと人との関わり

集落では，各民家でニワトリがよく飼われている（図7）．集落でのフィールド調査中，住民の人たちから，「ニワトリや卵がたびたびムナジロテンによって食べられるので困っている」，という話も聞いた．たしかに，研究室での糞内容物分析（コラム「食性分析の方法」）で，ニワトリの羽や卵のかけらが出てきたことがあった．こうしたことから地域の住民はムナジロテンに対してどのような感情を抱いているのだろうか，という興味が次第に湧いてきた．そこで，ボゴミロヴォ村，キリロヴォ村，マルカ・ヴェレヤ村での糞採集のついで，Raichev先生とともに集落住民に対して予備的な聞き取り調査を行った．その聞き取り調査には以下の質問項目を含めてみた．

1．ニワトリや卵をムナジロテンに食べられたことがありますか？食べられたことがある場合，その被害問題を解決したいと思っていますか？
2．集落にムナジロテンが生息していることについて，どう感じていますか？

私が帰国したあとは，Raichev先生とStanislavaさんによって，周辺11集落の132人の住民に対する大々的なアンケート調査が行われた．その結果，約50%の住民がニワトリや卵の被食被害を経験しており，そうした被害を解決したいと思っている人の割合は約60%，すでに何かしら解決の試みをしたことがある人の割合は約50%であった（Peeva & Raichev, 2016）．このことから，ムナジロテンは調査地周辺の集落において確実にムナジロテンがニワトリ被害を及ぼしていることがわかった．さらに，集落にムナジロテンが生息していることに対して，「嫌悪感を持っている」や「完全にいなくなってほしい」と答えた割合は，30〜50%であった（Peeva & Raichev, 2016）．一方，「好感を持っている」や「個体数が増えてほしい」と思っている人の割合は，いずれも5%にも満たなかっ

図7．集落内の各民家で飼われているニワトリ．写真のように放し飼いにされている場合が多い．ボゴミロヴォ村にて．2013年5月，筆者撮影．

た（Peeva & Raichev, 2016）．つまり，調査地周辺の集落において，人間とテンの間に軋轢が顕在することがわかった．さらに，半数以上の住民がすでに被害対策を講じていると回答した（Peeva & Raichev, 2016）．被害対策の例として，「罠によるテンの捕獲や猟銃による駆除」という，テンに対して直接干渉する方法が取られていた（Peeva & Raichev, 私信）．一方で，「犬による追い払い」「ネットによるニワトリ小屋の囲い防除」，および「庭における猫の放し飼い頭数の増加」，「赤い布を巻いた"テン除け"オブジェクトの設置」や「敷地内の夜間照明の強化」といった，テンとのすみわけを試みる例もあるが比較的少数だった（Peeva & Raichev, 私信）．

ブルガリアではムナジロテンが豊富に生息しており狩猟・駆除対象となっているものの，ヨーロッパ全体では「ヨーロッパの野生生物と自然生息地の保全に関するベルヌ条約（1979年締結；Bern Convention: Convention on the Conservation of European Wildlife and Natural Habitats; Council of Europe, https://www.coe.int/en/web/bern-convention）」において保護対象種に指定されている．そのため，他のヨーロッパ地域ではテンを捕殺駆除するよりも，被害を防除する方向が一般的とみられる．例えば，敷地内への侵入を防ぐために電気柵が用いられる地域もあるが（スイスにおける例：Kistler et al. 2013），設置費・維持費が高額となるためブルガリアでは現実的ではないようである（Peeva & Raichev, 私信）．そのほか，ルクセンブルクやドイツではムナジロテンが自動車のエンジンルーム内に侵入して内部パーツを噛みちぎったり，外部パーツに尿マーキングしたりする，という被害が頻発している（Herr et al. 2009）．その対策として，動物の嫌がる超音波やフラッシュライトを発する忌避装置（とりわけ"テン専用忌避装置"，"テン防除"，"テン・フリー"と称され一般に売られている．参考：ドイツのテン忌避装置専門販売会社"Marder Stop & Go" https://www.marderabwehr.de/en/）を車内やガレージ，庭などに設置する方法が取られている（Kistler et al. 2013）．このように，ブルガリアの村落におけるテン被害対策はヨーロッパ全体の動向や保全政策に必ずしも合致しているとは言えない．しかし，ブルガリアの社会経済状況（EU加盟後も低い賃金上昇率や，若者の海外流出による高齢化など）を考慮すると，テンと人間との軋轢は簡単に解決できる問題ではないのかもしれない．国や地域で異なる環境・社会状況に応じた問題を理解し，解決していくうえで，野生動物と人間の軋轢に関する研究が今後も求められる．

以上のように，テン本来の自然生息地，および人間居住区における生態，そして人との関わりを現地で調査することで，ブルガリアにおけるムナジロテンへの理解を直に深めることができた．研究の固定観念や現実問題（良いジャーナルに論文を投稿しなければ，という焦燥感など）にとらわれない，感性豊かな修士課程の間にフィールドワークを思う存分味わえたのは貴重な経験であった．

引用文献

Herr J, Schley L, Roper TJ. Stone martens（*Martes foina*）and cars: investigation of a common human-wildlife conflict. Eur J Wildl Res 55: 471-477, 2009.

Kistler C, Hegglin D, von Wattenwyl K, Bontadina F. Is electric fencing an efficient and animal-friendly tool to prevent stone martens from entering buildings?. Eur J Wildl Res 59: 905-909, 2013.

真鍋徹，石井弘明，伊東啓太郎：都市緑地としての社寺林の機能評価に向けて．景観生態学12(1)：1-7，2007.

Peeva S: Study of places, related to the marking reflex of the stone marten（*Martes foina* Erxl）. Trakia J Sci 13(2): 315-320, 2015.

Peeva S, Raichev E: Stone marten（*Martes foina*, Erxl., 1777）and villagers: human-wildlife social conflict. Agr Sci Tech 8(2): 158-161, 2016.

Posłuszny M, Pilot M, Goszczyński J, Gralak B: Diet of sympatric pine marten（*Martes martes*）and stone marten（*Martes foina*）identified by genotyping of DNA from faeces. Annales Zool Fenn 44(4): 269-284, 2007.

Sacchi O, Meriggi A: Habitat requirements of the stone marten（*Martes foina*）on the Tyrrhenian slopes of the northern Apennines. Hystrix 7(1-2):99-104, 1995.

Skórka P, Żmihorski M, Grzędzicka E, Martyka R, Sutherland WJ: The role of churches in maintaining bird diversity: A case study from southern Poland. Biol Cons 226: 280-287, 2018.

終章

EU地域の生物多様性保全政策と食肉目動物の将来

金子弥生

1. ヨーロッパ地域の自然保護政策と多様性保全

ヨーロッパ地域の野生哺乳類の生息状況は，西部と東部でかなり異なる．西部では，主に人口密度の上昇や開発，土地利用の変化を背景として，大型哺乳類においては地域絶滅が頻発した（Macdonald 1995）．ハイイロオオカミ（*Canis lupus*），ヒグマ（*Ursus arctos*），ヨーロッパバイソン（*Bison bonasus*）は，西側では絶滅したか，山域のごく一部の地域に生息する．大型哺乳類だけでなく，漁業などの人間との軋轢や水質汚染によって地域絶滅したユーラシアカワウソ（*Lutra lutra*）などの中小型食肉目動物種の例もある．ヨーロッパ西部では，人間活動の影響によって絶滅あるいは地域絶滅した種を，再導入することによって生物多様性の保全を行う方法も取られている．

一方で，ヨーロッパ東部の国々においては，西部で見られなくなった中大型食肉目動物が豊富に生息している場合もある．3章で紹介したヨーロッパヤマネコ（*Felis silvestris*）のように，イギリスではヤマネコとイエネコ（*F. s. catus*）との交雑が進み，純粋なヤマネコの系統を維持する個体の割合が著しく低下しているが，ブルガリアではヤマネコの系統を十分に維持している個体が大部分である．

このようにヨーロッパに生息している野生食肉目動物の個体群衰退や分布退行が生じた背景としては，農業の発達とそれに伴う人口増，土地利用の構造変化があげられる．ヨーロッパ地域では，紀元1000年頃まではローマ帝国の繁栄による一時的な人口増はあったものの，三圃式農業を取り入れた後でさえも農業の生産性はあがらず，食糧供給がネックとなって，総人口は3600万人ほどにとどまっていたとされる（ポンティング 1991）．しかし，紀元1200年ころから，冬季に備えて家畜の飼料用作物の栽培を行うようになり，徐々に人口が増加し1700年までに1億人を超え，そのころまでに可耕地はほぼすべてが開墾された．オランダのように干拓により農地面積を増加させたケースもあるが，多くは西部の国々が，ヨーロッパ東部やアフリカ地域，ラテンアメリカを新たに植民地としたために，新たな労働力の増加や，肥料の輸入による農業生産性の向上が背景となっていたとされる．

開墾に伴う森林伐採による生息地の消失や分断化の影響を受けて，ヒグマやオオカミなどの大型野生哺乳類をはじめとして，多くの食肉目が地域絶滅していなくなる事態が頻発したと考えられる．さらに，人間の移動にともない，農業だけでなく漁業や畜産業も食物供給を増加させるように変化し，さらに水質汚染，外来生物の侵入が大規模に数多く生じたことから，イタチ科動物のヨーロッパカワウソは漁網への食害を理由とした駆除の標的となり，またヨーロッパミンク（*Mustela lutreola*）は，毛皮養殖場のアメリカミンク（*N. vison*）が野生化したことにより繁殖阻害を受けて，姿を消した．

生物多様性の急激な低下を背景として，1979年にベルヌ条約において，EU加盟国とヨーロッパに隣接するアフリカ4か国からなる51か国を対象として，野生動物の種多様性とその生息地の保護について，国境を越えて保全プロジェクトを設立し，推進することが約束された（Convention on the Conservation of European Wildlife and Natural Habitats）．このベルヌ条約の制定を契機として，ヨーロッパ地域の保全が必要な種のリストがまず作成された．そして1992年に，Natura 2000保全地域（Natura 2000 sites and network）として，EU圏27か国の18%の面積を対象として，ヨーロッパの自然地域を保全するための保護区が整備されることが決定され，各国は対象地域の選定や土地利用の変更を進めた．さらに並行して，自然公園，河川敷や道路路側帯の緑化などの「グリーンインフラ」のネットワーク（Trans-European Network for Green Infrastructure; TEN-G 2013）が整備され，市民へ，生態系サービスを享受することの利点についてもアピールをはじめた．その後，ベルヌ条約の現在の主要プロジェクトとして，Natura 2000

において整備された保護区や生態的回廊を，より強固に連結する「エメラルドネットワーク（Emerald Network）」の整備があげられている．エメラルドネットワークでは，2030年までに，保全対象地域をベルヌ条約加盟国地域の30%にまで引き上げることも目標としている．

2. ヨーロッパ地域の生態ネットワーク計画の歴史

ヨーロッパ全域のエメラルドネットワークを策定するまでに至った，生態ネットワーク（Ecological Network）とはどのような内容だろうか．生態ネットワークの主要要素は，「コアエリア（Core areas）」「生態的回廊（コリドー，Ecological corridors）」「緩衝地域（バッファーゾーン，Buffer zone）」の3つから構成される（Jongman 2004）．

1 コアエリア

一般に，国立公園や保護区などの保護地域のことであるが，国際自然保護連合（IUCN）の定義によると「一つかそれ以上の生態系が，人間活動の影響を受けて変化しない大面積の地域」とされている．生態ネットワークの概念をヨーロッパでもっとも早く国策として取り入れたオランダでは，最低面積が1000haと，具体的に決めている．また，野生生物の保全に影響を及ぼす可能性のある人間活動が地域によって異なるため，イタリアでは狩猟活動の全面禁止，フランスでは観光や商業目的の使用も制限されているなど，地域の保全実施上の特徴に合わせてコアエリア内の条件はさまざまに設定されている．

2 生態的回廊

コアエリアをつなぐ目的の有機的構造を生態的回廊という．たとえば，小規模の林や岩場，河川，運河，沿岸地域などの自然素材からなる景観である．この他に，都市公園などのグリーンインフラも含まれる．コリドーは，各種動物の分散行動，季節移動，採食，繁殖地への移動中の休息場の機能を持つとされる．最近ではこれらの機能に加えて，気候変動に対応して動物が分布域自体を変化させる場合に備えた移動ルート（range expansion corridors）の機能も担うとされている（Bouwma 2004）.

3 緩衝地域

緩衝地域は，コアエリアを人間活動の影響から守る地域である．通常はコアエリアの周辺にコアエリアを囲むように設置され，人間活動から一時的であってもコアエリアに影響が及ぶことがないように調整を行われる場所である．たとえば，野生動物による農業被害などの軋轢を解決するための試験的な試み（フェンスの設置や，持続可能な狩猟など）が行われる．また，フランスのように観光をコアエリアでは禁止している場合は，緩衝地帯をコアエリアの隣に比較的大面積確保して，ビジターセンター設置やエコツアーなどの普及啓蒙活動が行われる場合もある．

以上の生態ネットワークの構成要素を基に，ヨーロッパ地域ではヨーロッパ生態ネットワーク（Pan-European Ecological Network，略称PEEN，Remm et al. 2004）が設計された．設計にあたり，前出のエメラルドネットワーク，Natura 2000保全地域，UNESCOの世界自然遺産地域（Biosphere Reserve），鳥類主要保全地域（IBA），植物主要保全地域（IPA），大型食肉目保護プロジェクト（the Large Carnivore Initiative）などの既存の保全地域のすべてを含むように，設計が進められた．

生態ネットワーク計画の主要なアウトプットの１つは，主要な３つの構成要素が具体的に地図上に描かれたハビタットマップである．そのために，GIS（地理情報システム）を用いた景観生態学的な統合作業は必須である．既存の地形図の上に，上記の保全地域などの生態学的な保全区域とともに，保全対象となる動物種の生息適地の地図を重ね合わせる作業が必要となる．生息適地図の作成には，動物の種生態を基にして，その分類群の専門家の協力が必須となる．ヨーロッパでは，EUNIS（European Nature Information System）というデータベースにより，生息地は1500種類以上に細分化して記録されているため，それらのデータベースを利用して設計することが可能である．

ブルガリアの生態ネットワークを図１に示した（Bern Convention関連の資料から作成）．ヨーロッパの３大レフュージア（序章参照）の一つであるバルカン半島に位置するブルガリアは，生態ネットワーク計画図においても，周辺の東欧

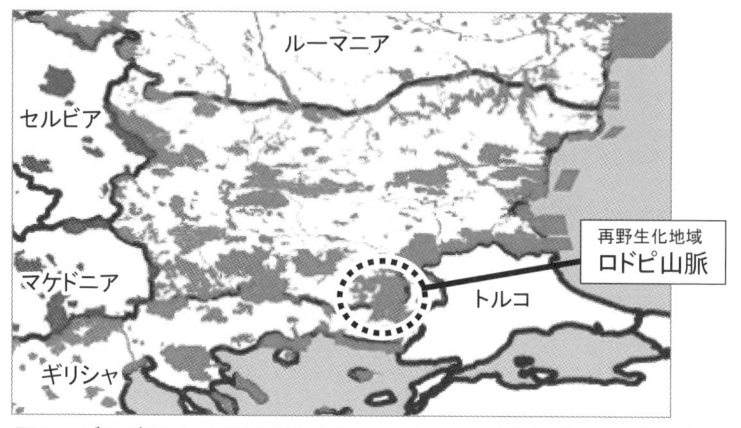

図1．ブルガリアと周辺地域におけるNature 2000およびエメラルドネットワーク計画による生態ネットワーク対象地域（グレー部分）．トルコは計画対象でないため表示なし．

諸国と比較してコアエリアの設置数が多いことが特徴である．とくに，バルカン山脈の南側からトルコとの国境付近にかけての地域は種多様性が高く，さらにブルガリア南西部のギリシャとの国境付近はほぼ全域が，コアエリアに選定されている．このように大規模な保護地域に選定されている一つの理由としては，EU諸国の離農や農地放棄の問題も背景となっている（Navarro and Pereira 2015）．この章の前半で触れたように，20世紀はじめまでは，ヨーロッパでは農地の規模拡大により森林伐採が進行し，野生哺乳類が生息可能となる大面積の森林は消失してきた．しかし20世紀半ばごろから，ヨーロッパの人口が安定し高齢化が進行し始めると，生産性が低い農地から離農が始まり，耕作放棄地が増加していった．特に東欧地域では，教育や雇用機会，生活基盤を求めて西欧への人口流出がはじまり，ブルガリアでは2000年の時点で国土の半分以上が15－20％程度の耕作放棄率の地域となった．

EUでは，このような耕作放棄された農業地域を，積極的に自然地域へ戻す「再野生化（Rewilding）」として，生態ネットワークなどの自然保全策に組み込んで有効活用を進めている（Helmer ら 2015）．2009年に，はじめての再野生化地域５か所として，イベリア半島西部（スペインとポルトガルの国境），ヴェレビト山脈（クロアチア），カルパチア山脈東部（ウクライナ）および南部（ルーマニア），ドナウ・デルタ（ルーマニア）が選定された（詳細は非営利団体Rewilding Europe の資料を参照）．これらの地域は，多様な景観構造，植生，標高，地形などを考慮してヨーロッパの自然の特徴を網羅すること，また面積は

10万ha以上確保することも配慮されている．その後，さらに4地域のアペニン山脈中央部（イタリア），ラポニア地域（スウェーデン），オデア・デルタ（ポーランドとドイツの国境），ロドピ山脈（ブルガリア）が追加された．

2019年3月に，Raichev博士に案内していただいて，私はロドピ山脈を訪れた．再野生化地域は，保護地域として自然生態系と共存可能な人間活動はEUから支援して維持し，極端な過疎地域からは人間が移動するなど積極的に人間の関与を減らしていって耕作放棄地のような生態系としての生産性が偏った状態からさらに荒廃が進行することを防ぐ（Helmerら 2015）．地域を社会経済的にも維持することで，持続可能な生態系へ誘導していく新しい仕組みを新たにつくっていく．また，生態系の回復にあたり，ヨーロッパ地域において数の激減した種や，地域絶滅した種を再導入する場合もある．

図2．再野生化地域のロドピ山脈（Rhodope Montains）．ランドマークの1つとなっている右奥の扇形の岩山（Black Rock area）の向こうは，ギリシャとの国境である．

ロドピ山脈では現在，絶滅危惧種のシロエリハゲワシ（*Gyps fulvus*）の保護，個体数が極端に減少したタイリクオオカミ（第2章参照），野生個体が絶滅したヨーロッパバイソンなどの再導入プログラム等が実施されている．訪問者は，ビジターセンターやネイチャーガイドから，詳細な説明を受けることができる．私たちが訪問した時も，平日は町の医師として働いているボランティアの方が，1日かけて解説やガイドウォークを担当した．さらに，数日から1週間ほどかけてバードウォッチングやカヌーなどにより雄大な自然を学ぶためのエコツアーが実施されており，また地域の村では地元産ワイン

図3．ロドピ地区を流れるアルダ川（Arda River）．オオカミやバイソンなど大型哺乳類の再導入にあたり，アルダ川の配置が利点となる（オオカミが川を渡って農業維持地域へ入ってくる可能性が低い）ことも，人間生活との軋轢を避けることができるためのメリットとされている．

や郷土料理，ロドピ地域特有の小型の短角牛（Rhodope shorthorn cattle）のミルクを用いた乳製品や土産を買うことができる．このようにあらたな経済的基盤が確立されると，住民の流出を防ぐことができ，移住する新たな住民も見込める．

3. 食肉目研究の今後の展望：軋轢の解消と共存，動物福祉

ヨーロッパの人と食肉目動物との関係は，よいことばかりではない．例えば，食肉目動物は，狂犬病などの人獣共通感染症や，ジステンパーや牛結核などの伴侶動物や家畜との共通感染症のキャリアとなる可能性がある．イギリスでは，1966－1972年に牛結核の大流行による畜産業への影響が出て，同時期にヨーロッパアナグマ（*Meles meles*）が牛結核のキャリアであることが1971年にはじめて発見され，1975年から1982年までの７年間に3000か所以上のアナグマの巣穴が毒ガスによって燻され，特に東部では，地域絶滅するほど大量のアナグマが死亡した．このような大規模なアナグマの殺処分を実施したにもかかわらず，1986－1993年に再び牛結核は流行した．このころから，動物愛護や福祉面からのアナグマ駆除に対する疑問の声が年々強まり，大学などの研究機関と政府が共同で，イギリス南部において大規模なアナグマ対策の効果測定と，牛結核の蔓延抑止に関する実験が行われた．その結果，アナグマを駆除しても，小規模巣穴に一時的に非難するなどして生き残る個体は出るため，それらの個体が新たな群れや繁殖相手を求めて，自分の群れや縄張りから出て大きく複数の群れ間を移動する行動や，隣接する駆除されなかった群れからの駆除地域へのなわばり拡大のための探索行動が頻繁にみられるようになることがわかった（Woodroffe and Donnelly 2017）．要するに，駆除の前にアナグマの各群れが一面になわばりをはっているときのほうが，各動物個体の移動範囲は小さいのである．したがって，疾病抑止の観点からは駆除を行わないほうが，アナグマの動きを小規模に抑えることができるという結論が発表された（Newman and Byne 2017）．

そして2012年からは，アナグマを一頭ずつ捕獲してBCGワクチン接種を行う政策が決定され，群れの３割にワクチン接種を行うと，新たに生まれる子アナグマも免疫を獲得できるため，アナグマの集団免疫の獲得を目標として政府が予算獲得に動いており，現在は駆除を行わないで済むようになってきた（バーカム 2021）．かつて西ヨーロッパでは，狂犬病の予防に経口摂取ワクチン（寄せ餌に

薬液を混ぜてキツネの巣穴の近くなどにまいて，動物に摂取させる）が開発され，狂犬病の根絶にほぼ成功した．アナグマでも，経口摂取タイプのBCGワクチンの開発が待たれている．

このように，野生動物由来の疾病，農産物への食害，家屋への侵入などの食肉目動物が人間との間で起こす問題を，野生動物と人間の軋轢（Human-Wildlife Conflict, HWC）という学問分野として扱うようになってきている．日本語では，「害獣」という用語が定着しているためか，問題がおこると動物の側にのみ原因があるとして，人間は自動的に被害者と位置付けられ，だから動物を駆除することで解決するという論理に陥っている．しかし，軋轢という用語には，動物と人間の間は対等な生物同士の立場であり，その中から解決に至る互いの妥協点を見つけようという意図が感じられる．このように，動物側に死をもたらすような解決策から，ヨーロッパは一歩進んだ関係を歩み始めている．

HWCの理論では，中大型哺乳類の保全に特に焦点を当てている（Konig et al. 2020）．なぜならば，イギリスのアナグマの例をみてもわかるように，中大型哺乳類との間に生じる軋轢問題では，その動物種が地域の中で生きられるかどうかという極論に発展しやすいからである．そのためには，野生動物から受ける被害の内容や性質を分析し，地域経済とのバランスの中で，提案するシステムが持続可能であるということは重要である（Woodroffe et al. 2005; Konig et al. 2020）．

さらに将来，食肉目動物と人間とのコミュニケーション方法も躍進することを期待する．動物行動学では最近，「動物言語学」（Animal linguistics）という研究分野を提唱する研究者があらわれはじめている（Suzuki 2021）．シジュウカラなどの鳥のさえずりを，警戒や求愛など意図を持ったパターンとして認識する実験や分析が行われている（Suzuki and Zuberbühler 2019）．第6章で紹介したような，アナグマなどのイタチ科動物のにおいを分析し意味を見つけていく研究は，将来は,野生動物との軋轢の解決策の発見に役に立つ時が来るのでは,と期待している．

引用文献

バーカム パトリック（Barkham P）（倉光星燈 訳）：アナグマ国へ．新潮社，2021，410pp.

Bouwma IM, Foppen RPB, Van Opstal AJFM Ecological corridors on a European scale: a typology and identification of target species. In Jongman R, Pungetti G (eds), Ecological Networks and Greenways: Concept, Design, Implementation. Cambridge University Press, UK, 1994, pp.94-106.

Council of Europe: Bern Convention - Convention on the Conservation of European

Wildlife and Natural Habitats.（https://www.coe.int/en/web/bern-convention/home），（https://www.coe.int/en/web/bern-convention/emerald-viewer）（2022年6月14日参照）
European Commission: Natura 2000.（https://ec.europa.eu/environment/nature/natura2000/index_en.htm）（2022年6月14日参照）
Helmer W, Saavedra D, Sylven M, Schepers F: Rewilding Europe: a new strategy for an old continent. In Pereira HM, Navarro LM（eds），Rewilding European Landscapes. Springer Link, 2017, pp.171-190.（https://link.springer.com/book/10.1007/978-3-319-12039-3）
Jongman RB: The context and concept of ecological networks. In Jongman R, Pungetti, G.（eds），Ecological Networks and Greenways Concept, Design, Implementation. Cambridge University Press, Cambridge, UK, 2004, pp.7-33.
Konig HJ, Kiffner CK, Kramer-Schadt SK, Furs C, Keuling O, Ford AT: Human-wildlife coexistence in a changing world. Cons Biol 34: 786-794, 2020.
Macdonald DW: European Mammals Evolution and Behaviour. HarperCollins Publishers,UK,1995,352pp.
Navarro LM, Pereira HM: Rewilding abandoned landscapes in Europe. In Pereira HM, Navarro LM（eds），Rewilding European Landscapes. Springer Link, 2015, 3-24pp.（https://link.springer.com/book/10.1007/978-3-319-12039-3）
Newman C, Byrne A: Musteloid diseases: implications for conservation and species management. In Macdonald DW, Newman C, Harrington LA（eds），Biology and Conservation of Musteloids. Oxford Universiy Press, Oxford, UK, 2017, pp.231-253.
ポンティング クライブ（Ponting C）（石 弘之 訳）．緑の世界史 上下．朝日選書．1994.
Remm K, Kulvik M, Mander Ulo, Sepp K: Design of the Pan-European Ecological Network: a national level attempt. In Jongman R, Pungetti G（eds），Ecological Networks and Greenways Concept, Design, Implementation. Cambridge University Press, Cambridge, UK, 2004, pp.151-170.
Rewildering Europe: Rewildering Europe （https://rewildingeurope.com/our-story/）（2022年6月20日参照）
Suzuki TN: Animal linguistics: exploring referentiality and compositionality in bird calls. Ecol Res 36: 221-231, 2021.
Suzuki TN, Zuberbühler K: Animal syntax. Curr Biol 29: 669-671, 2019.
Woodroffe R, Thirgood S: Rabinowitz A: People and Wildlife, Conflict or Co-existence? Cambridge University Press, Cambridge, UK, 2005, 497pp.
Woodroffe R, Donnely CA: European badgers and the control of bovine tuberculosis in the United Kingdom. In Macdonald DW, Newman C, Harrington LA（eds），Biology and Conservation of Musteloids. Oxford Universiy Press, Oxford, UK, 2017, pp410-419.

■トラキア文化

増田 隆一

トラキア文化と聞いて何を思い浮かべるだろうか?歴史上,ブルガリアで栄えた黄金文化として,日本の博物館での特別展やテレビ番組で紹介されたことがあるといえば,思い出す方がいるかもしれない.

トラキアとは,現在のバルカン半島の南東部,すなわち,ブルガリア全域,ギリシャ北部,トルコのヨーロッパ側,の地域をさす.そこに紀元後7世紀後半頃まで生活していたトラキア人によって栄えた文化であったが,未だに謎が多い.

私は,ヨーロッパの歴史に関する専門家ではないが,研究調査のフィールドとなっているこの地域について,柴 編(1998),金原(2021)などの文献を参照しながら,トラキアの歴史や文化に触れてみたい.ここに登場する人名や地名は,高校時代の世界史にも出てきたように思うが,その当時は特に実感がわかなかった.しかし,実際にその地を訪れると,しばしば,現地の野外遺跡や博物館の展示を目の当たりにする機会があるため,調査地の背景にある様々な歴史を知ることは,研究のさらなるモティベーションにもつながっている.

南東ヨーロッパでは,農耕・牧畜は,紀元前6500年頃に始まり,トラキア文化につながっていったと考えられている.歴史上,トラキア人の存在が知られるようになったのは,古代ギリシャの書物からである.紀元前8世紀頃のホメロスの叙事詩「イリアス」に登場する.その後,紀元前5世紀の歴史家ヘロドトスの「歴史」にも記載されている.
紀元前335年,バルカン西部にあったマケドニア王国のアレクサンドロス大王(在位紀元前336～前323年)は,トラキアに遠征し,紀元前334年には,さらに東方遠征に向かった.その際,アレクサンドロス大王は,トラキア諸族の優れた騎兵を重用し,東方遠征にも加えたという.

紀元前323年,アレクサンドロス大王が病没後,トラキア諸族が独立するが,統一国家を形成しないで,その後も,マケドニア王国,ローマ帝国の支配を受けた.紀元後1世紀初めには,トラキアには22の諸族の居住域が記録されている.周囲の大国からの支配およびトラキア諸族間の抗争が続く.その後,南から進出したビザンツ帝国の行政地区となり,紀元後4世紀以降にはトラキアは衰退に向かう.7世紀後半には,バルカン半島北東部にブルガール人によるブルガリア王国が建国され,トラキアはビザンツ帝国との間で大きく揺れ動く.そして,トラキア文化を担った人々は,ブルガール人,そしてすでに定住していたスラブ人と融合し,現代のブルガリアの人々が形成されていったと考えられている.

このように,バルカン半島は,ヨーロッパとアジアの文明の十字路であり,トラキア文化も周辺域の文化と交流した.トラキア文化に関係が深い動物として,ウマをあげることができる.トラキアの人々の中には優れた騎兵がいたことは先に述べたが,彼らが使っていた「トラキアウマ」とは一体,どんなウマなのか,現代のウマのどの品種に受け継がれたのか,まだまだ不明なことが多い.手がかりは,考古学的な資料だ.例えば,ブルガリアのカザンラク古墳(紀元前4世紀の第4四半期に築造)の壁画などに描かれている軍馬の絵画から,駿馬ぶりが想像される.また,遺跡から発掘される多くの装飾品にはウマが描かれている.さらに,人とともに埋葬されたウマの骨も出土している.12章に紹介したように,私たちは,幻のトラキアウマ(図1)の謎に迫る共同研究も進めている.
ブルガリアの平野は遠くまで見渡すことができる平坦な地であるが,移動中の車窓から,ところどころに丘状になった古墳(トラキア古墳)が点在しているのを見かける(図2).その古墳からは,埋蔵された土製品,青銅製品,鉄製品などが出土し,考古学的研究が進められている.さらに,興味深いことには,遺跡のない場所で,金銀などの貴金属製品が偶然に発見されることがあるという.これらの埋蔵品は,「遺宝」とよばれている.この遺宝が数多く発見されることが,本コラムの冒頭で述べたように,トラキア文化が黄金文化として知られる理由である.

トラキア文化は,現在も,ブルガリアの人たちの生活の中に,めんめんと受け継がれているのではないだろうか.その1つとして考えられているのは,旧正月に,仮面と毛皮の衣装を着て街を練り歩く儀礼「クケリ」である(11章参照).

引用・参考文献

金原保夫:トラキアの考古学.同成社,東京,2021,pp. 346.
柴宜弘 編:バルカン史.山川出版社,東京,1998,pp. 504.
英文パンフレット"The Tomb of Seuthus III", by Georgi Kitov PhD.

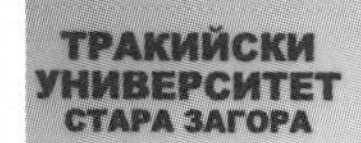

図1. ブルガリアで共同研究を行っているトラキア大学.スタラ・ザゴラ市にある.そのシンボルマークがトラキアウマである.2010年6月,筆者撮影.

図2. 有名なトラキア古墳の1つ,ゴリャマ・コスマトカ墳丘墓.オドリュサイ王であったセウテス3世(Seuthus III,紀元前330年頃〜前302/301年または297年)の墓ともよばれている.スタラ・ザゴラ州にある.この墳丘墓からウマ骨も出土している.2010年6月,筆者撮影.

■バルカン半島の自然地形歴史

角田 裕志

ブルガリアが位置するバルカン半島は西のアドリア海,南の地中海,東の黒海と三方を海で囲まれる.バルカン半島の境界についてはいくつかの見解があるが,一般的にはサヴァ川(スロベニアからセルビアを流れ,セルビアのベオグラードでドナウ川に合流)とドナウ川(主にルーマニアとブルガリアの国境付近を東西に流れ黒海に至る)を境界としたその南側をバルカン半島と定義することが多いようだ(萩原2007;図1).バルカン半島の陸地の大部分は山地帯であり,リラ山地およびピリン山地,バルカン山脈,ディナル・アルプス山脈など標高2000mを超える山地が連なっている.バルカンの名は半島の東西に伸びるバルカン山脈に由来するが,元々はオスマン語(オスマン朝時代の公用語)で「山脈」を意味する「balkan」を語源とする(萩原2007).

バルカン半島の国々の中ではブルガリアはギリシャに次いで2番目に大きな国土を持つ(面積約11万km²).ブルガリアの代表的な山地帯は,隣国セルビアとの国境から黒海沿岸まで国土の中央を東西に横断するバルカン山脈と,南の隣国である北マケドニアやギリシャとの国境付近のリラ山地,ピリン山地およびロドピ山脈である.リラ山地のムサラ山はバルカン半島の最高峰であり標高2925mである.ブルガリア国内の気候は特にバルカン山脈の南側と北側で大きく異なる.バルカン山脈の南側に広がるトラキア平原は地中海性気候の影響を受けた温暖湿潤気候であるが,北側の山麓からルーマニアとの国境を流れるドナウ川周辺に広がるドナウ平野(ドナウデルタ)はより冷涼な大陸性気候のステップ地帯である(Velikov and Stoyanova 2007).また,バルカン山脈やリラ山地,ピリン山地の高標高域は高山気候となる.

地形とそれによって生まれる気候の違いはブルガリア国内の自然植生の多様性にも大きな影響を与えている.全体として,ブルガリアに見られる自然植生は中央ヨーロッパのカルパティア山脈(ポーランドからルーマニアに至る全長約1500kmの山地)との共通種が多い.しかし,バルカン山脈が北風を遮るために冬季でも比較的温暖な山脈の南側斜面やトラキア平原には地中海沿岸を起源とする常緑の硬葉低木(モクセイ科の*Phillyrea latifolia*など)の群落が分布する(Meshinev 2007).一方,自然植生の分布は垂直方向,すなわち標高の違いによっても変化する.概ね標高800mまでの低標高帯は主にオーク類(ブナ科コナラ属,*Quercus sp.*)が主体の広葉樹林,800〜1500mの中標高帯はヨーロッパブナ(*Fagus sylvatica*)が主体の広葉樹林であり,1500〜2000mはヨーロッパモミ(*Abies alba*)やヨーロッパマツ(*Pinus nigra*)あるいはバルカン半島固有のマツ類(ボスニアマツ*P. heldreichii*および*P. peuca*)が主体の針葉樹林となる(Meshinev 2007).標高2000mを超える亜高山帯や高山帯では高木種はほとんど見られなくなり,低灌木林や高山草地が広がっている(Meshinev 2007).

引用文献

萩原直:バルカン.下中直人・編,世界大百科事典23　改訂新版,平凡社,2007,pp.105-110.

Meshinev T: Vegetation and phytogeography: a brief characteristic. In Fet V, Popov A (eds) Biogeography and Ecology of Bulgaria, Springer, Dordrecht, 2007, pp.581-588.

Velikov V, Stoyanova M: Landscape and climate of Bulgaria. In Fet V, Popov A (eds) Biogeography and Ecology of Bulgaria, Springer, Dordrecht, 2007, pp.589-605.

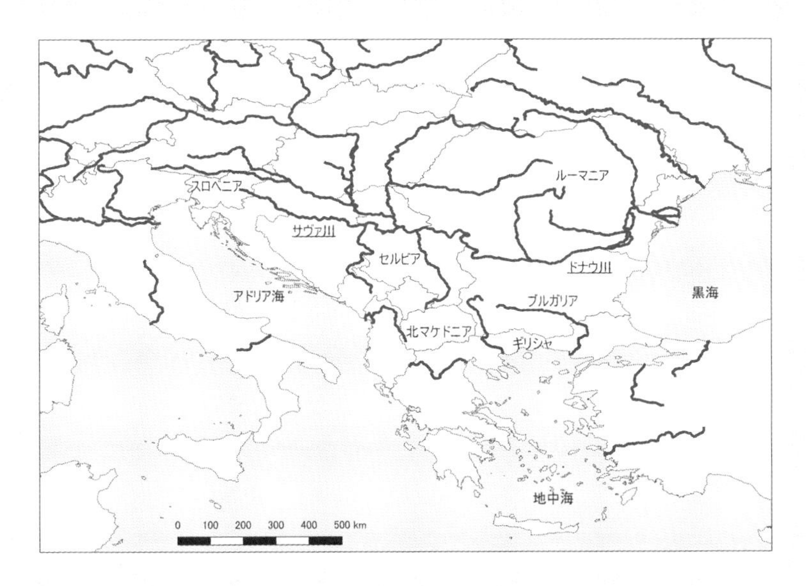

図1.　バルカン半島の位置図(河川を実線,国境線を破線で示した).地図には本文中に登場する周辺海域と主要な国名,およびバルカン半島の境界を成すサヴァ川とドナウ川を記している.地図はQGIS(https://qgis.org/ja/site/)とNatural Earth(https://www.naturalearthdata.com/)の公開データを用いて作成した.

■ブルガリアの学生とのかかわり

久野 真純

●キャンパスでの関わり

「今,その瞬間を精いっぱいに楽しむ」.これは私がトラキア大学滞在中,ブルガリアの学生から教わった最も大切なことである.ブルガリアの学生たちは,毎日を最大限に楽しく過ごしていた.キャンパス周辺はとくに娯楽施設がないため,基本的には学生同士で集まって,おしゃべりしたり,たわむれたり,騒いだりしているだけなのだが,毎日がエネルギッシュで圧倒されっぱなしだった.学生たちは講義が終わる夕方頃から寮の前や売店の前に集まり出し,そこでヒマワリの種を食べながらビールやラキヤ(スモモを発酵させたブルガリアの蒸留酒)を飲んでいた.私もその日の調査や分析が終わると毎晩その輪に入れてもらい,お酒が苦手ながらもブルガリアの学生との交流を深めた.外での騒ぎが一段落すると,今度はみんなで誰かの寮の部屋へ行き,そこでも飲み騒ぎながら,ブルガリアのエスニック風な音楽を流して,歌ったり踊ったりしていた.ダンスは毎回即興でいろいろおかしな振り付けもあり,独特な即興ダンスをいろいろ教わった.こうしたパーティーは毎晩キャンパスや寮のいたるところで勃発し,とくに「クれィズィー(無秩序)」に騒ぎ楽しむことを「アニマル・パるティー」(ひらがなの"る","れ",はブルガリア語由来の巻き舌:以下同様)と称していた.英語が堪能な学生も少なからずいるが,ブルガリア語しか話せない学生も多く,私はこうした学生との無秩序な交流を通して,若者言葉やスラングを含むたくさんのブルガリア語を学んだ.ここでいう「アニマル」とは騒ぎ立てる学生ら自身のことだが,とりわけ,ずるいやつ,悪賢いやつ,卑猥なやつ,のことを「чакал(チャカウ=ジャッカル)」と呼んでいた.例えば,ある飛び抜けて楽しい友人がおり,彼とは会うたびに「Аа~~,голям чакал~~!(あ~,でかいジャッカルだ~!)」とふざけて指さし合った.ジャッカルが学生の間でも身近な存在であり,西洋におけるキツネの比喩を悪くしたようなイメージがあるということは興味深かった.ブルガリアでは髪を丸刈りにするのが流行っていて,それを「モダン」な髪型だと言っていた.ある日,友人のデニス(当時,獣医学科3年生)に「ブルガリアン・ヘアー」にしてやると言われ,私もバリカンで刈ってもらった.彼は,自身のことを「Фризьор Денис(フリズオーる・デニス=カリスマ美容師デニス)」だと言って嬉しそうに誇らしげだった.丸刈りにされたあとは,心なしかより一層学生たちに溶け込んでいけた気がする.彼らは,「Sweetness of life(人生における甘い至福)」とは,「1. Пиеш(ピエシ=飲む)」,「2. Ядеш(ヤデシ=食べる)」,「3. Ебеш(エベシ=恋愛する)」ことだ,と私に熱心に教え込み,日本へ帰っても「人生を楽しむこと」を忘れないように,と何度もジェスチャー付きで一緒に復唱させられた.そして,私がブルガリアを去る時には,ブルガリアや自分たちのことを忘れないようにと,たくさんのプレゼントをくれた.ブルガリアを代表するお土産のほか,友人それぞれが身近で大切にしているもの(個人的な宝物など)を私にくれたことがとても印象的で,そうした友人たちの気持ちに胸がいっぱいになった.

トラキア大学のキャンパスで楽しむ友人たち(いずれも当時獣医学科の学部生).

当時スタラ・ザゴラの高校生だった友人(左:シルビア)と,当時プロヴディフ大学に通っていた友人(中央:ボリスラフ,右:ソフィア).3人でスタラ・ザゴラ市内をたくさん案内してくれた.

左写真:トラキア大学周辺の草原フィールドにて.筆者と友人のスヴェトリン(当時獣医学科の2年生).右写真:私の髪を同じような丸刈りにして嬉しく誇らしげな「美容師デニス」(当時獣医学科の3年生).

同じ寮棟に住む,スタニスラフとプラメーナ(当時,生態学科の3年生).英語を話さないものの,いつも温かく接してくれて仲良くなることができた.別れ際に,特別にプレゼントを持ってきてくれたときの様子.

●友人の実家でのホームステイ

ブルガリアの友人のいくつかとは,今でも連絡を取り合えるほど親しくなった.とくに,別棟の寮に住んでいたスヴェトリン(当時,獣医学科2年生)とタティアーナ(当時,生態学科2年生)の2人とはとても気が合い,よく彼らの部屋を訪ねていろいろなことを語り合った.スヴェトリンの名前は,ブルガリア語で「光」を意味するсветлина(スヴェトリナ)に由来すると教えてもらった.セメスターが終わる7月中旬,彼らがそれぞれの実家へ招いてくれることになった.朝早くにスタラ・ザゴラの駅からブルガリア国鉄の古い列車に乗り,バルカン山脈を超えて,まずブルガリア北部の主要都市プレヴェンの隣町,ドルニ・ドゥブニク(タティアーナのおじいさん・おばあさんの家)に3日間滞在した(図2;13章の図1に地図を示す).この地域は,ドナウ川を堺にルーマニア南部と繋がるドナウ平原の中心で肥沃な農耕地帯が広がる.タティアーナのおじいさん・おばあさんの家には,いとこのヨアニータと,ツヴェトミル(どちらも当時中学生)が来ており,一緒にプレヴェン展望台(露土戦争中のプレヴェン包囲を記念するパノラマ型記念碑)やプレヴェン動物園を観光した.その後,タティアーナの故郷,ヴラツァへ移動した.ヴラツァはバルカン山脈北西部のすぐ麓にあり,調査地の中央部よりもさらに断崖絶壁の険しい,荘厳な岩山の風景が見られる.そこで3日間を過ごし,ヴラツァの駅から夜行列車でスヴェトリンの実家のあるドブリチ(ブルガリア北東部)へと向かった.ドブリチは手工芸の街として知られ,石畳の旧市街には陶芸,織物,銅・革製品などの職人による工芸品店が立ち並ぶ(カラーグラビア「ブルガリアの伝統的な街並み」).また,黒海沿岸の最大観光都市ヴァルナにも近く,スヴェトリンが夏期休暇中にアルバイトをしていたというリゾート地,「ゴールデン・サンズ」へ海水浴に連れて行ってもらった.彼にはスヴェトリンの妹、エカテリナ(当時7歳)は、はじめ恥ずかしがっていたが慣れてくると楽しくはしゃぎ出し,遊具や折り紙,チョークでの落書きなどを通してたくさん一緒に遊んだ(図2).4日間をドブリチで過ごした後,列車に乗りヴェリコ・タルノヴォで長距離バスに乗り換え,スタラ・ザゴラへと帰着した.

ヨルダンという当時獣医学科3年生も,とくに仲良くなった友人の一人である.彼は皆よりいくつか年上でイギリスでの仕事経験もあり,大人びた雰囲気があった.7月下旬になると,私の誕生日を祝ってくれるということで,彼の実家,クルジャリ(ブルガリア南部)に招待してくれた.クルジャリは,ギリシャとの国境,ロドピ山脈の麓にあり,乾燥した岩肌や灌木帯,草原が見られた.周辺には,ペルペリコン古代都市というトラキア文明の遺跡があり,彼のお兄さんヴァシルと一緒に観光した(図6).その後,ラシムという当時畜産学科4年生の友人も加わり,ヨルダンの家や市街地のバーで24歳の誕生日を祝ってもらった.次の日はラシムが,ハスコヴォ(スタラ・ザゴラとクルジャリの間にある都市)のいとこの家に連れて行ってくれた.トルコ系の暖かい家族に出迎えられ(図2),いとこのセライ(当時,高校生)はバイオリンの演奏を披露してくれた.

8月上旬は,アタナス(当時,獣医学科3年生)がブルガスにある彼の実家に招いてくれた.彼の家族はブルガス近郊の黒海沿岸リゾートでお店を営んでいる.彼のいとこ(当時,高校生)や,アレクサンドラ(当時,獣医学科2年生)と一緒に,ポダ自然保護区の沿岸湿地でバードウォッチングをしたあと,その日は黒海のビーチ,シネモーレツで焚き火やキャンプをした.プリモルスコやソゾポル,ポモリエといった観光地も訪れた.黒海沿岸はとくにロシアからの観光客が多く,一段と華やかな地域である.最終日は,同じくブルガス出身のスラヴィ(当時,獣医学科3年生)やデニツァ(同じく2年生)と合流しブルガスの街なかを散策した.

このように,ブルガリアではいつもたくさんの学生に囲まれてすごした,毎日,あらゆるできごとが新鮮で,カラフルで,驚きの連続であり,たった3ヶ月だったがとても濃密で目まぐるしい時間を過ごした.ひとことで言い表すと,ブルガリアでの滞在は「Хубаво(フーバヴォ=美しく素敵)」な経験として心に残っている.

ドルニ・ドゥブニクに住むタティアーナのおじいさん・おばあさんの家にて.左写真:いとこのツヴェトミル(真ん中)とヨアニータ(右),とその同級生イヴァン(左).右写真:左から順に,おじいさん,タティアーナ,おばあさん,お母さん,お父さん.

ドブリチのスヴェトリンの実家にて.スヴェトリン(左)と,彼の妹エカテリナ(右).折り紙をして遊んだときの様子.

クルジャリのペルペリコン遺跡にて.ヨルダン(右)と,彼のお兄さんヴァシル(左).

アタナスと黒海沿岸の散歩道を散策したときの様子.黒海に沈む夕日がとてもきれいだった.右下写真:アタナスの実家にて,お母さんのステフカ(左)とお父さんのフリスト(右)が温かく迎えてくれた.

注記:本文中のブルガリア語は意訳や代替的な訳も含む.

■なぜ研究者になろうと

●増田 隆一

私が興味をもって取り組んでいる分野は野生動物の動物地理学である.動物地理学では,現在の動物の分布を調べることに加え,時間の流れをさかのぼり,分布の歴史を明らかにしていく.その手法には,DNA分析の力を取り入れてきた.しかし,研究生活の最初から,動物地理学に出会ったわけではない.

私も子供の時から,生き物を飼育したり,観察することが大好きであった.本格的に遺伝学研究に取り組むことになったのは,大学院博士課程に入ってからのことである.そして,米国留学を経験後,帰国して大学助手として就職したのであるが,その間も自身の研究として,どんなことに取り組んでいくべきか,常に頭の片隅で考えてきた.自身を取り巻く環境の可能性と限界も考慮する必要がある.そんな中,2か月間,北米や欧州の大学・研究所へ派遣していただき,自由に海外の研究者と交流する機会を得た.その貴重な経験を通して,野生動物の遺伝,日本や世界の地理,その地域の歴史という興味ある分野を学びながら,ユーラシアの動物地理学に取り組むことが,私にとって無理なく進められる研究テーマではないかと考えるようになった.

細々ながら研究成果を学会発表や論文発表していると,動物地理の研究をやりたいという学生さんが研究室にやってくるようになった.そして,卒業研究,修士論文,博士論文の研究に,新しい考え方や手法を盛り込み,研究室としてブレイクスルーできることが増えていった.この経験を通して私が感じたことは,研究は,教員が教えるのではなく,学生といっしょに学ぶものだということである.

とはいうものの,現実の研究生活では,予想通りの結果が得られなくて四苦八苦することが常である.また,長い時間をかけて祈るような気持ちで研究費の申請をしても,採択となるとは限らない.このようなことが十中八九であり,これまでの苦労はなんだったのだろうかと,しばらくの間茫然して落胆することもある.しかしながら,そんな生活の中でも残りの一二割では,思いがけず興奮するような発見をすることがある.この数少ない発見が,それまでの苦労や落胆したことを吹き飛ばしてくれる.

研究生活はこのような出来事の繰り返しであるように思う.大なり小なり,山あり谷ありの楽しさや興奮を経験することにより,研究者はそこから抜け出せなくなるのではないだろうか.

思ったのか？ 何が楽しいのか？

●金子 弥生

研究者を目指したきっかけは，動物の行動の意味をわかるようになりたい，ということであった．大学3年の時に交換留学でケニアへ行き，国立公園の壮大なキリンの群れや，水牛，ライオン，本物の野生哺乳類を目の当たりにして，感動し写真を撮ったが，何回もサファリツアーに出かけると，動物の外貌を楽しむだけの内容がだんだんとものたりなくなってきた．ナイロビの本屋で購入したSinclare and Norton-Grifith のSerengetiという本（1979）を開いても，それを読むための専門知識がないので，行動を深く知ることはできなかった．それから時間が流れて，博士の学位を取り，国の研究所やイギリスでポスドクの研究者修行時代を終え，短大に勤務しはじめて「野生動物学」という講義を受け持つことになり，書斎で講義に使用する材料をいろいろと探していた時に，ふとSerengetiを手に取った．すると，その本に書いてある内容をすらすらと理解できた．タンザニア北西部に広がる広大な保護区に生息する季節移動を行うオグロヌーや，ヌーを狩るライオンなどの大型食肉目動物の生態や行動について，学生たちに伝えることができた．はじめてその本を手に取ってから20年が経ち，「今はもう，動物の行動を知るための力が身についたのだ」と実感した．20年かけて1冊の本の内容をわかるようになるなんて，気の遠くなるような話かもしれない．しかし，そうして身についた学力は，それからの人生においてずっと維持できる．動物のことがよくわからなかった20歳までの20年よりも，わかるようになった40歳からの人生は，圧倒的にわくわくするものになった．動物の勉強をするのに，博士などの学位をとる，動物関係の仕事に就く，学会発表，研究費取得など，いろいろとステップになる内容や誰もがわかる評価はあるが，そういう外から評価されることを手に入れるというよりは，研究をする個としての自分の中の命題を達成することや，動物との接点で思いつく日々のひらめきが，研究者として最も楽しいことのように思う．

引用文献

Sinclare ARE, Norton-Grifith M eds: Serengeti: Dynamics of an Ecosystem. The University of Chicago Press, Chicago, USA, 1979.

●角田 裕志

幼少時は恐竜学者を夢見ていたが,次第に生きている動物へと興味の対象が移った.叔父が警察犬の訓練士をしていて,根っからのイヌ派だった私はやがて野生のイヌ科動物に興味を持つようになった.決定的だったのは,高校生の時に出身地の栃木県・日光のシカ問題と北米のイエローストーン国立公園に倣った日本でのオオカミ復活を扱った新聞記事を目にしたことがきっかけで,オオカミの研究を志すようになった.その夢はポーランドでのオオカミ研究という形で大学院の修士論文研究で実現することができた.幸運なことに,現地でのラジオテレメトリー調査中に追跡対象の5頭のオオカミの群れを目撃することができた.この時の光景と感動は今でも鮮明に覚えていて,生涯忘れることはないだろう.これ以来,多くの感動に出会えるフィールドワークをベースとした野生動物の研究にすっかり魅了され,研究者という道を選ぶに至った.

中大型の哺乳類の生態研究では,生きた個体そのものを扱うことは決して多くは無くて,足跡や糞などの痕跡,また最近では自動撮影カメラが捉えた画像などが主なデータである.それらは野生で生きる動物の生活のほんの一瞬を切り取ったものでしかない.しかし,フィールドワークで得られた断片的な情報をつなぎ合わせ,さらに文献などの情報を手掛かりにしながら自分の現場経験や想像力(あるいは創造力)を最大限に使って動物の生き様の実像に迫る作業こそが,私にとって野生動物の研究の最大の魅力だと感じている.第2章で紹介したブルガリアのジャッカルとキツネなど小型食肉目との種間関係の研究では,このような研究プロセスを経て自分が思い描いた食肉目動物同士の関係の一端を垣間見ることができた.研究の成果を取りまとめて学術論文として発表しても研究に終わりはない.すぐに次の疑問や知りたいことが湧いてくる.そして,得られた知識は野生動物の保全や管理にとっても必要である.自身の興味の追求と,野生動物とヒトとの共存という社会的な課題解決の両方に生涯挑戦し続けたい.

●中尾 稔

生物学の講義を受けていた大学生の頃は分類学がつまらなくて本当に嫌いだった.動物と植物の系統分類学を両方聴講したが,分類群の説明が次々と移り変わるだけにしか思えず,飽きてしまって居眠りばかりしていた.今にして思えば,ちゃんと先生の話を聞いていれば,もう少しまともな分類屋になれたのにと,昔の自分に説教をしてやりたい.何の講義か忘れたが,医学部の先生が住血吸虫という寄生虫の話をされ,寄生虫をとりまく野生動物や家畜や人のカオスな状況に呆気にとられ,寄生虫の生態学をやりたいと何となく思った.当時も今も理学部で寄生虫を扱っている方は皆無だったので,医学部に出入りして寄生虫をいじっているうちに,気が付いたらそこで職を得て,定年を迎える.給料はもらっていたが,ずっと大学院生のような研究生活だった.

そんな訳で,理想があって研究者になろうと志したのではなく,状況に流されて研究者を続けてしまった.そもそも寄生虫を調べるためには,様々な宿主動物と付き合わなければならない.賢い研究者ならばターゲットを絞るが,自分に才能がないことは自分が一番よく知っているので,何でも見てみることを優先させた.その方が変なプレッシャーがなくて楽しいから.例えば,野生のネズミを捕まえると,体表にはダニやノミやら様々な節足動物がついている.解剖すると内臓から扁形動物や線形動物や鉤頭動物が出てくる.次はそれらの種類を調べることになり,いやでも分類学になってしまう.指導者なんていないので,全部我流で生物多様性の海に溺れていた.DNAが簡単に調べられるようになるとすぐにこれに飛びつき,少しだけ俯瞰できるようになった.結局,寄生虫の生態学をやりたかったはずなのに分類屋になってしまった.新種記載論文をいくつも書いたが,自分がプロの分類学者だとは全く思っていない.分類屋という言葉の方がしっくりくる.

巷では生物多様性の保全が大事といわれるが,それをきちんと評価できる分類学者が激減している.この状況を嘆いても仕方がないので,分類学の作法(記載論文の書き方)を非専門家が学んで,サイドワークで分類学を支えるしかない.

●西田 義憲

試薬屋さんから購入できる薬品である,タンパク質を10-15%,核酸を2-7%,脂質と糖質をそれぞれ2-3%の割合で量り取り,さらに100%になるまで純水を加えてよく混ぜると,生命が誕生……しない.これだけでは.では,他に必要なものはなにか?人が死ぬと体から失われるという「21g」が足りないのか?「賢者の石」が必要なのか?一方で,一生物として生活している人々は,空腹を感じると食事をし,勉強して知識を得,不本意な状況に置かれると怒り,趣味や娯楽を楽しいと思う.これら感覚や記憶,感情は突き詰めていくと,「化学反応」によりもたらされている.生物の中では数え切れないほどの化学反応がネットワーク化された状態で常に起きており,それらによりエネルギーを得て,生体高分子を合成し,細胞増殖が行われている.巨大な有機物の集合体が,内部で複雑なネットワークで繋がった化学反応により活動を続けているのが生物ということになる.しかも,この化学反応のバランスが崩れて「病気」になると,自身が持ち合わせていない異物となる化学物質である「薬」を使ってバランスのとれた「正常な状態」を取り戻すことさえしている.納得できるような,できないような….このようなモヤモヤした状況で出会った学問が,分子生物学であった.生命現象を分子レベルで研究していく,生物学と化学を繋ぐ研究分野である.この分野での研究が,生命活動の本質を理解することに繋がるとの希望を持ったことが,自身の身を研究の場に置くきっかけであった.

疑問を解消するために,膨大な文献から手がかりを探し,得られた知見を元に実験による立証を試み,失敗し,悩む.失敗の原因を考え,対策し,予想と異なる結果が得られ,また悩む.これを繰り返すうちに,突然,問題点が解消され,疑問に思っていたことを整然と理解できる時が来る.たとえ小さな成果でも,このスッキリした感じが得られたとき,楽しいと感じる.自分が不幸体質かもしれないとは考えないことが重要である.

●久野 真純

幼少期から中学生にかけて昆虫採集や盆栽作りに熱中し,自然や生き物と関わることが好きだった.高校生の頃は国際交流に関心を持ち,出身地栃木県の代表としてフランスの高校へ短期研修に参加する機会を得た.南仏·プロヴァンス地方の自然植生に触れ,憧れの昆虫学者ファーブルの家(博物館)を訪れた.その頃から漠然と,将来は海外で自然に携わる仕事がしたい,と考えるようになった.

学部生の頃は,下北半島のサルの調査をはじめ,全国のさまざまな野生動物調査に参加した.また,写真家星野道夫のアラスカの地理紀行を読みふけり,「海外で野生動物の研究がしたい」と思うようになった.そんななか,角田裕志さんが書かれたポーランドでのオオカミ研究に関する文章に出会った.そして修士課程で東京農工大学に進学し,国際経験豊富な金子先生から海外研究についてたくさんの刺激を受けた.ブルガリア以外にも,中国,イギリス,カナダ,北アイルランド地方へ学術渡航する機会をいただき,多様な人々の価値観に触れることができた.ますます「海外で研究がしたい」という思いが強くなり,博士号(PhD)取得のためカナダの大学院進学を目指した.

カナダではレイクヘッド大学の体系的なプログラムのもと科学的思考法や論文執筆法についてを学んだ.なかでも,指導教員Han Chen教授から言われた『Writing is research(文章に起こすこと,そのものが研究だ)』という言葉に感銘を受けた.博士課程進学後は,研究を行なうこと,すなわち自身の見解を枠組み化し,論理的に推敲して,研究成果を「書いて伝えること」に,やりがいを感じている.

博士進学前,私は同大学の語学課程に通っていた.当時,奨学金の目処が立たず進学に不安が生じたことがあった.そんなとき,同大学に通うルームメイトから『Education is priceless(教育はお金に代えられない)』と言われ,私の決意を固めてくれた言葉として今でも心に残っている.幸い入学直後,州政府の給付型奨学金を獲得することができ,何ごとも行動に移してみるものだと思った.現在は,スイス連邦工科大学の客員研究員として在外研究を行っている.今後もどんどん海外での研究活動に挑戦していきたい.

●天池 庸介

私の研究人生に影響を与えたターニングポイントは2つある.1つは,哺乳類研究を始めるきっかけを与えてくれた先生に出会えたこと.もう1つは,キツネ研究を後押ししてくれる先生に出会えたことである.私は,学部3年の後期に,動物系の研究室に配属となった.その時の先生が北海道教育大学の村上貴弘准教授(現九州大学准教授)である.自身の専門ではないにもかかわらず,私の「哺乳類の研究がしたい」という無理な要望を聞き入れ,卒業研究のテーマとして哺乳類の糞DNA分析を提案していただいた.これが,私にとって1つ目のターニングポイントである.そこで,普段は見ることが出来ない野生動物の生態をDNA分析で可視化させるという面白さを知り,引き続き同研究室の修士課程で研究を続けることにする.その時点では,研究者はまだ選択肢のうちの一つでしかなかった.その後,函館市周辺の哺乳類相に関する内容の修論をまとめたが,技術的な問題から解明出来なかったことも多かった.特に,重点的に調査を行っていた函館山に生息するキツネの生態に関しては,より詳しく調査したいという欲求が生まれ,ある種の使命感を持つまでに至っていた.そんな時に知ったのが,最前線で糞DNA分析用いた哺乳類研究を行っている研究室が同じ北海道にあるという情報である.その後の行動は早かったかもしれない.思えば,この頃には自然と研究者としての道が定まっていたように思う.研究室の先生に博士課程で引き続き函館山のキツネの分析をしたいということを伝えると,快く承諾していただけた.それが2つ目のターニングポイントである.何を隠そう,その時の先生が北海道大学の増田隆一准教授(現教授)であり,この本の編著者でもある.その後の研究成果については,7章で述べた通りである.結局のところ私の場合,その時々で興味ある事に取り組み,かつ人との出会いに恵まれた結果,研究者に収まったというオチである.日和見的な性格という点では,研究対象のキツネに似てしまったのかもしれない.そんな自由気ままに見える研究生活だが,思うように研究が進まないことは多々ある.しかし,地道にデータを蓄積し,自身の立てた仮説という名の妄想が証明された際には,これ以上ない満足感と幸福感が得られる.それを糧に,今日も日夜研究に取り組んでいる.

おわりに

ブルガリアプロジェクトのきっかけは，金子が2009年９月に東京農工大農学部の教員として赴任したことからはじまった．大学院自然環境保全学専攻の植生管理学研究室教授であった福嶋　司先生（東京農工大学名誉教授）が定年退職されるにあたり，トラキア大学との姉妹校提携の引継の依頼があった．それまでの東京農工大学とトラキア大学の交流は，蚕糸学の教授たちが中心となっており，福嶋先生はその中ではじめて生態学を専門とする立場として加わり，ブナの植生研究に取り組まれてきた．ブルガリアには，西洋タイプのブナと東洋タイプのブナの２種が，分布を混在して生育しており，トラキア大の支援を受けて国内各所で広く植物生態の調査を行ってこられた．その調査に，私たちが後にお世話になるEvgeniy Raichev博士が参加されていて，現地支援を担っておられた．福嶋先生は，Raichev博士の専門が本来は狩猟学や標本学であり，フィールドワーカーとして信頼できることから，「Raichevさんと組んだら，野生哺乳類についてきっとよい仕事ができると思う」とおっしゃった．

そして，福嶋先生のフィールドワーカーを見出す目は大当たりであった．この本のすべての部分において，フィールドワークによる野外データ，サンプル，日本から留学した学生のケア等，Raichev博士が関わって実行された作業が関わっている（５章，10章）．野生食肉目については主に人獣共通感染症の観点からの研究が盛んに行われており（９章），ブルガリアでも同様であった．一方で我々の共同プロジェクトでは，生物多様性の観点から生態学と系統地理学に着目したため（序章），Raichev博士がご自身の狩猟の経験から，カメラトラップや動物捕獲罠の設置場所の選定，食性分析のための糞の効率よい採集場所や踏査ルート，DNA分析に使用するサンプリングを行うための狩猟者からの情報や死体収集まで，同博士の得意とされる作業内容と，日本側研究者らの専門分野の要求が合致したことで，研究成果が上がった背景にあると感じている．そして2022年５月までに，当地域を対象とした生態学分野15編，進化遺伝学分野14編の学術論文が公表された．

福嶋先生との以前の対話から，金子はこのプロジェクトでは，先生のブナのご研究のように，動物についても，ヨーロッパとアジアの接点であることを浮き彫りにできるような研究成果を出すことができたらと考えていた．そのため，もう１名の編者である増田が取り組んでいる系統地理学と遺伝的多様性の分野と共同することとなった．そして，遺伝的多様性のチームは野生食肉目に加えブルガリア固有の家畜に関しても興味深い成果をあげてきた（7章，8章，9章，11章，12章）．

金子はおもに，ヨーロッパヤマネコ（3章）とアナグマのにおい成分（6章）の研究に取り組んだ．特に，ブルガリアからヨーロッパアナグマのにおい成分のサンプルを採取して日本で分析し，その成果を増田らと一緒に国際学会でのシンポジウム（第12回国際哺乳類学会議（IMC12）「アジアと極東地域におけるイタチ科動物の多様性：進化，遺伝，社会生態から保全へ向けて」，2017年7月14日，オーストラリア・パースにて）を開催した．集会では，同じく食肉目研究取り組むポスドクや学生達と共同で成果を発表し，所属大学の姉妹校制度を継承しながら国際プロジェクトを運営する研究者として，ステップアップすることができた．

また，金子の東京農工大学への雇用は，当時の文部科学省が積極的に女性教員の国立大学における採用をすすめたことも背景にあったため，「ワンプラスワン」制度という，2年間のポスドク研究員雇用のシステムが付与された．そして雇用されたのが，当時博士課程を修了したての角田裕志氏であった．角田氏は修士課程にポーランドのオオカミの研究をしていたことから，「ぜひブルガリアのプロジェクトに加わりたい」ということを当初から希望されていたことは，東欧の研究環境を知らない金子にとって，大きな励みとなった（1章，2章）．博士学位を取得されていよいよ一人の研究者として飛躍する角田氏や，農工大卒業後に進学して研究者の道を歩み始めた久野氏（4章）を，国際プロジェクトへの関わりから支援したことは，本プロジェクトの大きな成果といえる．このように，ブルガリアプロジェクトでは，様々な研究者や学生が研究をするものとしての諸々のステージにおいて関わり，フィールドワークやラボワークを通じて成果を挙げた．科学研究だけでなく，ブルガリア語や食事などの異文化体験（13章）や，東欧地域の社会的背景や人々の生活教養面（11章，終章）も，アジアに生活する私たちには，ヨーロッパ地域を理解するうえでの大きな刺激となった．

本書では共同研究者をその都度紹介させていただいたが，恩師の先生方をはじめ，以下の方々にはこれまで大変お世話になり，深く深謝申し上げる（順不同）．

Professor Ivan Vashin（former Rector of Trakia University），Prof. Radoslav Slavov（former Dean of Faculty of Agriculture, Trakia University），Mr. Petar Zayakov

(Director of Regional Forest Directorate, Stara Zagora), Prof. Dian Georgiev (Vice Dean of Faculty of Agriculture, Trakia university), Prof. Veselin Radev (Secretary of the Agriculture Faculty, Trakia University), Prof. Guyrga Mihaylova (Vice-dean Academic Affairs, Trakia University), Prof. Dimitar Pavlov (Vice-dean Scientific Research and International Activities, Trakia University), Assoc. Prof. Mihail Panayotov (Vice-dean Administrative and Economical activities, Trakia University), Dr. Raicho G. Raichev, Dr. Thomas Kronawetter (University of Natural Resources and Life Sciences, Austria), Ms Daniela Raicheva, Dr. Roman Gula, Dr. Joern Theuerkauf (Polish Academy of Science), Dr. Kajetan Perzanowski (Lublin University), Dr. Chris Newman (University of Oxford), Dr. Christina D. Bueching (University of Oxford), 丸山直樹先生（東京農工大学名誉教授），河村裕教授（北海道大学理学研究院国際化支援室），神崎伸夫先生（故人・元東京農工大学准教授），茶谷公一副園長（名古屋市東山動植物園），加藤克助教（北海道大学北方生物圏フィールド科学センター植物園），Dr. Ovidiu Banea（GOJAGE），小菅園子様（株式会社大同分析リサーチ），浅野光章様（株式会社大同分析リサーチ），神田剛様（東京野生生物研究所），細川睦さん，箕浦涼さん．

現在（2022年7月），2019年に発生した新型コロナウイルス（SARS-CoV2）感染症の全世界的な流行により，日本からブルガリアへの渡航はレベル2（渡航中止要請）となってから2年以上が経過し，2022年5月にようやく入国規制が解除されたばかりである．さらに，2022年2月に勃発したロシア軍のウクライナ侵攻により，ブルガリア東部が面する黒海沿岸地域は，かつてない緊張に包まれている．一刻も早く，このような事態が収束し，平和が戻ることを切に願っている．このような状況のため，直接会うことはできないが，研究活動をほぼ変わらないペースで継続することができているのは，ひとえに2019年までの密接な研究交流によって信頼関係が確立されているためと感じている．近い将来に再び渡航できるようになった暁には，会えなかった期間の互いの報告をし，Zagorka（トラキア地方の地ビール）で再会を祝したいと思う．

2022年8月

編者　金子弥生，増田隆一

Introductory chapter
Biodiversity and nature in East Europe

Ryuichi Masuda

This book consists of 13 chapters, which introduce studies from our academic collaboration between Japan and Bulgaria over the last 12 years. The principal investigators from Japan belong to Hokkaido University and Tokyo University of Agriculture & Technology, and those from Bulgaria are affiliated with Trakia University, the National Museum of Natural History Bulgarian Academy of Sciences, and the Association of East Balkan Swine. As with the book title, most of the chapters target disciplines of ecology, population genetics, conservation biology, and culture of carnivorans, mainly in East Europe and Japan. This book is not only aimed at experts but a wide range of readers by including our recent findings on biodiversity and nature in these fantastic regions. As introduction of the book, this chapter focus on biogeographical history and palaeoenvironmental changes in East Europe, and how these regions acted as refugia during the glacial period. It also depicts the common migration patterns of European mammals (e.g., brown bears, hedgehogs) and plants after the last glacial period and their current contact zones. The Balkan Peninsula is considered as one of the three potential refugia in South Europe. Particularly nature and mammalian fauna in Bulgaria located in southern Balkan are highlighted.

Chapter 1
Carnivore guilds in Poland and Bulgaria

Hiroshi Tsunoda

In Poland, wolves (*Canis lupus*) were once exterminated from the large part of their historical range, and only small populations remained in the eastern areas. However, their populations have been increasing since 1995, when the national law of wolf protection was enforced. Wolves primarily predate large ungulates such as deer and boar. Their predatory impacts involve both direct (lethal) and indirect (non-lethal) effects on the prey populations. Furthermore, the trophic cascades from wolves can cause compositional changes in vegetation (via behavioral modifications of deer) and scavenger communities (via carrion provisioning). Recent increase in human-wolf conflicts due to their population recovery calls for the need of strategic management policies for the human-wolf coexistence. Bulgaria holds the largest population of golden jackals (*C. aureus*) in Europe. The golden jackal has a large body size (approx. 10 kg) and is competitively dominant over sympatric smaller carnivores; e.g., fox, wildcat, martens. With such high trophic overlaps among these mesocarnivores (consuming rodents), their spatial and temporal niche partitioning was crucial in reducing direct competition and facilitating coexistence. However, intense human activities in agricultural lowlands could intensify competition among the mesocarnivores, by modifying patterns in their diel activities and shifting them towards nocturnality.

Chapter 2
Range expansion of the golden jackal in Europe associated with anthropogenic interventions

Hiroshi Tsunoda

The golden jackal (*Canis aureus*) is a medium-sized canid species, broadly distributed in southern parts of Eurasia. The jackals in Europe started to expand the northern limit of their distribution range from the Balkan Peninsula and its surroundings towards the Baltic countries since 2000, especially in lowlands and hilly areas. The following factors are likely responsible for the rapid range expansion of jackals in Europe: 1) abolishment of poisoning and discouragement of excessive culling; 2) increase in restored habitats preferable for jackals (shrublands and agroforest mosaic landscapes); 3) absence of wolves (the dominant competitor over jackals) in lowlands due to past persecutions by human; and 4) reduced snowfall and milder winter due to the recent climate warming. The jackals as 'newcomers' in northern Europe have raised concerns on increasing human-jackal conflicts. For example, while jackals rarely cause serious livestock damages (by depredations), they can be hosts of certain zoonotic diseases (e.g., *Echinococcus*). Collaborative networks among European carnivore biologists should play the important role in, monitoring the range and population dynamics, accumulating ecological information, developing conservation and management practices, and promoting public education, of the jackals in Europe.

Chapter 3
Pelage diversity and diet of the European wildcat

Yayoi Kaneko, Hiroshi Tsunoda, and Nobuyuki Yamaguchi

This chapter focuses on the wildcat, one of the most widely distributed small cats, whose range extends from western Europe to western China, and throughout African. The wildcat (*Felis silvestris*) consists of three traditional subspecies: European wildcat (*F. s. silvestris*), Asian wildcat (*F. s. ornata*), and African wildcat (*F.s. lybica*). Based in previous studies in the UK seven pelage characters are suggested useful for distinguishing between wildcats, domestic cats, and their hybrids. In Bulgaria, it is reported, based on pelage characters, European wildcat populations with low (less than c. 10%) hybridisation rates with domestic cat exist in the country. We examined pelage characters of 15 specimens from Balkan Mountains, all of which were classified as the wildcat. In Bulgaria animals larger than the wildcat, including wild boar, fox, and livestock, form nearly 15% of wildcat diet probably due to scavenging whilst the main sources of diet (nearly 70%) are rodents. For conservation of the Bulgarian wildcat populations in future, it is necessary to stop hybridization between wildcats and non-wildcats, as well as to discuss pan-European scale biodiversity protection plan.

Chapter 4
Variation in food habiats of Martens

Masumi Hisano

In this chapter, I introduce food habits of the Japanese marten (*Martes melampus*) in central Japan and the stone marten (*M. foina*) in central Bulgaria, based on my master's study projects. Martens are generalist feeders consuming various foods (e.g., rodents, insects, fruits), and their dietary composition substantially varies depending on the circumstances. Here I describe: i) how the Japanese marten diet differs from that of a sympatric competitor, the red fox (*Vulpes vulpes*); ii) how the stone marten diet differs between males and females; iii) how it differs between habitat types (villages vs forests); and iv) how it is dependent on the season. By analyzing stomach contents and fecal samples, the projects revealed that: i) Japanese martens consumed hares and garbage less frequently than foxes; ii) male stone martens preyed on hares more frequently while eating insects less often than females; iii) stone martens heavily relied on human-subsidized fruits in villages, while they consumed rodents more in forests than villages; and iv) rodents were the primary food for stone martens in winter, while fruits were most often consumed in summer. These findings are important to inform the conservation and habitat management of martens in Japan and Bulgaria.

Chapter 5
Species diversity and conservation of carnivores in Bulgaria

Stanislava Peeva and Evgeniy Raichev

In the past, the attitude towards predators (carnivorans) in Bulgaria was completely negative. The hunting practice and the nature conservation activities of state institutions and non-governmental organizations are changing this attitude. Some species have greatly decreased and others have almost disappeared in Bulgaria. Attitudes towards predators these days range from "pest extermination" to "endang ered species protection". This chapter describes present-day carnivorous mammals in Bulgaria in the context of some biological features, inclusion in Bulgarian culture and the conservation status of Ursidae (brown bear), Canidae (golden jackal, gray wolf, red fox), Felidae (European wildcat), and Mustelidae (European polecat, steppe polecat, marbled polecat, least weasel, stone marten, pine marten, Eurasian otter, European badger). In addition, we report some exciting data on Bulgarian wildlife, presenting photos obtained from camera traps.

Chapter 6
Olfactory speciation and behaviour in Eurasian badgers *Meles* spp.

Yayoi Kaneko

This chapter focuses on evolutionary theory, which predicts members of subspecies to be able to recognize each other, resulting in speciation. Here, Eurasian badgers (*Meles* spp.) are set as a model to investigate if their odour profiles reflect population- and species-differences between two populations of Japanese, *M. anakuma*, and European badgers, *M. meles*. All badgers possess the subcaudal gland, unique to this genus. The subcaudal gland secretion of *M. meles* in UK is known to play an important role in individual recognition, reproduction, and encode fitness-relating information. In the collaborative project with Trakia University, we analysed 22 adult badger sub-caudal gland GC-MS profiles from *M. meles* (Bulgaria, n=13) and *M. anakuma* (Tokyo, n=9) populations. 28-30 chemical components in average were identified in each population profile, four compounds were shared by each individual, and 10 compounds were present in both species. Then, behavioural scent-provisioning experiments on a captive adult female Japanese badger revealed that these differences are biologically relevant with the animal to sniff original scent significantly more often than scent from *M. meles*.

Chapter 7
Fox behavior revealed by fecal DNA analysis

Yosuke Amaike

Feces are a useful material for ecological and molecular genetic studies of wildlife. Especially, since genotyping using fecal DNA can identify the species, gender, and individuals for the target animals without capture, such non-invasive analysis is quite effective for conservation of elusive species and small-sized populations. This chapter introduces the practice of population genetics of the red foxes living on Mt. Hakodate, southern Hokkaido in Japan, which is geographically isolated by the sea and urban area. As a result of a long-term survey using the fecal DNA analysis, it was clarified that the foxes had the small population size, unique genetic structure, and lower genetic diversity. The three-year survey indicated that 35 individuals lived there, estimating 11 to 22 per year. The population of Mt. Hakodate was genetically differentiated from the other populations of Hokkaido, and its allelic diversity was the lowest in all the populations, probably resulting from genetic isolation and inbreeding within the mountain. Based on the obtained data, the formation history on the fox population is discussed.

Chapter 8
Genetic diversity of immune response genes in carnivores

Yoshinori Nishita

Molecular evolutional studies have been based on relatively simple analyses of genetic diversity among individuals and/or populations using neutral genetic markers. On the other hand, advances in statistical analyses have made it possible to conduct complex molecular phylogenetic analyses based on positively selected genetic markers, such as genes in the major histocompatibility complex (MHC) that encode proteins. MHC is composed of many adjacent genes and are grouped into classes I, II, and III. The genes in classes I and II encode cell-surface glycoproteins that recognize peptides derived from intra- or extracellular pathogens, respectively, and present them to T-cells. Therefore, proteins encoded by MHC genes are crucial to the acquired immune system and exhibit high levels of polymorphism. Against this background, genetic diversity of MHC genes is an favorate indicator for adaptation of wild animals. We analyzed the genetic diversity and relatedness of MHC alleles in mammals, especially in mustelid species including Bulgarian population of marbled polecats. Our result showed that many MHC alleles are shared or highly related among different species, as a result of trans-species polymorphisms and positive selections. Thus, MHC genes are thought to have been evolved under pathogen-driven-balancing selection in mustelid species and other mammals.

Chapter 9
Complex life cycles of tapeworms infecting Carnivora

Minoru Nakao

Tapeworms of the families Diphyllobothriidae and Taeniidae are common parasites of carnivorous mammals in terrestrial environments. The life of the parasites is maintained by definitive and intermediate hosts through predator-prey relationships of the host animals. In this chapter the exposition of tapeworms from bear, dog, fox, cat, weasel, and marten was done, particularly in regard to their complex life cycles. Members of the following genera were selected for the exposition: *Dibothriocephalus*, *Spirometra*, *Hydatigera*, *Echinococcus*, *Taenia*, and *Versteria*. In the case of *Taenia*, an evolutionary change of host specificity from carnivores (e.g., hyena) to early humans was discussed.

Chapter 10
Hunting culture and cultural use of animals in Bulgaria

Stanislava Peeva and Evgeniy Raichev

Present-day hunting is not a way to feed people. Along with the development of human civilization, hunting has developed and today it has become a cultural phenomenon. There are many examples, of hunting being an inspiration for literature, fine arts and film. Nowadays, the most current understanding is that hunting should serve nature. Hunters are the ones who most often come into contact with wild animals, the first to feel the changes in their populations and environment. True ecological thinking is embedded in the heads of experienced and usually older hunters, quite different from that of young "boulevard" ecologists. It is these hunters who manage all hunting activities related to forest protection, game feeding, resettlement (releasing), acclimatization and protection from encroachments. In practice, hunting activities are carried out in an environment that is constantly modified by human. The final stage of this activity is the shooting of part of the populations of game animals, which is carried out according to a plan in compliance with certain norms laid down in the Law on Hunting and Protection of Game of the Republic of Bulgaria.

Chapter 11
Brown bears and bear culture in Europe and Japan

Ryuichi Masuda

This chapter focuses on the diversity of the brown bear (*Ursus arctos*) and its cultural association with human, by comparing them between Europe and Japan. The brown bear is the largest carnivoran species widely distributed in northern Eurasia and North America. In Japan, this animal lives only on Hokkaido Island. In Europe, current bear populations are fragmented and threatened, and some are extinct. The biological characteristics as well as the widespread distribution of brown bears could have often provided chances of encountering humans since the ancient times, and developed the traditional cultural relationships independently in Europe and Japan. How brown bears have interacted with humans depends on the region - there is certain common ground in the bear cultures with regionally specific differences, including the bear-sending ceremony and bear-related rituals. The chapter contents are as follows: comparison of bear population sizes and the distribution areas between Europe and Japan, bear-sending ceremony in Ainu Culture in Japan, bear-related cultures in Europe, and Kukeri that is a traditional masquerade festival in Bulgaria.

Chapter 12
Domestic animals in Bulgaria

Ryuichi Masuda

This chapter focuses on some domestic animals specific to Bulgaria, although they are not classified as carnivorans. Bulgaria is known as one of the countries active in livestock farming. Through our collaborative works, we found interesting exotic domestic animals to be studied, and here introduce two kinds of them. One is the East Balkan Swine (EBS), which is an indigenous pig specially maintained in eastern Bulgaria. They are semi-free ranging in the forests (just like organic crops) and produce high-quality food productions. Based on the collaboration with the Association of EBS and Trakia University, the first part of this chapter presents some interesting genetic data on this pig strain. The second part is about the Thracian horse, which is thought to be mysterious in the Thracian area since the Thracian Culture period. We have been proceeding with ancient DNA analyses on the remains of Thracian horse excavated from archaeological sites of the Thracian Culture, collaborating with the National Museum of Natural History Bulgarian Academy of Sciences and Trakia University. This work is still ongoing, and here the status of the Thracian horse is introduced with information on the current horse culture in Bulgaria.

Chapter 13
Academic stay in Bulgaria

Masumi Hisano

Here I introduce my experience of academic stay in Bulgaria during my master's program. In the first section, I talk about my preliminary visit to the Sredna Gora Mountains in central Bulgaria (November 2012), with some information on local flora and fauna. It was exciting to track field signs of carnivores, including feces and footprints of Eurasian otters (*Lutra lutra*), stone martens (*Martes foina*), and golden jackals (*Canis aureus*). I also describe the stomach content analysis of the jackal performed by Dr. Evgeniy Raichev. In the second section, I then tell the story of my three-month study in Bulgaria (May-August 2013) in the following order: 1) a brief introduction of the campus life at Trakia University; 2) fieldwork experience (collecting marten feces) in the Balkan Mountains; 3) fieldwork experience in villages; and 4) lab work experience to analyze the fecal samples. Lastly, I discuss human-stone marten conflicts in Bulgarian villages based on my recognition gained in the field and a questionnaire survey conducted by Drs. Stanislava Peeva and E. Raichev. This chapter is informative as the first Japanese literature that elaborates on the ecology and human dimensions of the stone marten.

Final chapter
EU biodiversity conservation policy and future of Carnivora

Yayoi Kaneko

This chapter focuses on nature conservation history and current policies for biodiversity protection in Europe. Rapid increase of human population since the 18th century, caused population decline/extinction for large carnivores and habitat degradation. Then, water pollution and alien species introduction have affected severely to small/medium-sized carnivores. The Bern Convention in 1979 was to protect both species and habitats, and to encourage nature conservation as an EU policy "Natura 2000" sites and ecological network, named "Emerald Network". The whole conservation systems in Europe were designed as "Pan-European Ecological Network", the natural and semi-natural landscape elements are conserved, enriched, or managed in order to ensure important ecosystems, habitats, and species of Europe. Furthermore, "Rewilding" is also planned as enabling natural processes to shape land, repairing damaged ecosystems, and restore degraded landscapes. In Bulgaria, Rhodope Mountains, the southern-most area in border with Greece/Turkey, was selected as one of pioneering projects in EU. For future in conservation of Bulgarian carnivores, solving human-wildlife conflicts is necessary, as well as giving more attention for animal welfare aspects.

■執筆者

増　田　隆　一（ますだ　りゅういち）　　編者のひとり．序章，11章，12章
北海道大学大学院理学研究院　教授

1960年岐阜県生まれ．北海道大学大学院理学研究科博士後期課程修了，理学博士．アメリカ国立がん研究所（NCI）研究員等を経て現職．専門は，分子系統進化学，動物地理学．2019年日本動物学会賞，日本哺乳類学会賞受賞．主な著書に，「哺乳類の生物地理学」（東京大学出版会，2017年），「ユーラシア動物紀行」（岩波新書，2019年），「うんち学入門」（講談社ブルーバックス，2021年），「日本の食肉類」（東京大学出版会，2018年，編著），「ヒグマ学への招待」（北海道大学出版会，2020年，編著），「生物学」（医学書院，2013年，共著）など．

金　子　弥　生（かねこ　やよい）　　編者のひとり．３章，６章，終章
東京農工大学大学院農学研究院　准教授

東京農工大学大学院連合農学研究科満期退学，博士（農学）．その後，国土交通省やオックスフォード大学野生生物保護研究ユニット（WildCRU）などを経て，2009年より現職．食肉目動物保護学研究室を主宰している（http://www.carnecco.jp/）．専門は，動物生態学，野生動物保護管理学．アナグマをはじめとするイタチ科動物の基礎生態と保護，都市域における保全に関する研究に取り組む．主な著書に，「里山に暮らすアナグマたち」（東京大学出版会，2020年），Biology and Conservation of Musteloids（Oxford University Press，2017年，分担執筆），「日本の哺乳類学② 中大型哺乳類・霊長類」（東京大学出版会，2008年，分担執筆）など．

山　口　誠　之（やまぐち　のぶゆき）　　３章
マレーシア　テレンガヌ大学　准教授

オックスフォード大学動物学部博士課程修了，D.Phil. その後，オックスフォード大学野生生物保護研究ユニット（WildCRU）研究員，カタール大学助教，准教授を経て，2019年より現職．専門は，行動生態学，系統進化学，動物地理学などを含めた進化生物学．現在，ライオン，トラ，ヤマネコなどネコ科動物の進化と保護，サバクハリネズミの行動生態およびイタチ科動物の繁殖戦略進化に関する研究に取り組む．主な著書に，世界で一番美しい野生ネコ図鑑（誠文堂新光社，2021年，分担執筆），Snow Leopard（Elsevier，2016年，分担執筆），Tigers of the World（Elsevier，2010年，分担執筆），Biology and Conservation of Wild Felids（Oxford University Press，2010年，分担執筆）など．

角　田　裕　志（つのだ　ひろし）　　１章，２章，３章
埼玉県環境科学国際センター　専門研究員

1979年栃木県生まれ．東京農工大学大学院連合農学研究科修了，博士（農学）．岐阜大学野生動物管理学研究センター寄附研究部門准教授等を経て現職．専門は，保全生物学，動物生態学．主な著訳書に「オオカミを放つ」（白水社，2007年，共著），「生息地復元のための野生動物学」（朝倉書店，2007年，共訳），「野生動物と社会－人間事象からの科学－」（文永堂出版，2011年，共訳），「野生動物管理システム」（東京大学出版会，2014年，共著），「神の鳥ライチョウの生態と保全」（緑書房，2021年，共著）など．

中　尾　　　稔（なかお　みのる）　9章

旭川医科大学　元准教授

1957年東京都生まれ，筑波大学第二学群生物学類卒業，医学博士（論文博士）．東京大学医科学研究所を経て旭川医科大学を2022年に定年退職．専門は，寄生性扁形動物（条虫類・吸虫類）の系統分類学，宿主・寄生体関係の進化生態学．

西　田　義　憲（にした　よしのり）　8章

北海道大学大学院理学研究院　研究院研究員

1969年北海道生まれ．北海道大学大学院地球環境科学研究科博士後期課程中退，博士（農学）．専門は，分子系統進化学，分子生物学．

久　野　真　純（ひさの　ますみ）　4章，13章

日本学術振興会　特別研究員（受入機関：東京大学）

1989年栃木県生まれ．新潟大学農学部卒業，東京農工大学大学院農学府修士課程修了．カナダ・レイクヘッド大学大学院自然資源管理学部博士課程を修了し（PhD：森林科学），現職．2022年，客員研究員としてスイス連邦工科大学チューリッヒ校・陸域生態系研究科に留学．国際自然保護連合（IUCN）「種の保存委員会・小型食肉目専門家グループ」委員．*The Journal of Wildlife Management* 誌編集委員．専門は，森林生態学・気候変動影響学．主な論文に，「Rapid functional shifts across high latitude forests over the last 65 years」（*Global Change Biology* 誌，2021年）など．個人HP：https://mhisanojp.weebly.com

天　池　庸　介（あまいけ　ようすけ）　7章

北海道大学大学院理学研究院　研究院研究員

1987年北海道生まれ．北海道大学大学院理学院博士後期課程修了，博士（理学）．専門は，集団遺伝学，分子生態学．研究対象種は，主にキツネとタヌキ．近年，野生動物の都市出没が増加していることから，DNA分析を通してその生態解明に取り組んでいる．

Stanislava PEEVA（スタニスラバ　ピーバ）　5章，10章

トラキア大学農学部　准教授

1983年ブルガリア・スタラザゴラ生まれ．2009年トラキア大学修士課程修了，PhD．専門は，食肉目動物の行動学と生態学．特に，ムナジロテンの食性，食物連鎖における中型食肉目動物の役割，および人との関係や保全生物学に関する研究に取り組んでいる．主な著書に以下がある：Peeva S.（2021）A Little More About the Stone Marten *Martes foina*（Erxleben, 1777）. Dema Press OOD, Ruse（in Bulgarian）.

Evgeniy RAICHEV（エヴジェニ　ライチェフ）　5章，10章

トラキア大学農学部　教授

1964年ブルガリア・ヴァルナ生まれ．1989年トラキア大学卒業，PhD．専門は，キツネ，キンイロジャッカル，ヤマネコ，ムナジロテン，アナグマなどの食肉目動物の行動学と生態学．特に，形態と遺伝的特徴に興味を持っている．主な著書に以下がある：Raichev E.（2020）The Golden Jackal *Canis aureus*. Alfa Visia, Stara Zagora（in Bulgarian）.

知られざる食肉目動物の多様な世界～東欧と日本～

発　行 ――― 2022年 9 月17日　初版第 1 刷
編　著 ――― 増田隆一，金子弥生
発行者 ――― 林下英二
発行所 ――― 中西出版株式会社
〒007-0823
札幌市東区東雁来 3 条 1 丁目1-34
TEL 011-785-0737　FAX 011-781-7516
印　刷 ――― 中西印刷株式会社
製　本 ――― 石田製本株式会社

落丁・乱丁本はお取り替えいたします。